粒计算研究丛书

三支决策与三支计算

姜春茂　姚一豫　王国胤　著

U0227982

科学出版社
北京

内 容 简 介

本书探讨了三支决策的基本概念、方法、模型以及应用，内容涵盖了 TAO 模型、分布式三支决策、概念三支决策模型、强化学习三支决策模型以及三支决策在自然语言处理、云计算领域的应用等内容。本书既有理论的证明推理，也有实际模型的构建；既有方法论的阐述，也有紧密结合当下热门领域的交叉实践。理论和实践紧密结合、从实际场景出发以及问题导向的思路构成了本书的重要特点。

本书不仅适合三支决策、粒计算、认知计算、不确定性人工智能等领域的读者阅读，适合粗糙集、粒计算、智能决策、机器学习、自然语言处理、云计算等领域的研究人员和工程师使用，也适合对认知计算、认知科学感兴趣的广大科研工作者阅读。

图书在版编目（CIP）数据

三支决策与三支计算 / 姜春茂, 姚一豫, 王国胤著. --北京 : 科学出版社, 2025. 3. --（粒计算研究丛书）. --ISBN 978-7-03-081515-6

Ⅰ. TP18

中国国家版本馆 CIP 数据核字第 2025RZ4689 号

责任编辑：任　静　曹景旭/ 责任校对：胡小洁

责任印制：师艳茹 / 封面设计：蓝正设计

科 学 出 版 社 出版

北京东黄城根北街 16 号
邮政编码：100717
http://www.sciencep.com

涿州市般润文化传播有限公司印刷
科学出版社发行　各地新华书店经销

*

2025 年 3 月第 一 版　开本：720×1 000　1/16
2025 年 3 月第一次印刷　印张：16 1/2
字数：333 000

定价：148.00 元

（如有印装质量问题，我社负责调换）

丛 书 序

粒计算是一个新兴的、多学科交叉的研究领域。它既融入了经典的智慧，也包括了信息时代的创新。通过十多年的研究，粒计算逐渐形成了自己的哲学、理论、方法和工具，并产生了粒思维、粒逻辑、粒推理、粒分析、粒处理、粒问题求解等诸多研究课题。值得骄傲的是，中国科学工作者为粒计算研究发挥了奠基性的作用，并引导了粒计算研究的发展趋势。

在过去几年里，科学出版社出版了一系列具有广泛影响的粒计算著作，包括《粒计算：过去、现在与展望》《商空间与粒计算——结构化问题求解理论与方法》《不确定性与粒计算》等。为了更系统、全面地介绍粒计算的最新研究成果，推动粒计算研究的发展，科学出版社推出了"粒计算研究丛书"。丛书的基本编辑方式为：以粒计算为中心，每年选择该领域的一个突出热点为主题，邀请国内外粒计算和该主题方面的知名专家、学者就此主题撰文，来介绍近期相关研究成果及对未来的展望。此外，其他相关研究者对该主题撰写的稿件，经丛书编委会评审通过后，也可以列入该丛书，丛书与每年的粒计算研讨会建立长期合作关系，丛书的作者将捐献稿费购书，赠给研讨会的参会者。

中国有句老话，"星星之火，可以燎原"，还有句谚语，"众人拾柴火焰高"。"粒计算研究丛书"就是基于这样的理念和信念出版发行的。粒计算还处于婴儿时期，是星星之火，在我们每个人的细心呵护下，一定能够燃烧成燎原大火。粒计算的成长，要靠大家不断地提供营养，靠大家的集体智慧，靠每一个人的独特贡献。这套丛书为大家提供了一个平台，让我们可以相互探讨和交流，共同创新和建树，推广粒计算的研究与发展。本丛书受益于从事粒计算研究同仁的热心参与，也必将服务于从事粒计算研究的每一位科学工作者、老师和同学。

"粒计算研究丛书"的出版得到了众多学者的支持和鼓励，同时也得到了科学出版社的大力帮助。没有这些支持，也就没有本丛书。我们衷心地感谢所有给予我们支持和帮助的朋友们！

"粒计算研究丛书"编委会

2015 年 7 月

前　言

三支决策理论源自粗糙集理论，其最初的核心思想是将决策空间划分为接受、拒绝和延迟三个区域，从而更加灵活地处理不确定性问题。相较于传统的二元决策模型，三支决策为中间状态提供了一个缓冲区，能够更好地反映现实世界的复杂性。本书的内容涵盖了从狭义三支决策（2009～2016 年）到广义三支决策（2016 年至今）的发展过程。狭义阶段主要聚焦于三支分类、三支聚类等特定应用，而广义阶段则产生了分-治-效（trisecting-acting-outcome，TAO）和符号-意义-价值（symbols-meaning-value，SMV）等更具一般性的模型。TAO 模型最初包含“分”“治”“效”三部分，后来演变为“制三”“三支策略”“优化”。SMV 模型将传播学、心理学、管理学和信息学结合，为数据科学、人-机共智能和可解释人工智能等领域提供了新视角。同时，三层分析和三项式等具体模型的研究也丰富了三支决策理论。

本书深入探讨三支决策理论的基本概念、方法、模型以及应用，内容涵盖了TAO、分布式三支决策、强化三支决策等模型以及三支决策的应用等。本书由以下三个部分组成。

第一部分为基本概念、思想、方法和 TAO 模型，包含第 1～4 章。第 1 章介绍三支决策与三支计算的基本概念，阐述三元论与三分法的思想，以及 TAO 模型、三层分析、三项式和 SMV 体系结构等核心理论框架。第 2 章探讨 TAO 模型中的“分”（trisecting），介绍基于评估函数的三分模型、基于集合论的三分模型、基于改变的三分模型等不同的三分方法。第 3 章聚焦 TAO 模型中的“治”（acting），讨论如何在三分决策过程中选择、设计和实施策略。通过多个实例（如教育、选举和商品生产）阐明如何根据不同情境采取有效策略，并考虑成本效益和预期目标。第 4 章聚焦于TAO 模型中的“效”（outcome），详细讨论如何在三分决策过程中评估和衡量策略的效果。通过多个实例（如医疗诊断、环境监测和市场分析）阐明如何根据不同情境进行效果评估，并考虑效用、效率和可解释性等关键指标。

第二部分给出三个具有应用背景的三支决策模型，包括第 5～7 章。第 5 章提出分布式三支决策模型，探讨如何在分布式系统中应用三支决策理论来应对不确定性、一致性和容错处理等方面的挑战。通过多个实例（如智能电网、分布式数据库和云计算系统）阐明分布式三支决策的具体实现和效果。第 6 章提出一种不确定概念三支决策框架，旨在结合人类已认知的双向性和三支决策的优势，构建更加智能和高效的决策模型。该框架通过引入概率云图模型来表示和处理不确定性，并利用三支决策理论指导决策过程，提升人工智能在处理复杂、不确定问题时的能力。第 7 章提出结合强化学习的三支决策模型，旨在提升模型的适应性和有效性。

第三部分为三支决策的应用部分，包括第 8、9 章。第 8 章为半监督文本分类提出两种方法。第一种是基于证据理论的三支决策半监督文本分类方法，它通过融合多个分类器的预测结果来解决冲突问题，并利用三支决策理论来处理不确定样本。第二种是基于阴影集的三支决策图卷积文本分类方法，该方法将阴影集理论、三支决策与图卷积网络相结合，通过对分类结果进行可信度评估和校正，提高模型的精度和鲁棒性。第 9 章为云计算提出一种基于多粒度三支决策融合的新方法。该方法使用多头注意力机制来自适应地聚合不同时间尺度上的分布式三支决策。在面对突发负载的时候，这种方法能够平衡即时响应和长期趋势之间的关系，同时还能够提供更细粒度的控制和更好的可解释性。

本书不仅是对三支决策理论的深入探讨，也是一次对其广泛应用可能性的展示。对于那些寻求在复杂决策中找到新工具的专业人士和学者来说，本书提供了很好的资源和启示。我们希望读者能通过本书获得启发，将三支决策方法应用到自己的决策实践中，以应对未来复杂的挑战。

本书由姜春茂、姚一豫、王国胤撰写。其中，第 1 章由姚一豫和姜春茂撰写，第 6 章由王国胤和姜春茂撰写，余下章节由姜春茂撰写。我们希望通过本书的内容，激发读者对三支决策理论的思考，为相关领域的研究和应用提供新的思路、理论和方法。

在未来的研究中，我们将进一步探索三支决策理论在其他领域的应用，如边缘计算、物联网等。同时，我们将致力于提高算法的实时性能，开发自动确定最佳时间粒度的算法，探索与其他先进机器学习技术结合的方法。我们相信，随着技术的不断进步和应用场景的日益复杂，基于粒计算、三支决策的智能化、自适应的决策方法将变得越来越重要，为构建下一代智能系统奠定基础。

我们特别感谢致力于三支决策研究的所有朋友、同仁、学者和同学，他们的工作是本书的重要借鉴和导引。感谢姜春茂团队研究生付出的努力，他们是吴俊伟、王凯旋、刘安鹏、郭豆豆、徐晓霞、赵书宝、刘悦、杨翎、石蕊、徐瑞阳、刘晓雪、杨滋平等同学。最后，感谢本书的每一位读者，欢迎你们对本书提出宝贵的意见和建议，以便我们在未来的工作中不断改进和提高。

本书的出版得到了福建省自然科学基金项目"2024J01157"以及福建理工大学科研启动金项目"GY-Z 220212"的支持。

目　　录

第 1 章　从三支决策到三支计算

以三思考、以三工作、以三处理(thinking in 3s,working in 3s, processing in 3s)是人类共通的认知方式。在哲学、宗教、科学、技术、设计等各个领域,三都可以称为一个神奇的数字。那么三有什么特别之处?"三"引发了诸多的模型、思想、理论和方法等,已经形成了很多可喜的成果。本章简述三支决策的思想、方法和模型。我们采用"以三思考"的策略和方法来组织本章的内容。首先,我们描述处处皆在的三元论与三分法,然后分析 TAO 模型、三层分析法,最后,我们给出 SMV 模型。

1.1　三元论与三分法

数字三,犹如一股神奇的力量,无处不在地渗透到我们的生产和生活实践中。在衡量空间时,宽度、高度和长度这三个维度是频繁出现的核心元素;而在时间的轴线上,过去、现在和未来共同构成了时间的"三阶段"。不论哪一个时间段,我们经历的每一件事都伴随着一个起点、一个中点和一个终点。

三支决策法是一种基于"三元思维"的思考、问题解决和信息处理的理论和方法。它融合了多种概念和实践,如蕴含深刻哲学意蕴的三元论思想、高效分析的三分法理论,以及三点式(或三足式)的工作机制等。这种以"三"为核心的决策方法不仅丰富而全面,还在多种场景中展现了其独特的有效性。

1.1.1　三元论

三元论,作为一种深邃的哲学思想,广泛存在于中国乃至全球的思想文化领域中。这种思想以其独特的"三性"表现形式而著称,如"三组""三个""三段""三层""三次""三角"及"三大关系"等,构成了三元论的丰富实践体现。例如,托尼·布莱尔将"教育、教育、再教育"作为其政府的三大优先事项;威廉·莎士比亚在《凯撒大帝》中通过"朋友、罗马人、乡下人"三个词汇来刻画不同的人物特征;亚伯拉罕·林肯以"民有、民治、民享"三个短语来阐释他的政治理念;而温斯顿·丘吉尔对不列颠之战的历史性描述则运用了三句话:"这不是结束,这甚至不是结束的开始,但这可能是开始的结束。"

从实际应用的角度来看,运用三点来阐述信息通常更为高效。例如,在公共演讲中,演讲者通常会选择三个主要议题,这样观众更容易记住演讲的要点。同样,在中医学中，治疗疾病的过程被描述为"上知天文，下知地理，中知人事"，这一论述也体现了三元思维的应用。

三元论以其丰富的特性在多个领域展现了其独特魅力。首先，数字"三"代表了完整性。在模式识别中，三次重复被视为形成模式的基本要求。例如，在编程中，如果一段代码重复三次，理想的做法是将其抽象为独立的函数或模块，以消除冗余。其次，数字"三"在成本优化中扮演关键角色。在云存储领域，拥有三个数据副本通常意味着其维护成本低于重新构建这些数据的成本。而对于只有两个副本的情况，则不一定如此。数据存储有三份副本且分布在不同地点，通常被认为是高度可靠的。此外，数字"三"还具有强烈的节奏感。例如，儿童安全过马路的"一停、二看、三通过"规则和澳大利亚防范皮肤癌的"防晒、防晒、防晒"宣传，都是成功的公共安全宣传活动，易于记忆且易于遵守，体现了数字"三"的节奏性。数字"三"还象征着简洁性。这种简洁性使其成为帮助领导者和管理者改善沟通的理想选择，如黄金圈理论。最后，数字"三"代表着顺序性和对称性，如"上-中-下""正-负-零""过去-现在-未来"。

三元思维将复杂过程简化为三个阶段、三个层次、三个方面等。中医学认为人由生理、心理、病理三重要素组成。三因学说包括内因、外因和非内外因。具体而言，内因可能包括思想压力等，外因包括环境因素，如雾霾和空气污染，而非内外因则涉及现代科技发展导致的病因，如空调病、电脑病、手机依赖症等。在治疗过程中，中医强调因时、因地、因人制宜，即考虑时间、地点和个人情况。治疗方案的选择遵循首选、次选、备选的顺序。而养生则遵循适度、守度、量力而行的原则。此外，心理学中的锚定和动态调整理论也进一步证明了人类认知思考的基本三元模式。

三元逻辑是三元论的另一个视角，引入1、0和-1构建的三元逻辑计算机系统，被认为是非常平衡且高效的数字系统。其优点之一是，作为最接近自然对数基数e(约2.718)的数字系统，三元逻辑在自然界中广泛存在。尽管如此，三元计算机的发展受阻，主要是因为可靠的三态设备要么不存在，要么难以开发。此外，即使三进制技术建立起来，对二进制芯片的巨额投资也将压倒任何理论上三进制的微小优势。

三元计算处理三种离散状态，可以以不同的形式定义，如非平衡三进制(0，1，2)、小数非平衡三进制(0，1/2，1)、平衡三进制(-1，0，1)、未知状态逻辑(F，？，T)。发展与二进制完全不兼容的数字基础设施，如三元计算机系统，可以极大地减小信息泄露的可能性，尤其是它可以对抗恶意软件的攻击，保护现有数字基础设施中的私密信息等。这种努力基于将隐蔽性作为基本设计原则来实现安全。

1.1.2　三分法

"一分为三"与"三合为一"构成了三分法的核心视角，其范式可概括为"分、解、合”。这一方法论指的是将一个整体 W 细分为三个互相独立却又相互关联的部分，形成一个三元组 (X,Y,Z)，其中，X、Y、Z 分别代表这三个部分。其涵盖了分解、解析再到综合的全过程，既有分离也有整合。在这里，“一”象征着完整性，而“三”则代表构成整体的各个部分。通过对整体进行分解并最终重新整合，形成了一个循环往复、逐步提升的过程。三分法并非否定或取代二分法，而是提供了一种全新且不同的视角。这种方法论在思维上体现了整体性、动态性与平衡性：整体性强调在分解的基础上保持统一和完整；动态性指过程可从一至三，也可从三至一；而平衡性则突出了多元化的粒度、视角和层次。三分法的可分性是其基本前提，强调基于三元思维，但并不与整体观念相抵触，因为对事物的认知始于对其整体的理解。

三分法在实际应用中具有广泛的用途。例如，在摄影、绘画或图形布局中，“三分构图法”则是创造理想构图的重要准则。通过将取景器或屏幕三等分为水平和垂直区域，形成九宫格布局，以此来突出照片的主体、焦点和交叉点，创造出理想的视觉布局。同样，在制作沟通材料时，三分法也可用于高效地组织内容，如将信息按照高、中、低三个优先级别进行分类。正如管理学大师吉姆·柯林斯指出的：“如果你的优先事项超过三个，那么你就没有任何优先事项。”传播学专家 Carmine Gallo 建议，在进行演讲或推销时，可以将内容分为三个部分：首先，创造一个简洁的标题，概括产品、服务或想法的核心；其次，提出三个支撑整体主题的关键点，如果信息量较大，可用三个类别进行组织；最后，为每个关键点提供三个支撑性证据，如故事、统计数据、案例或趣闻。通过这种框架，演讲者或管理者可以更加高效地进行沟通。

为了给三分法提供一个更具数学特性的形式化描述，可以将其定义为一种映射和操作的集合，包括集合的分割、元素的分析与集合的重组。以下是三分法的数学化描述。

设有一个集合 W，代表需要分析或解决的整体问题。定义一个映射 $f: W \rightarrow \{X,Y,Z\}$，其中，$X$、$Y$、$Z$ 是 W 的非空子集，并且满足 $W = X \cup Y \cup Z$ 且 $X \cap Y = Y \cap Z = Z \cap X = \varnothing$。这表示将 W 分解成三个互不相交的部分。对于每个子集 X、Y、Z，进行深入分析。这可以视为对每个子集应用一个分析函数 a_i，其中，$i \in \{X,Y,Z\}$。即 $a_X: X \rightarrow A_X, a_Y: Y \rightarrow A_Y, a_Z: Z \rightarrow A_Z$，其中，$A_X$、$A_Y$、$A_Z$ 分别代表对应子集的分析结果。定义一个综合函数 $g: \{A_X, A_Y, A_Z\} \rightarrow V$，其中，$V$ 是整体问题的解决或理解的集合。这表示将分析结果重新结合，形成对整体 W 的全面认识。

通过这种数学化的方法，三分法被转化为一系列的集合操作和函数映射，从而提供了一种严格、结构化的方式来分析和解决问题。这种形式化的描述强调了分解、分析和综合过程的数学本质，使其在多个领域中具有广泛的应用性。

总之，三分法(tripartition method)是一种分析和解决问题的方法论。它通过将一个整体或复杂的问题（记为 W）分解为三个相互关联但独立的部分（记为 X、Y、Z），从而实现对该问题的全面理解和有效处理。操作过程首先是分解（division），即将整体 W 分解为三个组成部分 X、Y、Z，使每个部分都具有独特的属性和功能，但同时与其他部分保持联系。其次是解析（analysis），对每个独立部分 X、Y、Z 进行深入的分析，以理解其内在特点和作用。最后是综合（integration），将分析后的独立部分 X、Y、Z 重新结合，形成对整体 W 的全面理解和解决方案。这种方法强调整体观（holistic view），在分解的基础上强调整体的统一性和完整性；动态观（dynamic view），过程可以动态变化，既可以从一到三（分解），也可以从三到一（综合）；平衡观（balanced view），强调在多粒度、多角度、多层次上的平衡。

1.2　TAO 模型

三支决策的发展大体上可以划分为两个阶段：狭义三支决策阶段（2009~2016年)[1-4]与广义三支决策阶段（2016 年至今)[5-8]。在狭义三支决策阶段产生了很多研究主题，如三支分类[9]、三支聚类[10-12]、三支多属性决策[13]、三支概念认知计算[14]、三支冲突分析[15,16]、序贯三支决策[17]以及各类应用[18,19]。广义三支决策阶段则产生了多个基于以三思考、以三工作、以三处理的研究成果，如分-治-效模型[18-20]、符号-含义-价值模型[21,22]等。

作为广义三支决策的一个典型模型，TAO 模型包括三部分：分（trisecting）、治（acting）、效（outcome）。分的含义是如何构造一个整体的三分模式，或者说，如何将一个整体划分为三个部分。如图 1.1 所示，"分"包括分的方法、合的方法、分和合的顺序。"治"表示设计合适的或有效的策略来处理上述的三个部分。"治"又分为两部分：其一是采用一个策略集合 S 处理三元组；其二是对处理结果聚合，得到一个整体的综合结果。"治"可以针对一个区域进行；也可以在两个区域一条线上进行，如在 $X \to Z$ 上进行；也可以在面上进行，即在 (X,Y,Z) 上进行。"效"表征的是评估三分和策略的效果。"效"可能包括效用、效率、效果等。简洁、优质、快速是三支决策的"效"的度量上主要考虑的三个侧面。三支决策的研究可以分别关注分、治、效三个阶段，每个阶段都有其各自的研究热点，而三者又缺一不可，密不可分，是完整统一的。

在广义三支决策理论中，TAO 模型作为一个典型模型，展示了三支决策的精髓，"分"涉及如何将一个整体高效地划分为三个互相关联的部分，这一过程包括确定分割方法、合并策略及其顺序。"治"则专注于为这三个部分设计有效的策略，这涉及选择一个策略集合 S 以及对策略执行结果的综合评估，旨在实现对各个区域或其组合的最佳处理。"效"的目标是评估分割和策略的成效，强调效用、效率和效果的综合考量。在三支决策中，简洁性、优质和快速响应是衡量"效"的关键指标。三支决策的研究着重于这三个阶段的深入探讨，每个阶段都有其独特的研究重点，而这三个方面又是相互依赖、密不可分的，共同构成了一个完整且统一的理论体系。

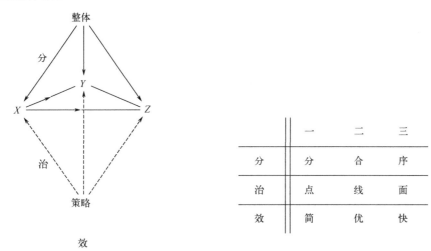

图 1.1　三支决策的 TAO 模型

为了给上述的三支决策过程(TAO 模型)提供一个形式化和数学化的描述，我们可以采用集合论和函数的概念来表达"分""治"和"效"三个阶段。

1.2.1　分

假设有一个总体集合 U。"分"的过程是将 U 分割成三个互斥子集合 A、B 和 C。这可以表示为

$$U = A \cup B \cup C$$
$$A \cap B = \varnothing, A \cap C = \varnothing, B \cap C = \varnothing$$

(1-1)

其中，A、B、C 分别代表三个独立以及可能存在微弱联系的三个部分。

如图 1.1 所示，在三支决策理论中，"三分"的过程是其核心要素，涉及如何高效地进行决策分割。具体地，从狭义三支决策的角度来看，关键问题是确定不同要素应归属于正域(接受域)、负域(拒绝域)还是边界域(不确定域)。在传统的二支决策模式中，决策通常是二元的——接受或拒绝。然而，在某些情况下，由于考虑成本或信息不完全等因素，决策可能被延迟，从而形成三支决策的模式：接受、拒绝、延迟。在这种模式下，如何将边界域中的元素转化为正域或负域中的元素成为一个关键的研究课题。

在广义三支决策中，"三分"首先是根据实际应用的背景为三个区域赋予不同的语义解释。这可能涉及从不同的角度、视图、层次或优先级来进行决策分割。这种

分割方法导致了多种可能的组合，从而促成了问题解决的新突破。

无论是在狭义还是广义三支决策中，"三分"的过程都要求寻找最优的分割方法。具体来说，这一过程可以细分为三个子方面。

(1)分："一分为三"，即将决策域分割为三个部分，每个部分代表一个特定的方面、观点或角度。例如，在一个三角形模型中，三角形的三个顶点可以代表这种分割。

(2)合："三合为一"，指的是将这三个部分合成一个整体，三角形的三条边可以象征这种整合。

(3)序：三个部分之间存在一定的顺序关系，这可以表示为处理的顺序或重要性的级别。在三角形模型中，边上的箭头可以用来表示这种顺序关系。

1.2.2 治

对于每个子集合 A、B、C，定义策略函数 f_A、f_B 和 f_C，分别表示对应这些子集合的策略。这些函数可以是从子集合到某个结果集合的映射，例如：

$$f_A: A \to R_A$$
$$f_B: B \to R_B \qquad\qquad (1\text{-}2)$$
$$f_C: C \to R_C$$

其中，R_A、R_B、R_C 是策略结果的集合。

这一阶段的核心任务是制定并实施策略以达成最佳目标。有效的"治"的策略基于对前一阶段"分"的结果的理解，这是确保策略具有价值和针对性的前提。具体来说，"治"涉及精心设计的策略来处理分割后的三个区域，称为三支策略。策略的选择需要综合考虑各个区域的具体情况，这包括但不限于单独针对某一区域的策略实施，或者考虑特定时间点上的策略应用。此外，"治"的策略可能是一次性的，也可能需要多次施加，具有可重复性。在选择和实施三支策略时，应考虑区域内对象的主观和客观特征，以及不同区域间可能产生的相互影响。

在形式化的层面，"治"阶段可以细分为以下三个方面。

(1)点：对特定的单一区域施加三支策略，关注单个区域的策略实施及其效果。

(2)线：对两个互相关联的区域施加三支策略，考虑策略在两个区域之间的相互作用和联动效果。

(3)面：对整个平面，即三个区域综合施加三支策略，实现区域间的协调与整体优化。

我们利用函数和图论的概念来对"治"阶段的三个方面进行数学化描述。

1. 点(对单一区域的策略实施)

假设有三个区域 A、B 和 C，定义三个函数 f_A、f_B 和 f_C 来代表对每个区域实施的策略。这些函数可以是从区域到策略效果的映射。例如，对于区域 A，有

$$f_A: A \to E_A \tag{1-3}$$

其中，E_A 是区域 A 下策略实施后的效果集合。

2. 线(两个区域间的策略实施)

在这里，考虑两个区域之间的关联。如果区域 A 和 B 之间有关联，可以定义一个函数 f_{AB} 来代表这种关联下的策略效果。可以表示为

$$f_{AB}: A \times B \to E_{AB} \tag{1-4}$$

其中，E_{AB} 表示在 A 和 B 关联下的策略效果集合。

3. 面(整体策略实施)

考虑整个系统，即所有区域的综合，可以定义一个全局策略函数 f_{ABC}，它考虑所有区域并给出一个整体效果：

$$f_{ABC}: A \times B \times C \to E_{ABC} \tag{1-5}$$

其中，E_{ABC} 是在整个系统中策略实施后的效果集合。

在数学上，"治"阶段可以被视为一系列的函数，这些函数将不同区域(或区域组合)的状态映射到其对应的策略效果。这一系列的映射反映了策略在不同层面上的实施，从单个区域(点)，到区域间的互动(线)，再到整体系统(面)。通过这样的数学化描述，"治"阶段的策略实施可以被更精确地分析和优化。

1.2.3　效

效果的评估可以通过一个效用函数 U 来表示，它将策略的结果集合映射到实数集，来量化效果的好坏。例如：

$$U: R_A \bigcup R_B \bigcup R_C \to \mathbb{R} \tag{1-6}$$

这里，U 函数将策略的结果(如效率、效能)映射到一个实数集，以量化策略的总体效果。

综合来看，三支决策模型(TAO 模型)可以被看作一个多步骤的函数序列，其中每个步骤对应"分""治"和"效"的不同方面。这个序列首先将一个全局集合分割为几个互斥的子集合，然后对每个子集合应用特定的策略，并最终评估这些策略的总体效果。数学上，这可以表示为一个从初始集合 U 到实数值效用的复合映射。

"效"的核心在于评估和量化策略的有效性，即判断三支策略的优劣。这一阶

段不仅要考虑单一策略的效果，而且需要对一系列可能的策略进行评估，以便选择出最优的三支策略。在三支决策模型中，以"分"为基础，通过"治"手段达成"效"目标。合理、可操作是策略的核心。通过定量和定性的方式评估"分"和"治"的效果，可以量化模型的优劣，进而调整三支策略以提高决策模型的有效性。这样，三支决策问题转化为优化问题，寻求最优的"分"和"治"策略，从而提升整体的决策质量。将"分""治""效"有机结合，使三支决策更加完善，超越预期目标，形成符合人类认知的、趋于完美的问题处理模式。

在该阶段，需考虑以下三个方面。

(1)简(简易度量)。定义一个度量函数 $M:S \to \mathbb{R}$，其中，S 是策略集合；$\mathbb{R}$ 表示实数集，用于量化策略的简易度。$M(s)$ 越低，表示策略 s 的简易度越高。

(2)优(优越性)。引入一个效用函数 $U:S \to \mathbb{R}$，用于评估三支策略的优越性。$U(s)$ 的值越高，表示策略 s 越优越。

(3)快(快速响应性)。设计一个时间函数 $T:S \to \mathbb{R}^+$，其中，$\mathbb{R}^+$ 表示正实数集，用于量化策略的响应时间。$T(s)$ 越小，表示策略 s 的响应性越好。

最终策略 s^* 的选择基于综合评估：

$$s^* = \arg\min_s \left\{ w_1 \cdot M(s) + w_2 \cdot \frac{1}{U(s)} + w_3 \cdot T(s) \right\} \tag{1-7}$$

其中，w_1、w_2、w_3 是权重系数，用于调整各项指标的重要性。通过这种数学化的方法，可以量化和优化三支决策模型中的"效"阶段，实现对策略的系统评估和选择，从而使决策过程更加高效、合理和符合预期目标。

TAO 模型提供了三种独特的视角来分析和理解三支决策过程。首先，自顶向下的视角强调从整体到部分的方法，先进行"分"的操作，然后基于这一分割设计出策略，并最终对这些策略的成效进行评估。其次，自底向上的视角则反其道而行之，从预期的成效开始，逆向推导出所需的策略，并据此确定三个区域的划分。第三种视角是中心视角，聚焦于三个区域的具体表现和相互作用。在这个视角下，策略的施加导致区域内元素的移动和变化，形成了动态的三支决策模型。这种模型在解决实际问题(如区域发展不平衡)中有广泛应用。例如，设计策略以促进人口在经济发展不均衡的区域之间的合理流动。

在综合"分""治"和"效"的 TAO 模型中，这三个要素虽相互独立，但又紧密相连。在"分"和"治"的阶段，可以通过划分区域来设计策略，并可通过策略来调整分割；在"分"和"效"的阶段，分割的依据是效果，效果的评估有助于优化分割的方法；而在"治"和"效"的阶段，需要评估策略实施后的成效，以选择最佳的三支策略方案。通过全面考虑"分""治"和"效"的相互关系，精心设计分割方法、选择最优策略，并达到最佳成效，这三个要素的有机结合将使三支决策方法更趋完善，有效解决复杂问题。

表 1.1 给出一个机器学习的 TAO 模型实例。

表 1.1　应用到机器学习中的 TAO 模型

	分	治	效
输入	数据集包含不同形式的不确定性，能够被分为确定与不确定实例	机器学习算法应该考虑数据集的不确定性并分别处理	应引入特别措施来量化数据集的不确定性，这也应在算法评估中加以考虑
输出	输出能够包含没有确定的实例(分类、聚类等)	在不确定的实例上，ML 算法不给出结果	应引入新的措施来评价有弃权的 ML 算法

在机器学习模型中的输入端包含众多的不确定性，如缺失数据、高质量标签数据稀少、多重标注等导致的不确定性输入。针对不同类型的不确定性问题，根据"分-治-效"的原理，对于每一种不确定性采取三分，然后分别采取不同的方法来处理，最后达到降低初始不确定性的效果。

在 2023 年，姚一豫教授对 TAO 模型进行了创新性的重新解释[23]，提出了一个包含三个关键要素的新模型：制三、三支策略和优化。如图 1.2 所示，这个新模型的核心是将一个复杂整体通过三个基本要素，即"制三"，进行结构化表示。这三个要素不仅各自独立，而且通过某种结构性联系相互联结，共同构成一个统一的整体。这种结构化关系体现了三与一的统一，即三个要素既相对独立又彼此关联。

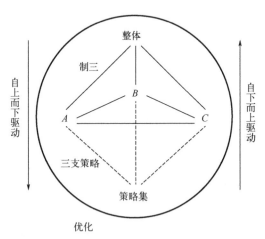

图 1.2　新的 TAO (trisecting-acting-optimizing) 模型

在"三支策略"环节中，模型对三元组的三个要素进行细致的处理。这里可以运用七元素三层分析法：点层专注于单个要素的分析；线层探讨要素之间的关系；面层则整合所有要素，实现顶层对底层的控制与支持，以及中央对两侧的控制与支持。这种多角度、灵活而全面的处理方式，使三元组的分析更加深入和全面。

最后，优化环节的目标是寻找最佳的"分"和"治"组合，以实现最佳效果。优化的目标包括——效果（effectiveness）、效率（efficiency）和可解释性（explainability）。这个过程要求在"分"与"治"的成本间进行权衡，并通过迭代设计来优化"分"和"治"的组合。这包括两个主要方面：①针对给定的三元组设计最佳策略；②基于给定策略构建最优的三元组。通过这种方法，TAO模型不仅提供了一种处理复杂问题的框架，也促进了决策过程的优化和效率的提升。

1.3　三层分析

通过对"分"进行新的语义解释，我们可以构建一个基于三层分析和思考的模型。这个三层思考模型涉及三项基本任务：①将整个系统划分为三个层次并对各层进行明确表示；②探索三层之间的自然顺序；③针对每一层设计特定的策略。这三层可以是高、中、低，或者前、中、后。在这种模型中，分离和整合成为重要特征，通过逻辑层次的划分为整体带来更大的灵活性，并允许独立且针对性的策略设计，从而提高整体效果。同时，整合有助于提升整体的可理解性。可扩展性是这种三层架构的另一个优势，允许根据需要独立地扩展每个层。

如图 1.3(a)所示，在软件体系结构中，三层模型通常表现为上-中-下层结构。这种结构在分层式架构中非常常见，其中三层架构是最典型的一种形式，被微软公司广泛推荐。一般而言，三层架构将业务划分为表现层、业务逻辑层和数据访问层。表现层负责 Web 的表示，业务逻辑层处理具体问题的操作，数据访问层则涉及原始数据的操作。在这种架构下，业务逻辑层的强大和完善使表现层无论如何变化，都能有效地提供服务。三层架构的优势包括提高开发速度、可扩展性、性能和可用性，它允许开发团队更快地开发和增强产品，并最小化特定层升级对其他层的影响。这种模块化方法促进了团队专注于其核心竞争力，从而提高开发效率。同时，这种方法也促进了"高内聚，低耦合"的设计原则。然而，这种方法也有缺点，例如，通过中间层访问数据库可能降低系统性能，对于小型系统可能不需要分层处理。

三层结构在不同领域中有不同的表现形式。例如，在教育领域，三层教育服务模式（图 1.3(b)）包括为所有学生提供的基础教学（底层）、针对未达到年级标准的学生提供的补充教学（中层）和为需要特别干预的少数学生提供的个别化教学（顶层）。这种结构不仅提供了差异化教学，还允许教师根据学生的需求进行数据驱动的教学调整。

另一种三层结构的表现形式是黄金圈理论（图 1.3(c)），其由三个环组成：

What（做什么）、How（怎么做）和 Why（为什么做）。这种结构提供了从事物表象到实现方式，再到深层动机的全面视角。

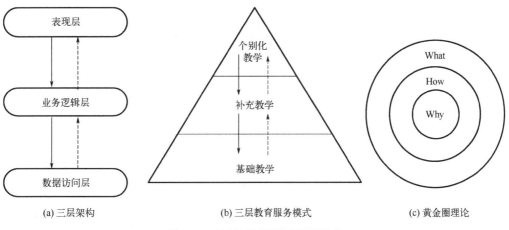

(a) 三层架构　　　　　　　　(b) 三层教育服务模式　　　　　　　(c) 黄金圈理论

图 1.3　三层结构的不同表现形式

为了提供对上述内容更加形式化和数学化的描述，我们可以将三层思考模型视为一个层次化的系统，并为其定义数学框架。

（1）系统层次化划分。定义一个集合 $S = \{S_1, S_2, S_3\}$，其中，S_1、S_2、S_3 分别代表系统的上层、中层和下层（也可称高、中、低层或前、中、后层）。S 中每一层可以被视为子系统，具有自己的特定属性和功能。

（2）自然顺序探索。引入顺序函数 $O: S \rightarrow \mathbb{N}$，其中，$\mathbb{N}$ 代表自然数集，用以表示各层在系统中的自然排序。例如，$O(S_1) < O(S_2) < O(S_3)$ 表示 S_1 位于最上层，S_3 位于最下层。

（3）针对性策略设计。对于每一层 S_i，定义策略函数 $P_i: S_i \rightarrow R$，其中，R 是策略结果的集合。每个 P_i 针对相应层次的特定需求和特性设计。

结合上述描述的应用，对软件架构而言，表现层、业务逻辑层、数据访问层分别对应 S_1、S_2、S_3；每层的功能可以用函数形式表达，如 $f_{UI}: S_1 \rightarrow R_{UI}$。对于教育服务模式而言，个别化教学层、补充教学和基础教学层分别对应 S_1、S_2、S_3。

通过这种数学化和形式化的描述，我们可以清晰地理解和分析三层模型的结构和功能，以及如何在不同领域和环境中应用这一模型。这种方法为理解和应用三层结构提供了一个清晰的、可量化的框架。

1.4　三　项　式

三项式是另一种三支的表现形式。它基于的三部分解释是"分、解、合"的机制与原理。假设一个计算范式由一个三元组(X,Y,Z)表示，那么，X、Y和Z之间的相互作用和依赖关系是该范式需要考虑的关键。基于三元组(X,Y,Z)，可得出三个三项式，如图1.4所示。

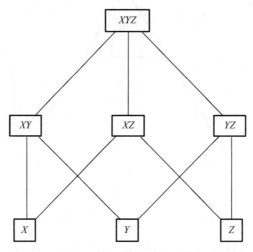

图 1.4　三项式示意图

具体的计算范式如下：

(1)一次三项式：$(X+Y+Z)^1 = X+Y+Z$。

(2)二次三项式：$(X+Y+Z)^2 = X^2+Y^2+Z^2+XY+YX+XZ+ZX+YZ+ZY$。

(3)三次三项式：$(X+Y+Z)^3 = X^3+Y^3+Z^3+(X^2Y+YX^2+XYX)+(X^2Z+ZX^2+XZX)+(Y^2X+XY^2+YXY)+(Y^2Z+Z^2Y+ZYZ)+(Z^2X+XZ^2+ZXZ)+(Z^2Y+ZY^2+YZY)+(XYZ+XZY+YXZ+YZX+ZXY+ZYX)$。

X、Y和Z对应三个部分、三个层次或者三个变量；XY表示X与Y之间的作用关系，结合具体的实际应用而定；加(+)运算既表示"分"，也表示"合"，例如，$W=X+Y+Z$既表示整体W的"一分为三"，也表示"三合为一"的整体W；乘运算表示部分之间的相互作用关系，例如，XY表示X对Y的作用；多项式的幂次给出相互作用部分的个数，一次不考虑部分的关系，二次考虑两部分的关系，三次考虑三部分的关系。三个三项式给出一个部分与整体的三层模型和描述。一次式描述独立的三个部分；二次式描述两部分的相互作用关系，$X^2=XX$表示X对自己的作用，假设相互作用是有序的，则XY不同于YX，因此，有9个二元关系；三次式描述三部分在一起的相互作用关系，同样，XYZ不同于XZY,YXZ,ZYX……因此，有27个三元关系。这样，共有三个部分和36个关系需要考虑，可以用三个三项式的和表示，$(X+Y+Z)^1+(X+Y+Z)^2+(X+Y+Z)^3$，其结果共有39项。

在处理很多实际问题时，并不需要同时考虑所有的项。例如，如果不考虑每个部分和自己的关系,并假设关系是无序,那么就可以用一个简单的七项式 $X + Y + Z + XY + YZ + XZ + XYZ$ 来描述,包括三个部分、三个二元关系以及一个三元关系。

多项式给出了"分、解、合"的联系,通过加运算实现"分"与"合",通过乘运算实现"作用关系",通过对所有项的操作实现"解"。这个形象的比喻仅仅用到多项式的"象"和"数",即三个变量及每一项的幂次。在解决不同的实际问题时,通过对多项式赋予不同的语义获得三支决策的"理",即机制和原理。其中,三元组 $X + Y + Z$ 是核心,X、Y 和 Z 之间的相互作用和依赖关系是关键。

1.5　SMV 体系结构

SMV 模型将传播学、心理学和信息学观点相结合,提供了数据-知识-智慧的数据处理模式,这种结构有助于思考信息如何转换为价值,这将在理解数据科学、人工智能等领域方面发挥启发性的作用。

1.5.1　符号

三的世界有诸多符号表示。下面我们给出了多个三世界的符号表示,重点强调其广泛的应用,包括三集合的维恩图、三角形结构、三维空间和三级层次结构。

重叠世界模型(图 1.5(a)):代表世界 A、B 和 C 的圆圈相互重叠,表明这三个世界之间存在共同点。这是典型的维恩图,我们可能会在其中显示不同集合之间的共性。

不相交模型(图 1.5(b)):三个部分(世界 A、B 和 C)完全不重叠。这意味着这些世界或集合是相互排斥的并且不共享任何共同元素。

嵌套模型(图 1.5(c)):代表世界 A、B 和 C 的圆圈相互嵌套。这表明世界 C 包含世界 B,世界 B 包含世界 A。换句话说,世界 A 的所有元素也是世界 B 和世界 C 的元素,世界 B 的所有元素也是世界 C 的元素。

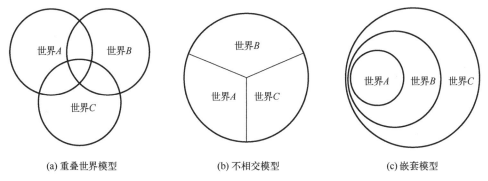

(a) 重叠世界模型　　　　　　(b) 不相交模型　　　　　　(c) 嵌套模型

图 1.5　重叠-不相交-嵌套三世界模型

三角形结构(图 1.6(a))：三者之间都有直接的关系。父亲与母亲有关系、父亲与孩子有关系、母亲与孩子也有关系。

环形结构(图 1.6(b))：这种结构表示一种循环关系。例如，在食物链中，兔子吃草，狐狸吃兔子，然后狐狸的死亡和分解为土壤提供养分，使草得以生长。这形成了一个循环。

线性结构(图 1.6(c))：这种结构表示一种线性或序列关系。例如，在生产线上，原材料经过生产过程变成成品，这形成了一个线性过程。

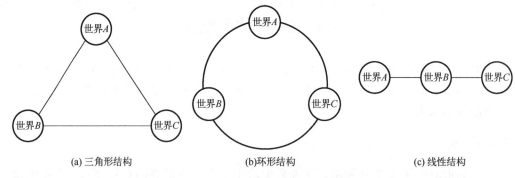

(a) 三角形结构　　　　　　　(b) 环形结构　　　　　　　(c) 线性结构

图 1.6　三角形-环形-线性结构

三维空间(图 1.7(a))：这表示为一个三维空间中的坐标轴，其中每个轴代表一个不同的维度。

三脚架(图 1.7(b))：这种结构表示三个元素相互支撑，形成稳定的结构。例如，摄影中的三脚架，三条腿共同支撑相机，使其保持稳定。

三大支柱(图 1.7(c))：这表示三个独立但同等重要的元素共同支撑一个大的结构或概念。例如，可持续发展的三大支柱为经济可持续性、社会可持续性、环境可持续性。这三大支柱共同支撑着可持续发展的概念，缺一不可。

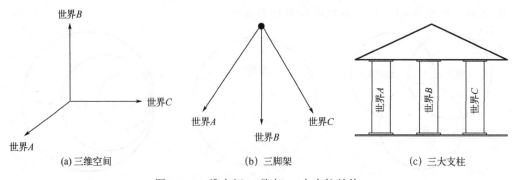

(a) 三维空间　　　　　　　　(b) 三脚架　　　　　　　　(c) 三大支柱

图 1.7　三维空间-三脚架-三大支柱结构

三级层次结构(图 1.8(a))：这表示一个按级别划分的结构，从上到下分别代表优先级或重要性的递减。例如,在一个公司中有首席执行官、经理、员工。从上到下表示公司的职位和权力的递减。

三层梯形结构(图 1.8(b)):这种结构表示逐步上升或递进的关系。例如,在学习的阶段中,学员需要从初级开始,然后进入中级,最后达到高级。

同心三层环形(图 1.8(c)):这表示从内到外逐步扩展的关系或概念。例如,一个城市的分区为市中心、郊区、乡村。从市中心开始,随着距离的增加,我们进入了城市的边缘区域,再到乡村。

从数据的角度看,符号这一层关注数据的形式,包括数据的格式、结构和表示方式。在 SMV 模型中,数据被视为一种资源,其目标是使数据可用。这涉及数据的收集、存储、检索和选择等活动。

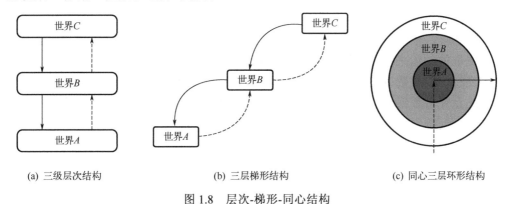

(a) 三级层次结构   (b) 三层梯形结构   (c) 同心三层环形结构

图 1.8 层次-梯形-同心结构

1.5.2 意义

宏观地讲,意义表示对数据内容的理解和解释,涉及语义解释和数据中的知识。这一层专注于使数据具有意义。通过分析数据可以发现模式、趋势和关联,从而获得有价值的见解。

从微观角度讲,三支决策的“意义”在于根据特定情况,三个部分表达的特定语义。在不同类型的集合理论中,它们对这三部分的定义和理解各有不同。例如,在粗糙集中,通过使用三个可定义集合来表示一个近似。正域由下近似定义,边界区域由上下近似的差定义,负域由上近似的补集定义。因此,在粗糙集中,这三个部分分别具有正域、负域和边界域的意义。在直觉模糊集中,使用两个函数评估元素:μ 用于隶属度、ν 用于非隶属度,取值范围是实数区间[0,1]。直觉模糊集中的三分是指其元素具有隶属度和非隶属度。在阴影集中,根据模糊集将数值隶属度量化为三个类别:完全属于、完全排除和未知。根据 Pedrycz 的定义,一个在某个空间 X 中定义的阴影集 A 可表示如下:

$$A: X \to \{0, \quad [0, 1], \quad 1\} \tag{1-8}$$

从粒计算的角度来看，三支决策整合了粒计算的三个关键方面：哲学思考的结构化方式、问题解决的结构化方法和信息处理的结构化机制。这三个方面相互支持，缺一不可，共同构成了三支结构理论。这个理论不仅关注这些方面的分离，还强调它们的整合，以实现更加综合和完善的问题处理方式。

总的来说，"意义"这一层次关注的是数据内容的深层含义和知识。在数据科学领域，这通常涉及对数据进行深入分析、挖掘有价值信息、应用机器学习算法和进行知识发现等活动，以赋予数据意义并提取其中的有用知识。这是数据分析和数据科学中的关键一步，旨在让数据真正具有实际应用的价值。

1.5.3　价值

在 SMV 模型中，价值层是三支决策过程的最终目标，它关注的是如何通过数据中提取的知识来实现明智的决策和行动。这一层次强调的是数据的实用性和对决策的支持，以及数据在实际应用中能创造的价值。价值层关注于如何使数据具有价值。这意味着数据科学活动不仅要能够从数据中提取知识，还要能够将这些知识应用于实际问题，以实现业务目标或解决现实世界的问题。

具体而言，包括以下几点。

(1)基于数据驱动的决策制定。利用数据分析的结果来指导业务决策，如通过市场分析来确定产品定价策略。

(2)数据驱动的行动。基于数据洞察来采取行动，如根据客户行为数据来个性化推荐产品。

(3)数据可视化。通过图表、图形等形式直观地展示数据，帮助人们理解数据内容和趋势。

(4)数据应用。将数据分析的结果应用于产品和服务中，例如，在医疗领域中，通过分析患者数据来提供个性化治疗方案。

从形式化的视角来看，价值层可以被看作一个映射过程，它将数据(D)和知识(K)作为输入，输出是决策(DM)和行动(A)。这个过程可以用函数的形式来表示：

$$V: D \times K \to DM \times A \tag{1-9}$$

其中，V 是一个函数，它接收数据和知识的组合作为输入，并产生决策和行动的组合作为输出。这个过程体现了数据科学的核心价值，即将数据转化为可操作的知识和决策。

为了更深入地理解这个过程，可以将决策和行动的制定看作一个优化问题。在这个优化问题中，试图找到一个决策策略，使某个性能指标最大化。例如，可以使用线性规划、动态规划或强化学习等方法来形式化这个问题。

假设有一个目标函数 $f(D,K,A)$，它衡量了行动 A 在给定数据 D 和知识 K 下的效用。我们的目标是找到一个行动 A，使 $f(D,K,A)$ 最大。这可以表示为

$$\max_A f(D,K,A) \tag{1-10}$$

在实际应用中，这个目标函数可能是复杂的，并且可能包含多个约束条件。例如，行动 A 可能需要满足资源限制、时间约束或其他业务规则。在这种情况下，可能需要使用更高级的数学工具，如凸优化或非线性规划来解决这个问题。此外，决策和行动的制定往往涉及不确定性和风险。在这种情况下，可能需要考虑概率模型和风险评估，以确保行动在各种可能的情境下都是稳健的。

总之，价值层在 SMV 模型中扮演着至关重要的角色，它将数据科学活动与实际的业务目标和决策紧密联系起来。通过数学化的方法，我们可以更精确地理解和优化这一过程，从而实现数据的最大化价值。

综上，SMV 模型为数据科学提供了一个全面的框架，它将数据科学活动划分为三个层次：符号（symbols）、意义（meaning）和价值（value）。在符号层，数据被视为资源，其目标是确保数据的可用性和质量。意义层则关注数据的内容，即通过分析数据来提取知识，这一层次的目标是使数据有意义，为决策提供信息。最后，价值层是数据科学过程的最终目标，它强调如何将数据中的知识转化为实际的决策和行动，以实现业务目标或解决现实世界的问题。SMV 模型通过这种分层结构，不仅指导了数据科学的实际应用，也促进了对数据科学哲学和概念层面的深入理解。

1.6　本章小结

本章首先介绍了三元论与三分法的思想，阐述了数字三在人类思维中的特殊作用。三元论强调将事物分为三个部分或三个阶段进行思考，这种三分法在哲学、宗教、科学等领域都有广泛应用。我们举了多个例子说明三元思维的优势，如信息传播、问题解决等方面。接着，具体介绍了三支决策中的几个典型模型，如 TAO 模型、三层分析法、三项式和 SMV 模型等。这些模型共同体现了"分""治""效"的理念，通过将问题分解为三个部分并分别处理，实现对问题的全面理解。例如，TAO 模型分为"分""治""效"三个阶段，SMV 模型包含"符号""意义""价值"三个层次。这些模型为复杂问题的求解提供了系统而高效的框架。

三支决策作为一种决策理论，在未来研究中还有许多值得探索的方向。第一，目前三支决策理论主要应用于分类、聚类等任务，未来可拓展其在其他机器学习任务中的应用。第二，可结合三支决策与深度学习，探索利用三支结构如何辅助我们构建更优的神经网络模型。第三，目前三支决策理论主要是定性研究，未来可加强定量分析，建立三支决策的数学框架。第四，可进一步探索三支决策在不同应用领

域的拓展，如医疗、金融、工业等。第五，可考虑不同类型不确定性对三支决策的影响，以处理更加复杂的实际问题。这些研究方向都值得后续大力开展。

参 考 文 献

[1]　Yao Y Y. Three-way decisions with probabilistic rough sets[J]. Information Sciences, 2010, 180(3): 341-353.

[2]　Yao Y Y. The superiority of three-way decision in probabilistic rough set model[J]. Information Sciences, 2011, 181(6): 1080-1096.

[3]　刘盾, 梁德翠. 广义三支决策与狭义三支决策[J]. 计算机科学与探索, 2017, 11(3): 502-510.

[4]　于洪, 王国胤, 李天瑞, 等. 三支决策:复杂问题求解方法与实践[M]. 北京: 科学出版社, 2015: 1-19.

[5]　Yao Y Y. Three-way decisions and cognitive computing[J]. Cognitive Computation, 2016, 8(4): 543-554.

[6]　Yao Y Y. Three-way decision and granular computing[J]. International Journal of Approximate Reasoning, 2018, 103: 107-123.

[7]　Yao Y Y. The geometry of three-way decision[J]. Applied Intelligence, 2021, 51(9): 6298-6325.

[8]　Yao Y Y. Tri-level thinking: Models of three-way decision[J]. International Journal of Machine Learning and Cybernetics, 2020, 11(5): 947-959.

[9]　Yue X D, Chen Y F, Miao D Q, et al. Fuzzy neighborhood covering for three-way classification[J]. Information Sciences, 2020, 507: 795-808.

[10]　Yu H, Zhang C, Wang G Y. A tree-based incremental overlapping clustering method using the three-way decision theory[J]. Knowledge-Based Systems, 2016, 91: 189-203.

[11]　Wang P X, Yang X B, Ding W P, et al. Three-way clustering: Foundations, survey and challenges[J]. Applied Soft Computing, 2024, 151: 111131.

[12]　姜春茂, 赵书宝. 基于阴影集的多粒度三支聚类集成[J]. 电子学报, 2021, 49(8): 1524-1532.

[13]　Zhan J M, Wang J J, Ding W P, et al. Three-way behavioral decision making with hesitant fuzzy information systems: Survey and challenges[J]. IEEE/CAA Journal of Automatica Sinica, 2023, 10(2): 330-350.

[14]　Guo D D, Xu W H, Qian Y H, et al. Fuzzy-granular concept-cognitive learning via three-way decision: Performance evaluation on dynamic knowledge discovery[J]. IEEE Transactions on Fuzzy Systems, 2024, 32(3): 1409-1423.

[15]　Lang G M. Three-way conflict analysis: Alliance, conflict, and neutrality reducts of three-valued situation tables[J]. Cognitive Computation, 2022, 14(6): 2040-2053.

[16]　Lang G M, Miao D Q, Fujita H. Three-way group conflict analysis based on Pythagorean fuzzy

set theory[J]. IEEE Transactions on Fuzzy Systems, 2020, 28(3): 447-461.

[17] Chen W B, Zhang Q H, Dai Y Y. Sequential multi-class three-way decisions based on cost-sensitive learning[J]. International Journal of Approximate Reasoning, 2022, 146: 47-61.

[18] Ye X Q, Liu D. A cost-sensitive temporal-spatial three-way recommendation with multi-granularity decision[J]. Information Sciences, 2022, 589: 670-689.

[19] Xu Y, Zheng Z Q, Liu X, et al. Three-way decisions based service migration strategy in mobile edge computing[J]. Information Sciences, 2022, 609: 533-547.

[20] Jiang C M, Duan Y. Elasticity unleashed: Fine-grained cloud scaling through distributed three-way decision fusion with multi-head attention[J]. Information Sciences, 2024, 660: 120127.

[21] Yao Y Y. Human-machine co-intelligence through symbiosis in the SMV space[J]. Applied Intelligence, 2023, 53(3): 2777-2797.

[22] Yao Y Y. Symbols-Meaning-Value (SMV) space as a basis for a conceptual model of data science[J]. International Journal of Approximate Reasoning, 2022, 144: 113-128.

[23] Yao Y Y. The Dao of three-way decision and three-world thinking[J]. International Journal of Approximate Reasoning, 2023, 162: 109032.

第 2 章 TAO 模型之"分"

三支决策理论关注以三思考，以三解决问题，以三进行信息处理。它包括三元论的哲学思想、三元法的理论方法与三元式的工作机制。三支决策的 TAO(trisecting-acting-outcome)框架包括三个主要组件：将一个整体划分为三个部分；设计策略施加于这三个部分；评估预期的收益或者效果。

如表 2.1 所示，就"分"而言，包括划分为三个部分，然后以某种方式集成与排序。"三分"是三支决策的基本操作。如果赋予三个部分具体的语义解释，如 POS 域(接受域)、NEG 域(拒绝域)、BND 域(不确定域)，这样就回归到了狭义的三支决策模型。如果从广义的角度出发，可以命名互相不重叠或者弱重叠的三个部分为 P_1、P_2、P_3，而具体的语义解释则依据实际的问题域决定。当然，无论狭义和广义，都涉及"三分"或者更准确地称作"制三"。

表 2.1 TAO 模型的三个过程

步骤	要素 1	要素 2	要素 3
分 (trisecting)	划分 (division)	集成 (integration)	排序 (ordering)
治 (acting)	点 (dots)	线 (lines)	面 (planes)
效 (outcome)	可解释性 (explainable)	效果 (effective)	效率 (efficient)

"三分"的基本问题包括：构造和解释整个对象集 U；构造和解释评估函数；确定阈值与解释阈值；度量"三分"的质量。本章内容包括：基于评估的三分模型、基于集合论的三分模型、基于改变的三分模型以及从"三分"到"制三"。

2.1 基于评估的三分模型

2.1.1 单评估的三分模型

单评估三分模型意味着只有一个评估指标或者标准，如图 2.1 所示。

定义 2.1 假设 U 是一个有限非空对象集合，e 为 U 上的一个评估函数，即 $e: U \rightarrow (L, \prec)$。对于 $x \in U, e(x)$ 表示 x 的一个评估值。给定一对高低阈值 (l, h)，l，$h \in L$ 且 $l \prec h$，则可以将 U 划分为如下三个区域。

$$\text{POS}^{(h,)}(e) = \{x \in U \mid e(x) \geq h\}$$

$$\mathrm{BND}^{(l,h)}(e) = \{x \in U \mid l < e(x) < h\}$$

$$\mathrm{NEG}^{(.,l)}(e) = \{x \in U \mid e(x) \leqslant l\}$$

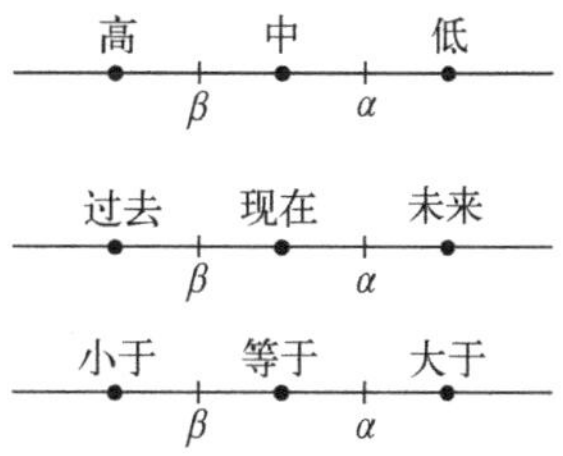

特别需要注意的是，公式中的"$\leqslant$"等符号并不单纯表示数值上的大小顺序，要结合具体的实际应用来确定其含义。狭义三支决策阶段的粗糙集、阴影集等都可以理解为基于单评估的三分模型。

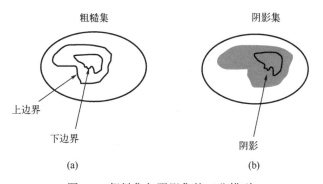

图 2.1　单评估三分模型实例

定义 2.2[1]　在一个近似空间 $\mathrm{apr} = (U,E)$ 中，给定评估函数：条件概率 $\Pr(X|[x]_E) = |x \cap [x]_E / [x]_E|$，以及一对阈值 (l,h)，其中，$0 \leqslant l < h \leqslant 1$，则正域、边界域、负域定义如下。

$$\mathrm{POS}^{[h,1]}(X) = \{x \in U \mid \Pr(X|[x]_E) \geqslant h\}$$

$$\mathrm{BND}^{(l,h)}(X) = \{x \in U \mid l < \Pr(X[x]_E) < h\}$$

$$\mathrm{NEG}^{[0,l]}(X) = \{x \in U \mid \Pr(X|[x]_E) \leqslant l\}$$

同样，等价类完全包含在这三个区域的一个中。通过设置 $l = 0$ 和 $h = 1$，我们获得了在定义 2.2 中的标准粗糙近似。也就是 $\mathrm{POS}(X) = \mathrm{POS}^{[1,1]}(X), \mathrm{BND}(X) = \mathrm{BND}^{[0,1]}(X), \mathrm{NEG}(X) = \mathrm{NEG}^{[0,0]}(X)$。在这个公式下，粗糙集和概率粗糙集可以被解释为三支决策的粗糙集模型。论域 U 被分成三个区域来近似一个集合，如图 2.2(a)所示。

粗糙集　　　　　　　　阴影集

上边界

下边界　　　　　　　　　阴影

(a)　　　　　　　　(b)

图 2.2　粗糙集与阴影集的三分模型

阴影集基于模糊集的隶属度概念提出了另一种三分的模型。假设 $\mu_A: U \to [0,1]$ 为 U 的一个模糊集，对于 $x \in U, \mu_A(x) \in [0,1]$ 为 x 的隶属值或隶属级。给定一对阈值 (l,h)，其中，$0 \leqslant l < h \leqslant 1$，可以定义 μ_A 的三支近似：

$$\mathrm{NEG}^{[0,l]}(\mu_A) = \{x \in U \mid \mu_A(x) \leqslant l\}$$

$$BND^{[l,h]}(\mu_A) = \{x \in U \mid l < \mu_A(x) < h\}$$

$$POS^{[h,1]}(\mu_A) = \{x \in U \mid \mu_A \geqslant h\}$$

Pedrycz 引入了阴影集的概念[2]，即模糊集的三支或三值近似。阴影集示意图如图 2.2(b)所示。

定义 2.3　阴影集定义为 $\mu_A(x)$ 的三支近似，即

$$S_A(x) = \begin{cases} 0, & \mu_A(x) \leqslant l \\ [0,1], & l < \mu_A(x) < h \\ 1, & \mu_A(x) \geqslant h \end{cases}$$

为了表示一个阴影集，Pedrycz 使用了全序集 $(0,[0,1],1,\prec)$，其中，$0 \prec [0,1] \prec 1$。0 和 1 的隶属度表示不确定性最小，隶属级[0, 1]代表不确定性最大。从语义上看，用全序集 $(\{[0,l],(l,h),[h,1]\})$ 来定义阴影集更准确，其中，$[0,l] \prec (l,h) \prec [h,1]$。三个区间表示元素隶属级所在的范围。诸多学者给出了构造基于阴影集的三分模型[3-5]。

从统计学的视角看，基于不同的分布特征，我们可以基于一些统计信息，如均值、中位数、标准差等，来构造和解释一个三分模型。例如，利用均值和方差构造正态分布的三分模型，分别表达典型的对象、非典型或者非标准的对象等。

图 2.3 分别给出了正态分布与指数分布的三分模型。以正态分布为例，假设 $v(x_1),v(x_2),\cdots,v(x_n)$ 表示 U 中对象 $x_1,x_2,\cdots,x_n$ 的评估状态值(evaluation status values, ESV)；n 代表集合的基数，则其均值和方差分别表示如下：

$$\mu = \frac{1}{n}\sum_{i=1}^{n} v(x_i)$$

$$\sigma = \left(\frac{1}{n}\sum_{i=1}^{n}(v(x_i) - \mu)^2\right)^{\frac{1}{2}}$$

基于均值和方差可以构造两个阈值，即

$$l = \mu - k_1\sigma, \quad k_1 \geqslant 0$$

$$h = \mu + k_2\sigma, \quad k_2 \geqslant 0$$

其中，k_1、k_2 为方差的系数。

我们可以构造一个三分区域，即 L、M、R 三个区域。

$$L_{(k_1,k_2)}(v) = \{x \in U \mid v(x) \leqslant l\}$$
$$= \{x \in U \mid v(x) \leqslant \mu - k_1\sigma\}$$

$$M_{(k_1,k_2)}(v) = \{x \in U \mid l < v(x) < h\}$$

$$= \{x \in U \mid \mu - k_1\sigma < v(x) \leqslant \mu + k_2\sigma\}$$

$$R_{(k_1,k_2)}(v) = \{x \in U \mid v(x) \geqslant h\}$$

$$= \{x \in U \mid v(x) \geqslant \mu + k_2\sigma\}$$

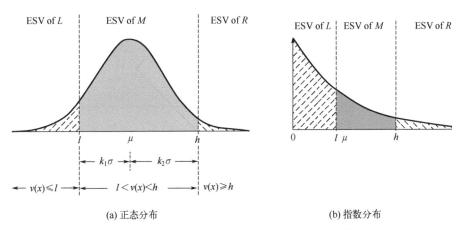

(a) 正态分布　　　　　　　　　(b) 指数分布

图 2.3　基于两种分布的三支决策模型[6]

利用该模型,可以解释很多实际的应用。例如,血压正常的范围大致在 $k_1 = k_2 = 2$,即 $M_{(2,2)}(v) = \{x \in U \mid \mu - 2\sigma < v(x) \leqslant \mu + 2\sigma\}$ 为正常血压。类似地,人类的智商 (intelligence quotient,IQ) 也符合上述的正态分布区间,不同的是,R 表示的是智商超群的少数人,L 表示的是智商较低的部分人。利用 ESV 可以将分布划分为三个区域以表示不同的典型程度。如图 2.3(b) 所示的指数分布也具有类似的特征。

2.1.2　双评估的三分模型

双评估的三分模型意味着在一个有穷的非空集合中有两个评估函数,分别用于度量正域与负域。具体定义如下。

定义 2.4[7]　假设非空有限集合 U 上的两个评估函数:$e_p \to (L^+, \prec_+)$ 为正评估函数,$e_n \to (L^-, \prec_-)$ 为负评估函数,给定一对阈值 $<t_p, t_n>$,$t_p \in L^+$,$t_n \in L^-$,我们可以将 U 划分为三个区域,即

$$\text{NEG}^{<t_p,t_n>}(e_p, e_n) = \{x \in U \mid e_n(x) \geqslant t_n \wedge e_p(x) < t_p\}$$

$$\text{POS}^{<t_p,t_n>}(e_p, e_n) = \{x \in U \mid e_p(x) \geqslant t_p \wedge e_n(x) < t_n\}$$

$$\text{BND}^{<t_p,t_n>}(e_p, e_n) = (\text{NEG}^{<t_p,t_n>}(e_p, e_n) \bigcup \text{POS}^{<t_p,t_n>}(e_p, e_n))^c$$

$$= \{x \in U \mid e_n(x) \geqslant t_n \wedge e_p(x) \geqslant t_p\} \bigcup \{y \in U \mid e_n(y) < t_n \wedge e_p(y) < t_p\}$$

图 2.4 给出了定义 2.4 的几何表示。

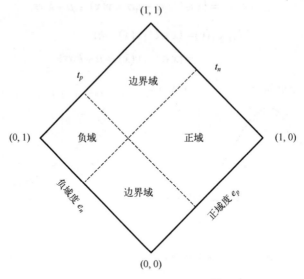

图 2.4 双评估三分模型[8]

可以通过简单的数量计算将双评估模型转换为单评估模型,例如,令 $e = e_p - e_n$。在粗糙集的量化领域中可以构造两个双评估函数,如 $[x] \subseteq X$ 表示正评估,$[x] \subseteq X^c$ 表示负评估。基于该量化函数,可以构造的三支近似为[9]

$$\text{POS}(X) = \{x \in U \mid [x] \subseteq X\}$$

$$\text{NEG}(X) = \{x \in U \mid [x] \subseteq X^c\}$$

$$\text{BND}(X) = \{x \in U \mid \neg([x] \subseteq X) \land \neg([x] \subseteq X^c)\}$$

进一步地,基于包含度的测量,可以定义两个正评估、负评估函数,$\text{sh}([x] \subseteq X)$ 和 $\text{sh}([x] \subseteq X^c)$,$\text{sh}$ 表示包含度。从而可以构造三支近似如下[10]:

$$\text{POS}^{<t_p, t_n>}(X) = \{x \in U \mid \text{sh}([x] \subseteq X) \geq t_p\}$$

$$\text{NEG}^{<t_p, t_n>}(X) = \{x \in U \mid \text{sh}([x] \subseteq X^c) \geq t_n\}$$

$$\text{BND}^{<t_p, t_n>}(X) = \{x \in U \mid \text{sh}([x] \subseteq X) < t_p \land \text{sh}([x] \subseteq X^c) < t_n\}$$

许多模糊集理论的语义恰好内含了双评估的三分模型,如直觉模糊集、阴影集等。

2.1.3 三评估的三分模型

给定三个评估函数 $e^+, e^-, e^0: U \to [0,1]$,可以构造一个三分模型,如图 2.5 所示。

三分（维）的模型基于三个不同的评估值可以构建空间中唯一的点或者粒度。图 2.5(a)表示了一个基本的三维坐标体系，图 2.5(b)表述了印度哲学中的三种基本性质，即怠惰（tamas）、躁动（rajas）和平和（sattva），图 2.5(c)则表示了三原色体系。三原色红（R）、绿（G）、蓝（B）每个值的取值区间为[0，255]，不同的取值则会产生不同的复合颜色，如[0，0，0]表示黑色，[255，255，255]表示白色等。

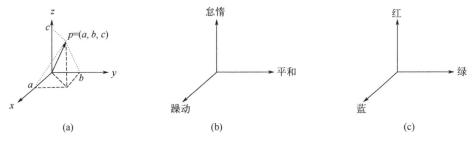

图 2.5　评估三维空间[11]

三维的评估模型也给予我们更多的三分视角。以时间、空间、事件为例，不同时间的不同地点会发生不同的事件；不同的时间粒度、空间粒度会产生不同的变化；基于不同的维度可以进行事件的预测，如基于特定地点、特定时间发生了特定的事件可以预测未来是否会发生此类事件等。

更为形式化地，我们考虑三个评估函数 $e^+, e^-, e^0 : U \to [0,1]$，其中，$U$ 表示对象集合。可以构造一个三分模型，它基于这三个不同的评估值，可以在空间中唯一地表示一个点或粒度。这个模型可以用数学方式表示如下。

假设 $e^+(u)$、$e^-(u)$、$e^0(u)$ 分别表示对象 $u \in U$ 的正面评估、负面评估和中性评估的值，其中，$e^+(u)$、$e^-(u)$、$e^0(u) \in [0,1]$。我们可以将 $e^+(u)$、$e^-(u)$、$e^0(u)$ 的值组合成一个三元组：

$$(e^+(u), \quad e^-(u), \quad e^0(u))$$

这个三元组唯一地表示了对象 u 在三维评估空间中的位置。这就构成了三分模型的基础，其中每个对象都在三维空间中有一个唯一的表示点。

1）颜色模型

考虑一个颜色模型，其中三个评估函数 $e^+(R)$、$e^-(G)$、$e^0(B)$ 分别表示红色（R）、绿色（G）、蓝色（B）通道的评估值，取值范围为 [0,255]。这样，对于一个特定的颜色，可以表示为一个三元组：

$$(e^+(R), \quad e^-(G), \quad e^0(B))$$

例如，$(e^+(255), e^-(0), e^0(0))$ 表示红色（$R=255, G=0, B=0$），而 $(e^+(255), e^-(255),$

$e^0(255)$）表示白色（$R=255,G=255,B=255$）。这个模型允许我们以数学方式精确表示不同颜色，并进行颜色混合和分析。

2）时间-空间-事件模型

考虑一个时间-空间-事件模型，其中三个评估函数 $e^+(t)$、$e^-(s)$、$e^0(e)$ 分别表示时间（t）、空间（s）、事件（e）的评估值。这三个维度可以是连续的，例如，时间可以是实数，空间可以是二维坐标，事件可以是事件类型的标识符。对于不同的时间、空间和事件评估值，可以将其构建为一个三维空间中的点。例如，考虑事件预测，我们可以使用这个模型来预测未来是否会发生某种事件。通过分析不同时间、空间和事件评估值的组合，我们可以识别潜在事件的趋势和关联性。

这个三分模型提供了更多的三分视角，允许我们以数学方式表示和分析不同维度的评估值，从而获得深入的见解和较好的预测能力。

2.2 基于集合论的三分模型

2.2.1 区间集的三分模型

区间集（interval set）用来描述部分已知的概念。一方面，它假定一个对象是一个集合的成员或不是集合的成员。另一方面，由于信息和知识的缺乏，只能表达某些对象的隶属和非隶属状态，而不能表达所有对象的状态。也就是说，有一个部分已知的集合由下界和上界定义。下界由已知是集合成员的对象组成，上界的补充由已知不是集合成员的对象组成，其余对象的实际状态是未知的。尽管区间集的上下界与粗糙集的上下近似在形式上相似，但它们的语义解释却不同。粗糙集是给定隶属函数的不可定义集的近似，区间集是未完全给定隶属函数的部分已知集的近似。

定义 2.5 将 2^U 表示为 U 的幂集（由 U 的所有子集构成的集合）。对于一个对象子集 $\bar{X}$ 和 $\underline{X},U$ 的闭区间是 2^U 的子集，定义如下：

$$[\underline{X},\bar{X}]=\{Y\in 2^U\,|\,\underline{X}\subseteq Y\subseteq \bar{X}\}$$

两个子集 $\underline{X}$ 和 $\bar{X}$ 称为区间集的上下边界域。区间集$[\underline{X},\bar{X}]$可由三个区域等价定义：

$$\text{NEG}([\underline{X},\bar{X}])=(\bar{X})^c$$

$$\text{BND}([\underline{X},\bar{X}])=\bar{X}-\underline{X}$$

$$\text{POS}([\underline{X},\bar{X}])=\underline{X}$$

对象在 $\text{NEG}([\underline{X},\bar{X}])$ 和 $\text{POS}([\underline{X},\bar{X}])$ 中表示为已知非隶属和部分已知隶属的集合。对象在 $\text{BND}([\underline{X},\bar{X}])$ 的状态是未知的。对于一个集合，其特征函数由 U 到 $\{[0,1],\prec\}$，其中，（$0\prec1$），0 和 1 分别表示一个集合的隶属和非隶属。在不失一般性

的情况下，对于全序集 $(\{[0,0],[0,1],[1,1]\},\prec)$，其中，$[0,0]=\{0\},[0,1]=\{0,1\},[1,1]=\{1\}$，且 $[0,0]\prec[0,1]\prec[1,1]$。利用区间集的隶属函数，可以立即得到一个评价函数：

$$e(x\,|\,[\underline{X},\overline{X}]) = \begin{cases} [0,0], & x\in(\overline{X})^c \\ [0,1], & x\in\overline{X}-\underline{X} \\ [1,1], & x\in\underline{X} \end{cases}$$

这提供了将区间集解释为区间值集的解释，是对集合单值解释的推广。

如果我们知道一个对象是一个集合的隶属，其隶属值为 $[1,1]$，等价于 1。如果对象不是一个集合的隶属，其隶属值为 $[0,0]$，等价于 0。当我们不知道对象的实际状态时，尽管不能精确地给出它的隶属值，但是我们知道实际的隶属值是 0 或 1。通过使用 $[0,1]=\{0,1\}$，这个隶属值提供了将区间集解释为区间值集的方法，这是对集合的单值解释的推广。为了概念的简化，可以将整个全序集 $(\{[0,0],[0,1],[1,1]\},\prec)$ 重写为 $(\{0,u,1\},\prec)$，通过以上评价及设置 $l=0$ 和 $h=1$，我们拥有了一个区间集三分区的另一种定义。基于此，区间集的负域、边界域和正域等价定义为

$$\mathrm{NEG}([\underline{X},\overline{X}]) = \{x\in U\,|\,e(x\,|\,[\underline{X},\overline{X}])\preceq 0\}$$

$$\mathrm{BND}([\underline{X},\overline{X}]) = \{x\in U\,|\,0\preceq e(x\,|\,[\underline{X},\overline{X}])\preceq 1\}$$

$$\mathrm{POS}([\underline{X},\overline{X}]) = \{x\in U\,|\,e(x\,|\,[\underline{X},\overline{X}])\succeq 1\}$$

在信息不完全的情况下，我们可能只知道一个概念的部分知识。这推动了部分已知概念的引入，这些概念由一组已知的实例、一组已知的非实例和一组状态未知的对象表示。区间集概念和不完全形式上下文的共同概念框架可以用来表示部分已知的概念，确定了表示部分已知概念的可能形式，可以在完整的形式语境中检验、解释和扩展现有的概念分析研究。

2.2.2　基于模糊集与阴影集的三分模型

模糊集（fuzzy set）[12] 是由 Zadeh 在 1965 年引入的概念，用以表示不确定性和模糊性。模糊集合是传统集合理论的一种扩展，允许对象以不同程度属于某个集合。这与传统集合理论中元素要么属于要么不属于某个集合的观点形成对比。

定义 2.6　设 X 是一个非空集合，被称为全集或论域。一个模糊集 A 在 X 上的定义是一组有序对：

$$A = \{(x,\mu_A(x))|\ x\in X\}$$

其中，$\mu_A(x)$ 是一个映射函数，$\mu_A:X\to[0,1]$，被称为隶属函数或隶属度函数。

隶属度函数 $\mu_A(x)$ 表示元素 x 属于模糊集合 A 的程度。对于任何 $x\in X$，隶属度函数 $\mu_A(x)$ 的值位于闭区间 $[0,1]$ 内。在这个定义中，0 表示完全不属于 A，1 表示完全属于 A，而介于 0 和 1 之间的值表示模糊属于。当 $\mu_A(x)$ 对于所有 $x\in X$ 只取值

0 或 1 时，模糊集 A 退化为传统的(非模糊的)集合。模糊集合的引入为处理现实世界中的模糊概念提供了一个强大的数学工具。它广泛应用于各种领域，如控制理论、人工智能、决策支持系统等，用于模拟和处理不确定性和复杂性。

直觉模糊集(intuitionistic fuzzy set，IFS)[13]是由 Atanassov 在 1986 年提出的概念，用于进一步增强模糊集合理论，以更好地处理不确定性和模糊性。直觉模糊集的核心思想是引入对每个元素不属于集合的程度，这是一个标准模糊集没有的特征。这种集合不仅包含元素属于集合的程度，还包含元素不属于集合的程度，以及一个因不完全信息导致的不确定度。

直觉模糊集的数学定义如下：

定义 2.7　设 X 是一个非空集合。一个直觉模糊集 A 在 X 上定义为

$$A = \{(x, \mu_A(x), \nu_A(x)) \mid x \in X\}$$

其中，每个 x 有两个函数与之对应：$\mu_A(x): X \to [0,1]$，表示 x 属于集合 A 的程度；$\nu_A(x): X \to [0,1]$，表示 x 不属于集合 A 的程度。

约束条件为对于任何 $x \in X$，必须满足 $\mu_A(x) + \nu_A(x) \leq 1$。

这个约束确保了每个元素的隶属度和不隶属度之和不会超过 1，从而留出了不确定性的空间。对于直觉模糊集 A 中的每个元素 x，其不确定度（或犹豫度）定义为 $\pi_A(x) = 1 - \mu_A(x) - \nu_A(x)$。这个值反映了由于信息不完全而无法判断 x 属于或不属于 A 的程度。

直觉模糊集提供了一种更为丰富和灵活的方式来描述和处理模糊性，特别是在处理决策制定、模式识别、专家系统等领域的问题时，它展现出了特别的优势。

定义 2.3 给出了阴影集(shadowed set)的概念，它是将模糊集与三支决策理论相结合的近似计算模型，能够有效地刻画不精确或不确定性信息。作为模糊集理论的扩展模型，阴影集将模糊集的多值逻辑转换为三值逻辑，显著地减少了模糊集在实际应用背景中的信息冗余，也更符合人类的认知习惯。

将模糊集转换为阴影集的过程带来了几个重要的好处，特别是在处理不确定性和模糊信息方面。这些好处包括：简化决策过程，降低计算复杂度，减少信息冗余，增强可解释性。这个过程涉及确定哪些元素完全属于集合、哪些完全不属于，以及哪些处于不确定的"阴影"状态。要实现这一目标，需要谨慎选择转换方法，以确保信息损失最小化。以下是一些常见的转换方法。

(1)基于阈值的方法。确定两个阈值：下界 (α) 和上界 (β)，其中，$0 \leq \alpha < \beta \leq 1$。如果隶属度 $\mu_A(x) \geq \beta$，则 x 完全属于阴影集合。如果隶属度 $\mu_A(x) \leq \alpha$，则 x 完全不属于阴影集合。如果 $\alpha < \mu_A(x) < \beta$，则 x 处于阴影区域。这种方法的关键在于合理选择 α 和 β 的值。太接近的阈值可能导致大多数元素落入阴影区，而太远的阈值可能导致过多的信息损失。

(2) 基于优化的方法。使用某种形式的优化技术 (如遗传算法、模拟退火等) 来确定最佳的阈值 α 和 β。这种方法试图在维持原有模糊集信息和简化模糊性之间找到平衡点。优化的目标函数可以是最大化阴影区内元素的数量，同时最小化信息损失的某种度量。

(3) 基于数据驱动的方法。在某些情况下，可以通过分析模糊集代表的数据来确定阈值。例如，可以使用数据的统计特性 (如均值、标准差) 来设定阈值。这种方法在数据驱动的决策过程中尤其有用，如模式识别或分类任务。

在将模糊集转换为阴影集的时候，为了保证信息的最小损失，需要注意以下几点。

(1) 合理选择阈值。阈值的选择对转换过程至关重要。需要根据具体应用场景和数据特性来确定阈值。

(2) 评估信息损失。可以通过比较转换前后的集合特性 (如隶属度分布、集合覆盖范围等) 来评估信息损失。测量转换前后模糊集隶属度分布的变化，可以采用统计差异性度量 (如 Kullback-Leibler 散度)。分析转换前后集合覆盖范围的变化，可以通过计算集合的势 (cardinality) 或使用 Jaccard 指数比较相似性。

(3) 反复实验和调整。在实际应用中，可能需要多次实验和调整阈值，以找到最优解。也可以采用交叉验证的方法来测试不同阈值下的转换效果，以保证结果的稳健性和可靠性。

(4) 考虑上下文。在某些情况下，转换的最优方案可能需要考虑到集合所在的具体上下文或应用场景。根据不同的应用背景和目标，定制转换策略。例如，在图像处理中的阈值选择可能与在金融数据分析中的选择有所不同。

2.2.3　基于其他集合的三支决策

1999 年俄罗斯学者 Molodtsov 提出软集 (soft set) 理论[14]。它是一种新的处理模糊和不确定性模型的数学工具，在形式上，软集是参数化的集合定义。

定义 2.8　设有限非空对象论域 U 和有限非空参数集 P。U 的幂集表示为 2^U。U 的软集为 (S,E)，其中，$E \subseteq P$ 为参数的子集，$S: E \to 2^U$ 为 E 到 U 幂集的映射，对于任何 $e \in E, S(e) \subseteq U$ 称为 (S,E) 的 e-定义对象集。

对于一个对象 $x \in U$，若 $x \in S(e)$，则称 x 是参数 e 下 (S,E) 表示的一个概念实例，x 的概念实例提供了一个合理的估计，给定概率为

$$e(x|(S,E)) = \frac{|\{e \in E | x \in S(e)\}|}{|E|}$$

有 $0 \leqslant e(x|(S,E)) \leqslant 1$，当且仅当 x 不为 E 中任何参数实例时，$e(x|(S,E)) = 0$，当且仅当 x 为 E 中所有参数实例时，$e(x|(S,E)) = 1$。

定义 2.9　给一对定阈值 $(l,h), 0 \leqslant l \leqslant h \leqslant 1$，软集的三个区域的表示如下：

$$\text{NEG}^{[0,l]}((S,E)) = \{x \in U \mid e(x|(S,E)) \leqslant l\}$$

$$\text{BND}^{[l,h]}((S,E)) = \{x \in U \mid l < e(x|(S,E)) < h\}$$

$$\text{POS}^{[h,1]}((S,E)) = \{x \in U \mid e(x|(S,E)) \geqslant h\}$$

软集通过提供特殊类型的不确定度量方法，为模糊和不确定性建模提供了新的途径。这一概念吸引了众多学者的关注和研究。例如，Yang 和 Yao 在 2021 年提出了两种用于不确定性建模的软集语义：多上下文语义(multi-context semantics)和可能世界语义(possible-world semantics)。这些研究着眼于在不确定性下的软集表示及其在三支决策中的应用[5]。

综上所述，软集理论及其在处理不确定性和模糊性问题上的应用，不仅扩展了传统数学模型的边界，也为数据科学、人工智能等领域提供了强大的新工具。通过这些创新的研究，学者们能够更深入地理解和操作复杂数据，从而在这些快速发展的领域中取得更大的进步。

三支决策的概念为集合论的三个区域提供了一种更有力的解释。正域和负域分别为接受对象和拒绝对象的集合，而边界域则是在不确定性或信息不足的条件下，既不接受也不拒绝的对象集合。当评价值落在某个特定区域时，要么接受，要么拒绝，否则就会做出不承诺决策的策略。表 2.2 给出了基于特定集合论的三分模型。

表 2.2　集合模型的三支决策

区域	正域	负域	边界域
粗糙集	$\{x \in U \mid [x]_E \subseteq X\}$	$\{x \in U \mid [x]_E \cap X = \varnothing\}$	$\{x \in U \mid [x]_E \cap X \neq \varnothing \wedge \neg([x]_E \subseteq X)\}$
区间集	$\underline{X}$	$(\overline{X})^c$	$\overline{X} - \underline{X}$
模糊集	$\{x \in U \mid \mu_A(x) \geqslant h\}$	$\{x \in U \mid \mu_A(x) \leqslant l\}$	$\{x \in U \mid l < \mu_A(x) < h\}$
阴影集	$\{x \in U \mid S_A(x) \succeq b\}$	$\{x \in U \mid S_A(x) \preceq w\}$	$\{x \in U \mid w \prec S_A(x) \prec b\}$
其他集合（如软集）	$\{x \in U \mid e(x|(S,E)) \geqslant h\}$	$\{x \in U \mid e(x|(S,E)) \leqslant l\}$	$\{x \in U \mid l < e(x|(S,E)) < h\}$
决策	接受	拒绝	不承诺

2.3　基于改变的三分模型

基于改变的三分模型，即三支改变模型(three-way change model)提供了许多独特的好处,尤其是在数据分析和决策制定领域。这一模型的主要优点包括以下几个方面。

(1)全面的分析。三支改变模型通过将数据划分为增加、减少和不变三个部分,为分析提供了一个全面的视角。这种分析帮助我们识别数据中的关键趋势和模式。

(2)灵活性。该模型可适应不同类型的数据和多种分析需求。通过调整阈值,可以根据具体的数据特征和分析目标来定制分析过程。

(3)简化决策过程。在处理复杂数据时,该模型能够简化决策过程。通过清晰地划分数据,决策者可以更容易地理解情况并做出更有效的决策。

(4)动态适应性。在动态多维三元改变模型中,引入的动态阈值调整机制使模型能够适应随时间变化的数据特性,从而提高分析的准确性和相关性。

(5)多维度评估。该模型允许从多个维度进行评估,这有助于深入理解数据的复杂性。多维度分析使我们可以从不同的角度观察和解释数据,从而获得更全面的洞察。

2.3.1　三支改变模型的定义

定义 2.10[15]　评估空间由三元组 $E = (U, S, e)$ 定义,其中,U 是一个有限非空的对象集合,S 是一个状态集,而 e 是从 $U \times S$ 到实数集 $\mathbb{R}$ 的评估函数,即 $e: U \times S \to \mathbb{R}$。对于对象 $x \in U$ 和状态 $s \in S$,$e(x|s)$ 表示对象 x 在状态 s 下的评估值。

在 $\mathbb{R}$ 的特殊情况下,可以使用三值集 $\{-1, 0, +1\}$ 来定性地表示对象的某些属性。我们也可以使用单位区间 $[0, 1]$。评估值 $e(x|s)$ 代表了对象在状态下的表现。通过观察两种状态,我们可以观察到变化。

定义 2.11　在评估空间 $E = (U, S, e)$ 中,给定一对状态 $(s, s') \in S \times S$,对象 $x \in U$ 的评估值变化定义为

$$c(x|(s, s')) \in e(x|s') - e(x|s)$$

在定义 2.11 中,我们提出了一种新的评估方法。它不仅评估对象在一个状态下的表现,还计算对象在两个不同状态下的值的差异。这种新的评估方法扩展了传统的评估方法。更具体地说,我们使用两个值之间的差异作为变化的衡量标准。这种差异并没有将其与初始值 $e(x|s)$ 相关联。有时需要考虑相对于值 $e(x|s)$ 的变化。

定义 2.12　在评估空间 $E = (U, S, e)$ 中,假设对于所有 $x \in U$ 和 $s \in S$,有 $e(x|s) \neq 0$。给定一对状态 $(s, s') \in S \times S$,对象 $x \in U$ 的相对值变化定义为

$$\mathrm{rc}(x|(s, s')) = \frac{e(x|s') - e(x|s)}{\mathrm{abs}(e(x|s))}$$

其中,$\mathrm{abs}(\cdot)$ 表示实数的绝对值。在某些情况下,我们可能想要评估一组对象的整体变化。最简单的方法是将集合中对象的变化相加。

定义 2.13　假设 $X \subseteq U$ 是对象的一个子集。集合 X 中对象的整体变化定义为

$$\sum_{x \in X} c(X \mid (s, s')) = c(x_1 \mid (s, s')) + c(x_2 \mid (s, s')) + \cdots + c(x_n \mid (s, s'))$$

$$\sum_{x \in X} \mathrm{rc}(X \mid (s, s')) = \mathrm{rc}(x_1 \mid (s, s')) + \mathrm{rc}(x_2 \mid (s, s')) + \cdots + \mathrm{rc}(x_n \mid (s, s'))$$

其中，$X = \{x_1, x_2, x_3, \cdots, x_n\}$。这个求和收集了集合 X 中所有对象在两种状态下的差异。如果求和结果大于零，则三支策略取得了积极效果；如果结果为零，则没有变化；否则，方法将产生负面效果，所以求和可以为三支策略提供定性描述。

定义 2.10～2.13 提供了三种不同的变化量度。变化量 $e(x \mid (s, s'))$ 不依赖于初始值 $e(x \mid s)$，相对变化量与 $e(x \mid s)$ 相关，对象集合的总变化量 $\sum_{x \in X} c(x \mid (s, s'))$ 和总相对变化量 $\sum_{x \in X} \mathrm{rc}(x \mid (s, s'))$ 是衡量一组对象变化的指标。基于这些指标，我们可以讨论定性和定量的三元变化。

定性的三支改变模型的定义如下所示。

定义 2.14[16]　假设 U 是一个对象集合，而 x 是 U 中的一个对象。从状态 s 到状态 s' 的 x 的评估值变化是 $c(x \mid (s, s'))$。根据 $c(x \mid (s, s'))$ 的值，对象集合 U 被划分为以下三个区域：

$$\mathrm{INC}(U) = \{x \in U \mid c(x \mid (s, s')) > 0\}$$
$$\mathrm{DEC}(U) = \{x \in U \mid c(x \mid (s, s')) < 0\}$$
$$\mathrm{UNC}(U) = \{x \in U \mid c(x \mid (s, s')) = 0\}$$

定量的三支改变模型的定义如下所示。

定义 2.15　设 U 为一个对象集合。两个状态之间 x 的相对变化是 $\mathrm{rc}(x \mid (s, s'))$。给定一对阈值 α 和 β，满足 $\mathrm{Min}(\mathrm{rc}(x \mid (s, s'))) < \beta < \alpha < \mathrm{Max}(\mathrm{rc}(x \mid (s, s')))$。则 U 的三分法如下所示：

$$\mathrm{INCRC}_{[\alpha, \cdot)}(U) = \{x \in U \mid \mathrm{rc}(x \mid (s, s')) \geqslant \alpha\}$$

$$\mathrm{DECRC}_{(\cdot, \beta]}(U) = \{x \in U \mid \mathrm{rc}(x \mid (s, s')) \leqslant \beta\}$$

$$\mathrm{UNCRC}_{(\beta, \alpha)}(U) = \{x \in U \mid \beta < \mathrm{rc}(x \mid (s, s')) < \alpha\}$$

2.3.2　实例分析

下面，我们通过一个具体的实例来说明定性和定量三支变化分析的好处。假设在一个学校环境中，有一组学生的成绩在两次考试中有变化，希望分析这些变化以了解学生的学习进步、退步或稳定性。

定义对象集合 $U = \{x_1, x_2, \cdots, x_n\}$ 为学生集合，其中每个 x_i 代表一个学生。如 $U = \{$学生 1，学生 2，$\cdots$，学生 $n\}$。

定义状态 s 和 s' 为两次考试，如 $s =$ 考试 1 和 $s' =$ 考试 2。

定义评估函数 e： $U \times \{s, s'\} \to \mathbb{R}$，其中，$e(x_i|\, s)$ 和 $e(x_i|\, s')$ 分别表示学生 x_i 在考试 1 和考试 2 中的分数。

如图 2.6 所示，首先，我们进行定性的分析。定义变化值函数 c： $U \times (s, s') \to \mathbb{R}$，其中，$c(x_i|(s, s')) = e(x_i|\, s') - e(x_i|\, s)$ 表示学生 x_i 在两次考试中分数的变化。

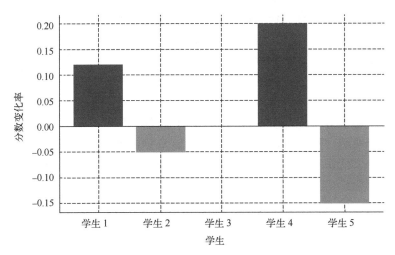

图 2.6   基于三支改变模型的实例分析

我们得到三个分区：

增加区（INC）： $\{x_i \in U|\ c(x_i|(s, s')) > 0\}$

减少区（DEC）： $\{x_i \in U|\ c(x_i|(s, s')) < 0\}$

不变区（UNC）： $\{x_i \in U|\ c(x_i|(s, s')) = 0\}$

基于这三个分区，我们可以得到一个直观的结果，从而识别学生表现的改善、恶化或保持稳定的情况。

其次，我们进行定量分析。定义相对变化值函数 rc： $U \times (s, s') \to \mathbb{R}$，其中，$\mathrm{rc}(x_i|(s, s')) = \dfrac{c(x_i|(s, s'))}{|e(x_i|\, s)|}$，考虑了初始分数的分数变化百分比。设定阈值 $\alpha = 0.1$ 和 $\beta = -0.1$。我们得到三个分区：

增加区（INCRC）： $\{x_i \in U|\ \mathrm{rc}(x_i|(s, s')) \geqslant \alpha\}$

减少区（DECRC）： $\{x_i \in U|\ \mathrm{rc}(x_i|(s, s')) \leqslant \beta\}$

不变区 (UNCRC)：$\{x_i \in U|\ \beta < \mathrm{rc}(x_i|(s,s')) < \alpha\}$

它们分别表示：分数提高超过 10% 的学生、分数降低超过 10% 的学生、分数变化在 $-10\%\sim10\%$ 的学生。

在图 2.6 中，我们展示了一组学生在两次考试之间的分数变化情况。黑色条形代表分数提高的学生(增加区 INC)，灰色条形代表分数降低的学生(减少区 DEC)，浅灰色条形(如果有)代表分数没有变化的学生(不变区 UNC)。这种可视化方式直观地展示了学生表现的改善、恶化或保持稳定的情况。

图 2.6 为教师和教育工作者提供了一个简洁明了的方式来观察和分析学生的学习进步情况。通过这种方法，可以更加精细和全面地理解学生的学习表现，从而为教育决策提供数据支持。

定性分析提供了一个更精细的分析视角，考虑到了学生分数变化的程度。通过设置阈值，可以根据具体情况或标准进行灵活调整，提供更个性化的分析。有助于识别那些表现出显著变化(无论是正面还是负面)的学生。

通过这个实例，我们可以看到，定性和定量分析提供了不同的视角来分析同一数据集，每种方法都有其独特的优点和应用场景。这种多维度的分析方法可以更全面地理解和评估学生的学习表现。

进一步地，结合模糊集，我们可以定义模糊集 $F(U)$ 用于表示学生在两次考试中表现的变化。在这个模糊集中，每个学生的分数变化不再是一个具体的数值，而是一个隶属度值，反映在不同改变区域的隶属程度。从而形成三个分区：增加区(INC)表示模糊集中的元素(学生)对"分数提高"这一概念的隶属度。减少区(DEC)表示模糊集中的元素对"分数降低"这一概念的隶属度。不变区(UNC)表示模糊集中的元素对"分数不变"这一概念的隶属度。

而教师对改变效果可以使用满意度进行模糊表示。我们可以定义一个模糊集 $S(U)$ 来表示教师对学生改变效果的满意度。这个模糊集中的每个元素对应一个学生，每个学生的满意度是一个隶属度值，反映教师对该学生表现改变的满意程度。教师对学生改变效果的满意度可以基于多种因素，如改变的幅度、学生的总体表现、班级平均水平等。满意度的计算可以通过一个模糊逻辑函数来实现，该函数考虑上述因素并输出一个 $0\sim1$ 的隶属度值。

2.3.3　动态多维三支变化模型

在数据分析和决策科学领域，理解和预测对象在不同状态下的变化显得越来越重要。传统的分析方法，如定性和定量分析，虽然提供了基础的理解框架，但在处理复杂、多变的数据时往往难以捕捉到数据的多维度特征和动态变化。例如，在教育领域，仅分析学生的成绩变化并不能全面反映学生的学习状态和潜力。为了解决这一问题，我们提出了一种新的模型：动态多维三元变化模型（dynamic multi-dimensional three-way change model，DMTCM）。该模型结合了定性和定量分析的优点，并引入动态阈值调整和多维度评估，以适应不同的数据集和分析需求。

1. 模型定义

设对象集合为 $U = \{x_1, x_2, \cdots, x_n\}$，状态集合为 $S = \{s_1, s_2, \cdots, s_m\}$，评估函数为 $e: U \times S \to \mathbb{R}$，时间窗口为 $T \in \mathbb{Z}^+$。

2. 动态阈值调整

阈值函数 $\theta(t): \mathbb{Z}^+ \to \mathbb{R}$。它是一个随时间变化的函数，根据历史数据动态调整阈值。例如，可以根据过去 n 个时间窗口的平均变化率来设定当前的阈值。阈值函数设定可以采用自适应方式，例如：

$$\theta(t) = \mu_{t-n, \cdots, t-1} + z\sigma_{t-n, \cdots, t-1}$$

其中，μ 和 σ 分别为过去 n 个时间窗口评估值的均值和标准差；z 为可设定的参数。

3. 多维度评估

评估维度集合为 $D = \{d_1, d_2, \cdots, d_k\}$，代表不同的评估标准或角度。一般意义上，多维评估函数可以定义为 $E: U \times S \times D \to \mathbb{R}$。进一步可以扩展定义多维评估函数 $E(x \mid s, d)$，考虑维度 $d \in D$，如成绩、出勤率、参与度等。

4. 三元分区算法

算法的主要步骤包括以下几点。

(1) 计算变化值：对于每个对象和每个维度，计算其在最近 T 个状态下的评估值变化。

(2) 确定阈值：根据阈值函数确定当前的阈值。

(3) 分区：将对象根据其在每个维度上的变化值分配到相应的增加、减少或不变区域。

更为具体地：

输入为对象集合 U，状态集合 S，评估函数 e，时间窗口 T，阈值函数 θ，评估维度 D。

输出为对象在各评估维度上的状态分区。

具体过程包括以下几个步骤。

(1) 对每个对象 $x \in U$，评估维度 $d \in D$，计算评估值在 T 时序内的变化量：

$$\Delta E_{x,d} = E(x, s_t, d) - E(x, s_{t-T}, d)$$

(2) 根据当前时刻 t 计算阈值 $\theta(t)$。

(3)对每个 x，d：如果 $\Delta E_{x,d} > \theta(t)$，则 x 在 d 上属于增加区；如果 $\Delta E_{x,d} < -\theta(t)$，则 x 在 d 上属于减少区；否则，x 在 d 上属于不变区。

模型拓展可以考虑采用更复杂的评估函数：

$$E(x,s,d) = f(e_1(x,s), e_2(x,s), \cdots, e_m(x,s); w_1, w_2, \cdots, w_m)$$

其中，f 为综合函数；e_i 为各个子指标；w_i 为权重。还可以建立基于 DMTCM 的预测模型，采用机器学习方法训练，进行多步预测。

DMTCM 提供了一种全新的视角来分析和理解数据集。通过结合定性和定量分析，并引入动态阈值和多维度评估，它能够提供更深入、全面和灵活的数据分析。这种方法特别适用于那些变化快速、多方面和复杂的现实世界问题。

2.4　从"三分"到"制三"

在探索问题解决和概念模型化的过程中，"一分为三"和"制三"是两种常见的方法论。虽然它们表面上似乎相似，都涉及将事物或概念分成三个部分，但在核心理念和应用方式上存在显著的差异。传统上，"一分为三"是一种分析方法，旨在将一个复杂的整体分解为三个相对独立的部分。这种方法常见于分类和分析工作中，如在文学分析、哲学论证或科学实验中。尽管这种方法有助于简化和理解复杂的系统，但它有可能忽略不同部分之间的相互作用和影响。

与"一分为三"不同，"制三"是一种创造性的构建方法，它不仅是将事物分解，而是基于事物的本质特性构建一个包含三个互补元素的新模型。这种方法强调的是创造性地识别和定义能够代表或影响整体的三个关键要素或维度。例如，在商业战略中，可以通过"制三"来构建产品发展的三个主要方向；在心理学中，可以创造性地理解个体行为的三个核心驱动力。

"制三"与"一分为三"的区别主要包括以下几点。

(1)创造性和分析性的比较。"制三"是一种创造性的构建过程，而"一分为三"更侧重于分析和分类。

(2)整体性和分隔性的比较。"制三"着眼于如何构建一个整体的新框架，而"一分为三"则是将整体拆分为独立的部分。

(3)动态性和静态性的比较。"制三"通常是一个动态的过程，考虑时间和环境因素的影响；而"一分为三"往往是在静态条件下的分解。

"制三"的理论为理解和解决复杂问题提供了一种新的视角，它促使我们从创造性和整体性的角度出发，构建能够全面反映问题本质的模型。与传统的"一分为三"方法相比，"制三"更强调元素之间的相互作用和整体的协同效应，从而在多个领域内提供了更为深入和全面的解决方案。

下面，我们以简单的数学方式描述"制三"的过程。

假设对象集合 $U = \{x_1, x_2, \cdots, x_n\}$，其中，每个 x_i 代表一个独立的实体或观察对象。

定义三元素集合 $T = \{t_1, t_2, t_3\}$，其中，t_1、t_2、t_3 分别代表三个关键的互补元素或维度。

定义关系函数 $R: U \times T \to \mathbb{R}$，用于描述对象与三元素之间的关联。通过函数或数学公式表达每个元素 t_i 的特性或影响。

定义综合模型 $M: U \to \mathbb{R}$，它整合了三个元素对每个对象的影响。

设计数学公式来量化对象与每个元素之间的关系。例如，这可以是一个权重函数、一个概率分布或一个基于规则的映射。利用数学运算（如加权求和、积分、微分等）构建综合模型 M，以此来综合每个元素对对象的影响。如果模型中包含可调参数，可以使用统计或机器学习方法进行优化，以最佳地反映对象与元素之间的复杂关系。通过数学化描述，"制三"理论可以被应用于具体的问题解决和系统分析中。这种方法提供了一种结构化和量化的方式来理解和处理包含多个互补维度的复杂系统或问题。

下面，我们举一个"制三"的实际应用的实例。随着数据规模和复杂性的不断增长，传统的二元逻辑在处理多维不确定信息方面存在局限性。为了获得更丰富的表达能力，研究者开始探索引入三元组作为信息表示和决策建模的基础单元。三元组以主语-谓语-宾语的形式表达信息，同时包含确定性和不确定性成分。这为决策建模提供了新的可能。例如，在医学领域，患者的症状可以表示为 {主语：患者，谓语：发烧，宾语：39℃} 的三元组，既表达了确定的事实"39℃"，也含有不确定的程度"发烧"。基于大量这样的三元组，可以建立医疗知识图谱，并进行自动化决策和推理。相较于二元逻辑，三元组提供了更加细致和合理的知识表达方式。

基于三元组的决策建模具有以下优点：信息表达更丰富；同时包含确定性和不确定性；支持基于知识图谱的自动决策；容易获得和标注训练数据。这种方法在推理、搜索、问答等人工智能任务中展现出巨大潜力。然而，三元组决策建模也面临一些挑战，如海量三元组的高效管理、不完备知识的推理等。未来研究可以在以下方向开展：①开发专门的知识表示和推理方法，处理大规模三元组；②研究如何利用三元组表示的不确定知识进行决策；③探索三元组与深度学习模型的结合，实现基于知识图谱的神经推理。通过解决这些问题，三元组决策建模预计会成为知识驱动决策的重要工具。它为构建更智能的决策系统提供了崭新的思路。

"一分为三"侧重于分解和分类，而"制三"侧重于创造性地构建和整合。"一分为三"主要用于理解和分析现有系统，而"制三"用于创新和构建新模型。"一分为三"常常是静态的，而"制三"具有更强的动态性和适应性。尽管"一分为三"和"制三"在方法论和应用上有所不同，但它们都强调了三元性的重要性。两者可以视为理解和处理复杂系统的互补工具，有时甚至可以在同一个问题上联合应用，以获得更全面的视角。

2.5 本章小结

本章我们深入探讨了"三分"及其在各种领域的应用。通过详细介绍单评估、双评估、三评估模型以及基于集合论的三分模型，为处理不确定性和模糊性问题提供了全新的视角。尤其值得注意的是动态多维三元变化模型，它结合了定性和定量分析的优势，并引入了动态阈值调整和多维度评估，以适应不同的数据集和分析需求。此外，我们还探讨了"一分为三"与"制三"的概念区别及应用，提供了全面而深入的理论基础和实际应用案例。

未来在"制三"方向上，首先，可以进一步发展更高效的算法，以自动化处理更复杂的数据集，特别是在动态多维环境中。其次，探索在更多领域的应用，如生物信息学、社交网络分析、心理学等。然后，研究如何通过用户友好的界面提供决策支持，并探索提高模型透明度和解释性的方法。最后，在理论层面深化"制三"模型的研究，探索其在复杂系统分析中的潜力。

参 考 文 献

[1] Yao Y Y. Three-way decisions with probabilistic rough sets[J]. Information Sciences, 2010, 180(3): 341-353.

[2] Pedrycz W. Shadowed sets: Representing and processing fuzzy sets[J]. IEEE Transactions on Systems, Man, and Cybernetics Part B, Cybernetics, 1998, 28(1): 103-109.

[3] Pedrycz W. From fuzzy sets to shadowed sets: Interpretation and computing[J]. International Journal of Intelligent Systems, 2009, 24(1): 48-61.

[4] Yao Y Y, Wang S, Deng X F. Constructing shadowed sets and three-way approximations of fuzzy sets[J]. Information Sciences, 2017, 412: 132-153.

[5] Yang J L, Yao Y Y. A three-way decision based construction of shadowed sets from Atanassov intuitionistic fuzzy sets[J]. Information Sciences, 2021, 577: 1-21.

[6] Yao Y Y, Gao C. Statistical interpretations of three-way decisions[C]. International Joint Conference on Rough Sets, Tianjin, 2015: 309-320.

[7] Yao Y Y. An outline of a theory of three-way decisions[C]. International conference on rough sets and current trends in computing, Berlin: Springer Berlin Heidelberg, 2012: 1-17.

[8] Yao Y Y. Set-theoretic models of three-way decision[J]. Granular Computing, 2021, 6(1): 133-148.

[9]　Pawlak. Z. Rough Sets: Theoretical Aspects of Reasoning About Data[M]. Dordrecht: Kluwer Academic Publishers, 1991.

[10]　Yao Y Y, Deng X F. Quantitative rough sets based on subsethood measures[J]. Information Sciences, 2014, 267: 306-322.

[11]　Yao Y Y. The geometry of three-way decision[J]. Applied Intelligence, 2021, 51 (9) : 6298-6325.

[12]　Zadeh L A. Fuzzy sets[J]. Information & Control, 1965, 8 (3) : 338-353.

[13]　Atanassov K T. Intuitionistic fuzzy sets[J]. Fuzzy Sets and Systems, 1986, 20 (1) : 87-96.

[14]　Molodtsov D. Soft set theory—First results[J]. Computers & Mathematics with Applications, 1999, 37 (4/5) : 19-31.

[15]　Jiang C M, Duan Y, Guo D D. Effectiveness measure in change-based three-way decision[J]. Soft Computing, 2023, 27 (6) : 2783-2793.

[16]　Jiang C M, Guo D D, Xu R Y. Measuring the outcome of movement-based three-way decision using proportional utility functions[J]. Applied Intelligence, 2021, 51 (12) : 8598-8612.

第3章 TAO 模型之"三支策略"

本章将讨论三支决策的 TAO (trisecting-acting-outcome) 框架的第二个组件，即 acting 组件。其基本含义是选择、设计、开发不同的策略施加于三个部分(点、线、面)以达到预期的目的。三分区的三支策略可以有七种组合。首先，可以将三个分区作为整体进行统一处理，施加一个统一的三支策略。其次，可以考虑两两的组合一起进行策略的实施，进而可以形成比较分析选择优化的策略。最后，可以对每个区域采用特定的策略。

该主题可以有三个主要的方向，一是选定特定的策略来考察其效果；二是基于特定的预期来设计策略；三是策略本身的成本分析。例如，我们为了有针对性地提升学生的成绩，一般会将学生按照各科成绩的平均分绩点(grade point average，GPA)划分为高、中、低三个部分，进而，设计不同的教学方法以提高教学效果。一个角度是单纯为了提高成绩设计策略，第二个角度是，当给定了预期目标，如升学率，教师就会为了达到该目标来设定教学策略，可能不需要对每个区域都设计高成本的策略。第三个角度是要考虑教学策略的成本。教师无论采用哪种教学策略，如提高练习的频繁程度、模拟考试的针对性讲解等，这些都需要考虑成本，而适当成本情形下的教学策略设计与选择是教师常常考虑的。

3.1 引　　言

"三支策略"(acting)[1,2]在三支决策理论中通常指的是决策者采取的具体动作，它是决策过程中的关键部分。一般意义上而言，"三支策略"可以考虑以下几个方面。

(1)动作空间(action space)：在决策过程中，决策者通常需要面临多个可选的动作或策略，这些动作构成了一个动作空间。动作可以是离散的，也可以是连续的。数学化的表示可以用符号集合 A 表示，其中包含了所有可能的动作。

(2)策略(strategy)：策略是决策者在给定信息和目标的情况下，为了实现特定目标而选择的一组动作。策略通常是一个映射关系，将当前状态映射到一个动作，即 $\pi: S \to A$，其中，S 表示状态空间。数学上，策略可以表示为一个函数，它将状态映射到动作，即 $a = \pi(s)$。

(3)目标函数(objective function)：在决策过程中，通常会有一个目标函数来衡量策略的好坏。这个函数通常表示了决策者希望优化的目标，可以是最大化利润、最小化成本、最大化效用等。数学上，目标函数可以表示为 $J(\pi)$，其中，π 是策略，$J(\pi)$ 表示在策略 π 下的目标值。

(4) 最优策略 (optimal strategy)：最优策略是指在给定目标下能够达到最佳结果的策略。通常，决策问题的目标是找到一个最优策略，使目标函数达到最大或最小值。数学化的表达是找到一个策略 π^*，使 $J(\pi^*)$ 达到最优值。

总的来说，"三支策略"在决策过程中是指决策者基于当前状态和目标，从动作空间中选择一个策略，以达到最优目标。这涉及动作空间的定义、策略的制定、目标函数的建立和最优策略的搜索。通过形式化、理论化和数学化的方法，可以更好地理解和解决复杂的决策问题。

"三支策略"中的一种策略是通过分析对象间的相似性和差异性，将对象从一个区域转移到另一个区域。这种策略的目的是设计动作策略，以便将对象从一个区域转移到另一个区域，可能需要改变对象的属性值，以实现期望的结果。与此同时，"三支策略"需要考虑动作的成本(动作成本)和带来的好处(动作收益)。它可以从局部视角或全局视角来考虑，专注于特定对象或群体，或寻找一系列动作来优化目标函数。这意味着决策者需要在选择动作时权衡成本和收益，以达到最佳结果。

"三支策略"的制定通常依赖于可动作规则，这些规则作为动作和策略设计的指导。它们建立在改变可变化的属性值以实现期望结果的思想基础上，例如，通过改变客户的银行状态来增加利润。通过将属性分为灵活(可改变)和稳定(不可改变)，可以构建基于规则的可动作性。这里的可动作性是指是否可以通过改变属性值来实施规则。例如，有些对象的属性是无法改变的，如性别、姓名等，而可动作性表示那些可以改变的属性。

可以构建面向三支决策可采取的动作框架。该框架应该重点关注在有限成本内最大化收益以及最小化成本以获得期望收益的边界。它有助于确定在何种条件下采取动作以达到最佳结果。属性约简是影响成本和收益的重要方法。属性减少、属性值对减少和规则减少等策略会降低动作成本和增加收益。同时，移除冗余元素可以简化决策过程，从而提高决策的效率和效果。进一步地，可以分析动作和子动作之间的相关性，将框架适应多目标问题，以及将效用理论应用于可动作模型。这些方向将有助于进一步改进和扩展"三支策略"的理论和应用。

"三支策略"是决策过程中的关键要素，涉及如何选择动作或策略来实现特定的目标，同时需要考虑成本、收益、规则和可动作性等因素。"三支策略"作为决策模型的一部分，已应用于多个领域。它在医学、社交网络、工程等领域都有广泛的应用，帮助用户解决复杂的决策问题。

3.2　移动三支决策模型的"三支策略"

3.2.1　移动三支决策模型

定义 3.1　假设整体用一个有限非空的集合 U 表示，集合 U 被划分为三个两两互不相交的子集：P_1、P_2、P_3，称子集 P_1、P_2、P_3 为区域，由这三个子集组成的集合称为三分区，记为 $\pi = \{P_1, P_2, P_3\}$，则三分区满足以下两条性质：

(1) $P_1 \bigcup P_2 \bigcup P_3 = U$

(2) $P_1 \bigcap P_2 = \varnothing$，$P_1 \bigcap P_3 = \varnothing$，$P_2 \bigcap P_3 = \varnothing$

其中，三个区域 P_1、P_2、P_3 中可以有一个或两个为空集。取三个子集的补集，三分区可以记为 $\pi = \{P_1^c, P_2^c, P_3^c\}$，其满足的性质为

(1) $P_1^c \bigcap P_2^c \bigcap P_3^c = \varnothing$

(2) $P_1^c \bigcup P_2^c = U, P_1^c \bigcup P_3^c = U, P_2^c \bigcup P_3^c = U$

定义 3.2[3]　给定一个三分区域 $\pi = \{P_1, P_2, P_3\}$，分别用 p_1、p_2、p_3 表示对象在区域 P_1、P_2、P_3 中的位置。对于 $\forall x \in U$，用 $p_\pi(x)$ 表示一个对象 x 在三分区中的位置，即 $p_\pi(x) = p_i$，$i = 1, 2, 3$。

定义 3.3[4]　令 $\pi = \{P_1, P_2, P_3\}$ 表示全集 OB 的三分区。假设 A 是一个有限非空动作集，对于任意决策动作 $a \in A$，当决策动作 a 施加到三分区的某一个区域时，区域中的对象会在决策动作 a 的作用下发生位置移动，从而形成一个新的三分区 $\pi' = \{P_1', P_2', P_3'\}$。定义由决策动作 a 发生的移动为 $M_a : \pi \rightsquigarrow_a \pi'$，对于每一个对象 $x \in U$，这种移动被记为 $M_a(x) : p_i \rightsquigarrow_a p_j$。其中，符号 $\rightsquigarrow$ 代表三分区区域、对象的移动方向。

对三分区中的任意一个对象施加策略，对象都有三种可能的移动结果，可能移动到 P_1、P_2、P_3 区域中的任意一个。对于整个三分区而言，有九种可能的移动结果。策略施加后，对象的移动会受各种因素的影响，如随机误差、不完全信息等，每次施加相同的策略，同一对象可能会移动到不同区域，用 α、β、γ 分别代表对象由 P_i 区域移动到 P_j 区域的概率，定义 α、β、γ 为对象移动概率，表示如下：

$$A = \begin{bmatrix} p_1 \overset{\alpha_1}{\rightsquigarrow} p_1 & p_1 \overset{\alpha_2}{\rightsquigarrow} p_2 & p_1 \overset{\alpha_3}{\rightsquigarrow} p_3 \\ p_2 \overset{\beta_1}{\rightsquigarrow} p_1 & p_2 \overset{\beta_2}{\rightsquigarrow} p_2 & p_2 \overset{\beta_3}{\rightsquigarrow} p_3 \\ p_3 \overset{\gamma_1}{\rightsquigarrow} p_1 & p_3 \overset{\gamma_2}{\rightsquigarrow} p_2 & p_3 \overset{\gamma_3}{\rightsquigarrow} p_3 \end{bmatrix}$$

其中，$\sum\limits_{j=1}^{3}\alpha_j=1$；$\sum\limits_{j=1}^{3}\beta_j=1$；$\sum\limits_{j=1}^{3}\gamma_j=1$。对于 $p_i\overset{\alpha}{\rightsquigarrow}p_j$，$\alpha$ 定义如下：

$$\alpha=\Pr(p_i\rightsquigarrow p_j)=\frac{\sum\limits_{x\in OB}c(p_i,p_j)(x)}{\sum\limits_{x\in OB}\sum\limits_{j}c(p_i,p_j)(x)} \tag{3-1}$$

其中，$i,j=1,2,3$；$c(p_i,p_j)(x)=\begin{cases}1, & p_i\rightsquigarrow p_j\\0, & 其他\end{cases}$。

式(3-1)中的分子表示移动前位置为 p_i 且移动后位置为 p_j 的对象个数，分母表示移动前位置为 p_i 的对象个数。策略施加到三分区后，区域中对象的位置发生变化，即由 P_i 区域转移到 P_j' 区域 $(i,j=1,2,3)$，导致区域发生变化，称这个过程为区域移动。在区域移动的过程中，第一次移动后，三分区 π 转移为三分区 π'，三分区中的区域由 P_i 移动到 P_j'，α、β、γ 表示发生各种移动的概率，这个过程定义为基于移动的三支决策(movement-based three-way decisions，M-3WD)模型，如图 3.1 所示。

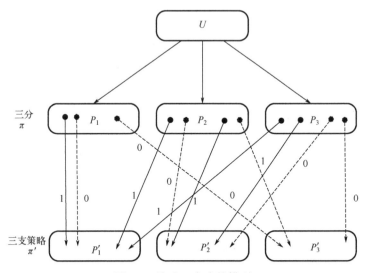

图 3.1　移动三支决策模型

例 3.1　使用选举模型来表达移动三支决策模型，如图 3.2 所示。在投票选举模型中，根据选民对候选者的态度将其划分为三个区域：支持、不确定、不支持，分别记为 P_1、P_2、P_3。候选人会尽力让更多的选民转变为他的支持者，因此会根据 P_1、P_2、P_3 这三个区域的特点，实施不同的策略。例如，许诺给态度不明确者待其当选后实施格外有益于他们的政策。从而使选民可能会转变态度，变为候选者的支持者。选民会在 P_1、P_2、P_3 之间移动。

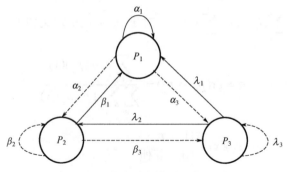

图 3.2　投票移动模型

依旧以选举为例，在候选者进行策略施加时，应先考虑 P_2 区域，争取让更多 P_2 区域的选民改变态度移动到 P_1 区域，选举策略施加后，每个选民都有移动到 P_1、P_2、P_3 区域的可能。其中，移动 $p_1 \rightsquigarrow p_1, p_2 \rightsquigarrow p_1, p_3 \rightsquigarrow p_1, p_3 \rightsquigarrow p_2$ 满足候选者的要求，是让候选者满意的移动，如图 3.2 所示。其中，α、β、λ 分别代表选民由 P_i 区域移动到 P_j 区域的概率，带箭头实线表示选民的移动满足候选者的要求，带箭头虚线表示选民的移动不满足候选者的要求。

对象在一个特定的"三支策略"的作用下发生了所属区域的变化，从而形成了新的区域。如果结果是理想的，可以继续进行"治"，然而，需要考虑"治"的成本和收益，例如，为了吸引选民投票给候选人，相应的造势宣传活动都需要成本。也可能在一个特定成本下，只能进行一次"三支策略"行为，例如，在医生进行诊断的时候，如果只有有限的投入，那么只能进行一次诊断来判断患者是阳性还是阴性，那么一个好的"治"就意味着能够更多地确定病情的结果。当然，我们也可以根据实际情况进一步地设计三支策略，通过对指定区域进行再次"治"，使区域发生转化，这个过程中，产生了转化代价，这有可能会造成整体决策的代价增加，也可能导致收益的减少，因此一个合理的"治"显得尤为重要，也就是"三支策略"的选择问题是关系到三支决策效果的重要问题。

3.2.2　考虑费用的一次性区域转化三支策略分析

"考虑费用的多阶段移动三支策略"不仅要考虑传统意义上的经济成本，如生产、加工、配送费用，还要将时间成本纳入考虑范畴。换言之，它提倡用更广泛的视角来理解和计算费用。该问题可以分为两类：一类是不考虑费用限制的决策区域转化，如三支聚类，它将一个整体划分为三个部分，通过设定新的条件标准对边界区域进行重新划分。在这种情形下，中间过程产生的主要费用是分类的时间复杂度，而这通常不被视为核心费用问题。另一类则是具有费用限制的转化。在这种情况下，不同的转化方案会产生不同的费用，进而影响整体利润或风险代价。

在后者的情景中，每个区域中的对象都拥有其独特的费用值，代表了它们的价值。这种费用值根据对象所在区域的不同而有不同的含义，可能是收益或代价。例如，某类物品根据其使用价值被分为三个档次，每个档次都有相应的售价。当物品的档次发生变化时，其售价和相应收益也随之改变，从而影响整体收益。

本节讨论的是具有费用限制的区域转化问题，尤其关注具有转化代价的指定区域的三支决策模型，如图 3.3 所示。这其中包括考虑如何在最小化风险代价和最大化收益费用的原则下进行区域转化，并探索最优转化方案[5, 6]。

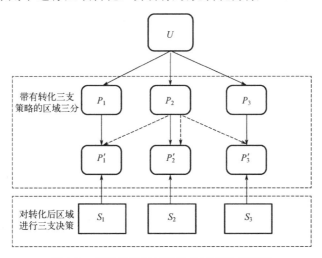

图 3.3　带有指定区域转化的三支决策模型

通过对指定区域中的对象采取再次决策，域中对象会有三种转化方案。不同的转化方案会产生不同的转化费用，每个对象发生转化需要付出一定的代价，记转化代价为 $v(p_i \rightsquigarrow p_j)$，转化代价与作用在这个域上进行的划分标准有关。同时自身的价值也随着转化对象所处的区域而发生变化，令 $g_i(x)$ 表示在三个不同区域的对象的价值。

对于 $\forall x \in P_2$，基于标准条件集 C'，x 所在区域发生了变化，对 P_2 域的进一步三支决策，使三个区域的对象基数发生变化。表 3.1 是由于移动引起的区域转化的各区域基数矩阵。

表 3.1　区域基数矩阵

	P_1'	P_2'	P_3'	总计
P_1	$\|P_1 \cap P_1'\|$	$\|P_1 \cap P_2'\|$	$\|P_1 \cap P_3'\|$	$\|P_1\|$
P_2	$\|P_2 \cap P_1'\|$	$\|P_2 \cap P_2'\|$	$\|P_2 \cap P_3'\|$	$\|P_2\|$
P_3	$\|P_3 \cap P_1'\|$	$\|P_3 \cap P_2'\|$	$\|P_3 \cap P_3'\|$	$\|P_3\|$
总计	$\|P_1'\|$	$\|P_2'\|$	$\|P_3'\|$	$\|OB\|$

表中|·|表示集合的基数，且

$$|\mathbf{OB}| = |P_1| + |P_2| + |P_3| = |P_1'| + |P_2'| + |P_3'| \tag{3-2}$$

用 $E(\pi)$ 和 $E(\pi')$ 表示转化前后三个区域的价值之和，计算此时的总价值分别为

$$E(\pi) = \sum_{i=1}^{3} |P_i| g_i(x) \tag{3-3}$$

$$E(\pi') = \sum_{i=1}^{3} |P_i'| g_i(x) \tag{3-4}$$

记转化的"治"的成本为 B，此时的"治"的成本为

$$B = \sum_{i=1}^{3} \left| P_2 \bigcap P_i' \right| v(p_2 \rightsquigarrow p_i) \tag{3-5}$$

转化结果为

$$E(\pi \rightsquigarrow \pi') = E(\pi') - E(\pi) - B \tag{3-6}$$

3.2.3　多阶段三支决策区域转化模型

由于在不同的实际应用中代价有着不同的含义,或是成本或是收益抑或是时间,本节讨论在代价为收益的情况下的最优价值，类似地，也可以将其表示为风险、代价等情况下的费用最优问题讨论。

在基于收益最大化原则的区域转化模型中，三支决策第一步的三分依据是根据收益的不同进行划分，将整体划分成利润值不同的三个区域，如高、中、低三个区域，此时区域转化的费用问题变成了收益的转化。

令此时的 g_i 表示各区域对象可以产生的收益，在基于收益最大化原则的条件下，划分全集到三个区域，并设计指定 P_2 域中的对象向其他两个域进行转化的方案。

此时转化前后，收益为[5]

$$\begin{aligned}
E(\pi \rightsquigarrow \pi') &= E(\pi') - E(\pi) - B \\
&= \sum_{i=1}^{3} |P_i'| g_i(x) - \sum_{i=1}^{3} |P_i| g_i(x) - \sum_{i=1}^{3} \left| P_2 \bigcap P_i' \right| v(p_2 \rightsquigarrow p_i) \\
&= \sum_{i=1}^{3} \left\{ (|P_i'| - |P_i|) g_i(x) - \left| P_2 \bigcap P_i' \right| v(p_2 \rightsquigarrow p_i) \right\}
\end{aligned} \tag{3-7}$$

通过上述讨论，可以得出如下结论。

结论 3.1　在基于收益最大化原则的三支决策的区域转化模型中,存在费用表示为收益的情形下，给出区域转化的方案。

（1）当 $E(\pi \rightsquigarrow \pi') > 0$ 时，经过转化增加的收益值高于动作成本，转化收益为正值，本次区域转化三支策略有效。

（2）当 $E(\pi \rightsquigarrow \pi') < 0$ 时，经过转化增加的收益值低于动作成本，转化收益为负值，本次区域转化三支策略失效。

（3）当 $E(\pi \rightsquigarrow \pi') = 0$ 时，经过转化增加的收益值等于动作成本，转化收益为 0，区域转化三支策略待定。

针对带有指定区域多阶段转化的费用问题，设计如下动态规划模型[5]：

将阶段按转化次数划分，记为 $k = 1, 2, \cdots, n$，状态 S_k 定义为指定区域要进行第 k 次转化时各区域的状态，策略 $u_k(S_k)$ 表示指定区域要进行第 k 次转化处于状态 S_k 时做出的三支策略选择。

从初始状态 S_1 开始的全过程的策略集记作 $p_{1n}(S_1)$，即

$$p_{1n}(S_1) = \{u_1(S_1), u_2(S_2), \cdots, u_n(S_n)\}$$

状态转移方程为

$$S_{k+1} = T_k(S_k, u_k)$$

在第 k 阶段的阶段指标（即转化费用）取决于状态 S_k 和决策 u_k，用 $v_k(S_k, u_k)$ 表示；定义全过程上的数量函数用 $V_{1,n}(S_1, u_1, S_2, \cdots, u_n, S_{n+1})$ 表示，阶段指标之和为

$$V_{1,n}(S_1, u_1, S_2, \cdots, u_n, S_{n+1}) = \sum_{j=1}^{n} v_j(S_j, u_j)$$

根据状态转移方程指标函数 $V_{1,n}$ 还可以表示状态 S_k 和策略集 p_{1n} 的函数，即 $V_{1,n}(S_k, p_{1n})$，在 S_{k+1} 状态给定时，前 k 阶段指标函数 $V_{1,k}$ 对 p_{1k} 的最优值称为最优目标函数，记为 $f_k(S_{k+1})$，即

$$f_k(S_{k+1}) = \underset{p_{1k} \in p_{1n}(S_1)}{\text{opt}} V_{1,k}(S_{k+1}, p_{1k}), \quad k = 1, 2, \cdots, n$$

其中，opt 需要根据实际应用来确定是 max 还是 min。

递归方程为

$$f_0(S_1) = 0$$

$$f_k(S_{k+1}) = \underset{u_k}{\text{opt}}\{f_{k-1}(S_k), v_k(S_k, u_k) + f_{k-1}(S_k)\}, \quad k = 1, 2, \cdots, n \tag{3-8}$$

最优转换次数为

$$k^* = \min\{k \mid \text{opt}\{f_k(S_{k+1}): 1 \leqslant k \leqslant n\}\} \tag{3-9}$$

因此，最优转化费用为 $F^* = f_{k^*}(S_{k^*+1})$，最优转化次数为 k^*。综上所述，多阶段区域转化三支策略的动态规划流程如图 3.4 所示。

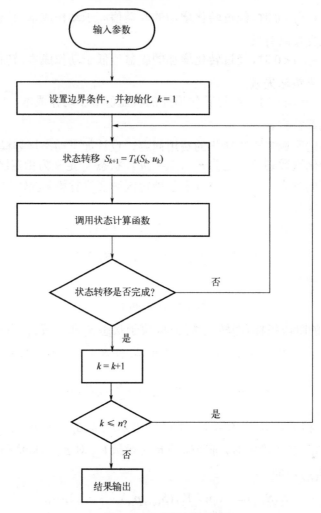

图 3.4　动态规划流程图

在带有区域转化的三支决策模型基础上，给出一个改进的带有指定区域多阶段转化的三支决策模型。如图 3.5 所示，图中 $P_i^{(k)}$ 表示进行了 k 次区域转化的三个区域，S_i 表示对经过转化的三个区域采用的三支策略。

对于涉及收益的问题，按照转化次数划分阶段，根据上述的讨论直接给出状态转移方程为

$$S_{k+1} = T_k(S_k, u_k)$$

第 k 次指定区域转化，三分区由 $\pi^{(k-1)}$ 转化为 $\pi^{(k)}$，特别地，当 $k=1$ 时，变为一次转化三支策略问题。第 k 次转化产生的收益为 $v_k(S_k, u_k)$，区域 P_2 向不同区域转化的转化成本为 $v^{(k)}(p_2 \rightsquigarrow p_i)$，转化的动作成本费用记为 B_k。此时，有

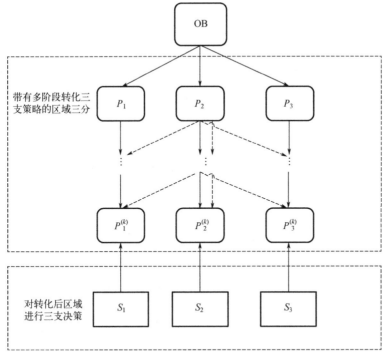

图 3.5　带有指定区域多阶段转化的三支决策模型

$$v_k(S_k, u_k) = E(\pi^{(k-1)} \rightsquigarrow \pi^{(k)})$$

$$= E(\pi^{(k)}) - E(\pi^{(k-1)}) - B_k$$

$$= \sum_{i=1}^{3} \left| P_i^{(k)} \right| g_i(x) - \sum_{i=1}^{3} \left| P_i^{(k-1)} \right| g_i(x) - \sum_{i=1}^{3} \left| P_2^{(k-1)} \bigcap P_i^{(k)} \right| v^{(k)}(p_2 \rightsquigarrow p_i)$$

$$= \sum_{i=1}^{3} \left\{ \left(\left| P_i^{(k)} \right| - \left| P_i^{(k-1)} \right| \right) g_i(x) - \left| P_2^{(k-1)} \bigcap P_i^{(k)} \right| v^{(k)}(p_2 \rightsquigarrow p_i) \right\}$$

经过 k 次转化收益之和为

$$v_{1,k}(S_1, u_1, S_2, \cdots, S_{k+1}) = \sum_{j=1}^{k} v_j(S_j, u_j)$$

$$= \sum_{j=1}^{k} \sum_{i=1}^{3} \left\{ \left(\left| P_i^{(j)} \right| - \left| P_i^{(j-1)} \right| \right) g_i(x) - \left| P_2^{(k-1)} \bigcap P_i^{(k)} \right| v^{(k)}(p_2 \rightsquigarrow p_i) \right\}$$

最优目标函数为

$$f_k(S_{k+1}) = \max_{u_k} \{ f_{k-1}(S_k), v_k(S_k, u_k) + f_{k-1}(S_k) \}, \quad k = 1, 2, \cdots, n \tag{3-10}$$

最优转化次数为

$$k^* = \min\{k \mid \max\{f_k(S_{k+1}): 1 \leqslant k \leqslant n\}\}$$

因此，最优转化收益记为 F^*，此时，$F^* = f_{k^*}(S_{k^*+1})$，最佳转化次数为 k^*。

定理 3.1　基于收益最大化原则，如果区域转化三支策略有效，那么必存在正整数 k，当 $k \geqslant 1$ 时，有

$$V_{1,k}(S_1, u_1, S_2, \cdots, S_{k+1}) > 0$$

证明：令 $k = n_i, n_i \geqslant 1$，此时，经过 n_i 次转化，收益之和为 $V_{1,n_i}(S_1, u_1, S_2, \cdots, S_{n_i+1}) = \sum_{j=1}^{n_i} v_j(S_j, u_j)$。

此时，三支决策模型由区域 π 转化为 $\pi^{(n_i)}$，产生的转化收益为 $E(\pi \rightsquigarrow \pi^{(n_i)})$，根据多阶段区域转化性质，三分区 π 转化为 $\pi^{(n_i)}$ 依次经历：$\pi \rightsquigarrow \pi^{(1)}, \cdots, \pi^{(n_{i-1})} \rightsquigarrow \pi^{(n_i)}, n_i$ 次转化收益依次为 $E(\pi^{(1)} \rightsquigarrow \pi^{(2)}), \cdots, E(\pi^{(n_{i-1})} \rightsquigarrow \pi^{(n_i)})$。此时，有

$$\begin{aligned} E(\pi \rightsquigarrow \pi^{(n_i)}) &= E(\pi \rightsquigarrow \pi^{(1)}) + \cdots + E(\pi^{(n_{i-1})} \rightsquigarrow \pi^{(n_i)}) \\ &= v_1(S_1, u_1) + \cdots + v_{n_i}(S_{n_i}, u_{n_i}) \\ &= \sum_{j=1}^{n_i} v_j(S_j, u_j) = v_{1,n_i}(S_1, u_1, S_2, \cdots, S_{n_i+1}) \end{aligned}$$

由结论 3.1 知，经过 n_i 次区域转化三支策略有效时，有 $E(\pi \rightsquigarrow \pi^{(n_i)}) > 0$，所以 $V_{1,n_i}(S_1, u_1, S_2, \cdots, S_{n_i+1}) > 0$。

根据定理 3.1 及其证明，有如下推论：

推论 3.1　基于收益最大化原则，如果存在正整数 k，当 $k \geqslant 1$ 时，使 $V_{1,k}(S_1, u_1, S_2, \cdots, S_{k+1}) > 0$，则区域转化三支策略有效。

以收益为前提的区域转化，希望得到最大化收益，在此前提下，如果转化收益为负值，可以认为对指定域中对象进行的区域转化三支策略毫无意义，为此对目标函数值分为三种情况讨论：

(1)当且仅当 $f_k(S_{k+1}) > 0$ 时，对指定域中对象进行区域转化三支策略是有效的决策，存在最优转化三支策略。

(2)当 $f_k(S_{k+1}) = 0$ 时，本次指定域进行区域转化三支策略方案失效。

(3)当 $f_k(S_{k+1}) < 0$ 时，不需要对指定域中对象进行区域转化三支策略，即可以直接对三分后的区域进行三支策略。

收益最大化原则下的三支策略选择算法见算法 3.1 所示。

算法 3.1　收益最大化原则下的三支策略选择算法

输入：区域参数。

输出：K 表示区域转换的最佳次数；F 表示最大收益。

1:　计算 K。　　//K 是区域转换的次数。

2:　**for** $i = 1$ to k **do**

3:　　　let $E_0 = 0$；// E_i 是第 i 个区域转换的收益

4:　　　计算 E_i；

5:　**End for**

6:　**for** $j = 1$ to k **do**

7:　　　$V_j = V_{j-1} + E_j$；

8:　　　**for** $m = 1$ to j **do**

9:　　　　if $V_m > V_{m-1}$

10:　　　　　$f_j = V_m$；

11:　　　　**else**

12:　　　　　$f_j = V_{m-1}$；

13:　　　　**End if**

14:　　　**End for**

15:　**End for**

16:　let $K = 0, F = 0$；

17:　**for** $s = 1$ to k **do**

18:　　　if $f_s > f_{s-1}$

19:　　　　$F = f_s, K = s$；

20:　　　**else**

21:　　　　$F = f_{s-1}, K = s-1$；

22:　　　**End if**

23:　**End for**

24:　Output K and F

3.2.4　应用实例分析

　　本节使用一个商品生产的例子来阐述本节设计的模型的应用，这里只给出基于收益最大化原则的一种情况来说明模型的实用性，其他情况类似。

　　在实际生产应用中，由于生产线和技术等原因，存在着加工出来的产品品质好坏不一的情况。一般可以根据制定的标准，将产品分为高、中、低三个不同的档次，分别用 P_1、P_2 和 P_3 表示。由于档次的设定，售价不同自然会产生不同的收益，我们记这三种档次的产品收益分别是 g_1、g_2 和 g_3。在实际中对于中档的产品，工厂可以对它进行再加工处理，然而经过再加工处理的产品可能会产生三种情况，分别是变成高档 P_1'、仍然是中档 P_2'、降为低档 P_3'。产品出现这三种情况转换会耗费的不同的成本，记为 v_1、v_2 和 v_3。

　　首先，考虑一次转化三支策略。假设一工厂从加工出来的产品中按照高、中、低三档产品的比例，选取 1000 件产品作为采样数据，高、中、低三档产品分别有 600、250、150 件。详细参数如表 3.2 所示。

表 3.2　各区域参数

	$i=1$	$i=2$	$i=3$
P_i	600	250	150
P_1'	700	120	180
v_i	0.30	0.20	0.10
g_i	10	8	6

根据前面的讨论，计算得到经过这一次转化产生的收益为

$$E(\pi \rightsquigarrow \pi') = (700 - 600) \times 10$$

$$-\left|P_2 \bigcap P_1'\right| \times 0.3 + (120 - 250) \times 8 - \left|P_2 \bigcap P_2'\right| \cdot 0.2 + (180 - 150) \times 6 - \left|P_2 \bigcap P_3'\right| \times 0.1$$

$$= 100 \times 10 - 100 \times 0.3 + (-130) \times 8 - 120 \times 0.2 + 30 \times 6 - 30 \times 0.1$$

$$= 83.0$$

经过计算得知：$E(\pi \rightsquigarrow \pi') = 83.0 > 0$，证明本次进行转化的收益增加。

其次，考虑多阶段区域转化三支策略。对经过一次再加工后的中档产品，此时相对加工前其品质或者其他因素可能会发生变化，因此，进行二次再加工，它的再加工成本可能会发生相应变化，我们记经过 k 次再加工的产品加工的转化成本为 $v^{(k)}(p_2 \rightsquigarrow p_i), i = 1,2,3$。

假设参数如表 3.3 所示，以五次转化为例，来寻找最优转化方案。表 3.3 是经过五次转化的各区域的基数。表 3.4 是五次转化的转化成本。

表 3.3　区域的基数

	$i=1$	$i=2$	$i=3$
P_i	600	250	150
$P_i^{(1)}$	700	120	180
$P_i^{(2)}$	730	60	210
$P_i^{(3)}$	745	30	225
$P_i^{(4)}$	750	10	240
$P_i^{(5)}$	755	0	245

表 3.4　转化成本

	$i=1$	$i=2$	$i=3$
$v^{(1)}(p_2 \rightsquigarrow p_i)$	0.30	0.20	0.10
$v^{(2)}(p_2 \rightsquigarrow p_i)$	0.32	0.22	0.12
$v^{(3)}(p_2 \rightsquigarrow p_i)$	0.33	0.23	0.13

续表

	$i=1$	$i=2$	$i=3$
$v^{(4)}(p_2 \rightsquigarrow p_i)$	0.35	0.25	0.15
$v^{(5)}(p_2 \rightsquigarrow p_i)$	0.36	0.26	0.16
g_i	10.00	8.00	6.00

根据表 3.3 和表 3.4 中的参数，计算得到如下结果：

五次转化产生的收益分别是 $v_1=83.00$ ， $v_2=-26.40$ ， $v_3=24.20$ ， $v_4=30.50$ ， $v_5=-75.00$ 。

五次转化的阶段总收益为 $V_1=83.00$ ， $V_2=56.60$ ， $V_3=80.80$ ， $V_4=111.30$ ， $V_5=36.30$ 。

五次转化的阶段最优目标分别为 $f_1=83.00$ ， $f_2=83.00$ ， $f_3=83.00$ ， $f_4=111.30$ ， $f_5=111.30$ 。

可得，最优转化次数为 $k^*=4$ 。

最优转化费用为 $F^*=f_4=111.30$ 。

经过上述讨论，发现经过一次转化时产生的收益为 83.00，第二次转化产生的收益为 -26.40，此时经过这两次转化后的收益是 56.60，第三次转化产生的收益是 24.20，三次转化后的收益为 80.80，第四次转化产生的收益是 30.50，四次转化后产生的收益为 111.30，第五次转化产生的收益为 -75.00，五次转化后的收益变为 36.30。

根据目标函数我们得到最大的目标函数是 f_4 和 f_5，目标值都是 111.30，它们分别表示在进行四次转化和第五次转化中会发生的最大收益都是 111.30。但是基于最小转化次数原则，我们发现经过四次转化，三支决策模型收益达到最大值，同样不难发现，是在第四次转化时达到收益最大值。最大的收益是在第四次转化时发生的，并且收益是正值，说明我们经过转化后可以获得更大收益，转化方案可行。

通过抽取一定数量的产品作为采样样本，设计多次加工的三支策略，并对多次加工三支策略进行费用分析，可以有效地度量我们的三支策略，并找到最佳转化三支策略。本次三支策略可以作为一个我们大规模产品加工生产的标准参考，使我们的生产商可以实现费用的最优，在获取更大的市场份额中更具有竞争力，所以具有极其重要的现实意义。

3.3　考虑不一致信息的 M-3WD 的三支策略分析与选择

本章提出了一种新的三支决策模型，用于策略集中的动作选择，通过引入可信度和覆盖度的概念来分析和分类策略。该模型可以移除噪声策略，选择更符合决策者需求的动作策略。为了评估和选择最优的动作策略，我们进一步提出一个近似移动概率分配模型和基于移动的有效性测量框架。该框架通过分析理想移动和实际移动之间的差异来衡量动作策略的效果。差异越小，动作策略越好。最后，给出一个医疗决策的例子，来说明这些方法的有效性以及如何通过分析差异来选择最优的动作策略。

3.3.1　相关定义

M-3WD 强调在三个区域中挖掘可动作规则，并根据决策者的偏好将对象从不利区域转移到有利区域。我们使用医疗决策作为例子来说明三分-动作-结果和基于移动的三支决策的主要理念。在医疗决策中，人们通常将一组疑似患者分为三组：患有疾病的疑似患者、没有疾病的疑似患者和仍需进一步检查的疑似患者。根据诊断结果，医生可能采取初步措施，使部分疑似患者转为无病状态，并对需要进一步检查的疑似患者进行深入检查，同时排除确实无病的疑似患者。最后，医生通过评估治疗和检查的效果，制定新的治疗方案。

研究者长期关注如何从一个整体中构造一个三分[7-10]，但对动作策略和有效性测量的研究仍处于起步阶段。Gao 和 Yao[3]通过在三个区域中挖掘可动作规则，提出了一种基于移动的三支决策模型。Jiang 和 Yao[4]提出了量化移动和概率移动的三支决策模型。

在现实生活中，数据通常存储大量不一致的信息，这是由缺失值、重复和错误引起的。即使经过多轮数据处理，也难以避免。不一致信息指的是信息系统中的一种数据，其条件属性相同，但导出不同的决策结果。在基于移动的三支决策中，决策者在三个区域中挖掘可动作规则以构建动作策略，并将对象从不利区域移动到有利区域。因此，不一致信息的存在使挖掘许多不一致规则成为必然。由不一致规则生成的动作策略可能诱导多重决策结果。因此，基于移动的三支决策通常表现出量化移动和概率移动的特征。获取移动的数量和概率是策略选择的基础，如何确定移动的概率并从不一致系统中选择符合决策者需求的最优动作策略是迫切需要解决的问题。

本节通过引入可信度和覆盖度的概念[11]，构建了一个针对策略集的三支决策模型。该模型可以移除策略集中的噪声策略，避免在挖掘动作策略时受到不一致信息的影响。为了选择最优策略，我们提出了一个近似移动概率分配模型和一个基于移动的有效性测量框架。近似移动概率分配模型获取在动作策略下等价类移动到三个区域的概率。该框架通过分析理想移动和实际移动之间的差异来评估和选择最优的动作策略。差异越小，策略越好。

动作是指根据三分的结果为处理每个区域制定适当的动作策略。适当的动作策略可以使决策者增加收益或减少成本。在具有完全有序关系的三个区域中，决策者希望采取适当的动作策略，将对象从不利区域移动到有利区域。结果评估是评估三分的质量和动作的效果。可以构造一个评估函数来评估三分的质量。

$$Q(\pi_{(\alpha,\beta)}) = w_{P_1}Q(P_1) + w_{P_2}Q(P_2) + w_{P_3}Q(P_3) \tag{3-11}$$

其中，$Q(\pi_{(\alpha,\beta)})$ 表示一对阈值 (α,β) 的三分质量；$Q(P_i)(i=1,2,3)$ 表示每个区域的质量或效用；$w_{P_i}(i=1,2,3)$ 表示每个区域的权重。对于动作，可以构建一个评估函数来评估动作策略的效果。

$$Q(\pi' | \pi) = Q(\pi') - Q(\pi) \tag{3-12}$$

其中，$Q(\pi)$ 和 $Q(\pi')$ 分别表示原始三个区域和采取动作策略后新的三个区域的质量或效用。

　　Gao 和 Yao[3]通过将可动作规则引入到三支决策中，提出了基于移动的三支决策。最初由 Ras 提出的可动作规则意味着用户可以在信息系统中挖掘动作以产生利益[12-14]，并通过移动对象来产生利益。Raś 和 Dardzińska[13]提出了一种通过决策树挖掘可动作规则的方法。Mardini 和 Raś[15]通过挖掘可动作规则减少了患者的医院再入院率。

　　基于移动的三支决策强调在具有完全有序关系的三个区域中挖掘可动作规则，并将对象从不利区域移动到有利区域。这样，系统将产生收益并支付一定的成本。通过分析收益和成本，根据上述方程找到最佳动作策略。相关定义如下：

　　定义 3.4[3]　假设[x]和[y]是不同区域中的等价类。可以得到两个决策规则：

$$r_{[x]}: \left[\bigwedge_{s \in A_s} s = f_s(x) \right] \wedge \left[\bigwedge_{f \in A_f} f = f_f(x) \right] \Rightarrow d = f_d(x)$$
$$\tag{3-13}$$
$$r_{[y]}: \left[\bigwedge_{s \in A_s} s = f_s(y) \right] \wedge \left[\bigwedge_{f \in A_f} f = f_f(y) \right] \Rightarrow d = f_d(y)$$

其中，$r_{[\cdot]}, \cdot \in \{x, y\}$ 是决策规则；A_s 是稳定属性集；$f_s(\cdot)$ 是属性 s 的值；A_f 是灵活属性集；$f_f(\cdot)$ 是属性 f 的值；而 $f_d(\cdot)$ 是决策属性 d 的值。

　　定义 3.5[3]　假设[x]和[y]是不同区域中的等价类。其中，[x]是需要移动的等价类，而[y]是目标等价类。如果用户想要将对象从一个区域移动到另一个区域，可动作规则可以如下构造：

$$r_{[x]} \rightsquigarrow r_{[y]}: \left[\bigwedge_{f \in A_f} f_f(x) \rightsquigarrow f_f(y) \right] \Rightarrow f_d(x) \rightsquigarrow f_d(y)$$

$$满足 \left[\bigwedge_{s \in A_s} f_s(x) = f_s(y) \right]$$

其中，$r_{[x]} \rightsquigarrow r_{[y]}$ 是从[x]到[y]的可动作规则；$\bigwedge_{s \in A_s} f_s(x) = f_s(y)$ 表示[x]和[y]在稳定属性上具有相同的值；$\bigwedge_{f \in A_f} f_f(x) \rightsquigarrow f_f(y)$ 表示灵活属性 f 的值从 $f_f(x)$ 变为 $f_f(y)$。

　　定义 3.6　在三个区域中挖掘可动作规则以构建相应的策略集：

$$AS = (S_1, S_2, \cdots, S_n) \tag{3-14}$$

其中，AS 表示 P_i 区域中的对象移动到 P_j 区域的所有策略集。三个区域中的对象可能有九种移动，即 $P_1 \rightsquigarrow P_1'$，$P_1 \rightsquigarrow P_2'$，$P_1 \rightsquigarrow P_3'$，$P_2 \rightsquigarrow P_1'$，$P_2 \rightsquigarrow P_2'$，$P_2 \rightsquigarrow P_3'$，$P_3 \rightsquigarrow P_1'$，$P_3 \rightsquigarrow P_2'$，$P_3 \rightsquigarrow P_3'$。其中，$P_i \rightsquigarrow P_j'(i,j=1,2,3)$ 表示 P_i 区域中的对象移动到 P_j' 区域；P_i 和 P_j' 表示移动前后的区域。在基于移动的三支决策中，每种移动都将产生相应的策略集 AS。基于移动的三支决策考虑了一个特殊的信息系统，该系统包含不一致信息，以及存在于条件属性集中的灵活属性和稳定属性。

定义 3.7[16] 假设 $\mathrm{IS} = (U, \mathrm{AT} = C \cup D, \{V_a | \ a \in \mathrm{AT}\}, \{f_a | \ a \in \mathrm{AT}\})$ 是一个决策信息系统。其中，U 是一个有限非空的对象集合；AT 是包括条件属性集 C 和决策属性集 D 的有限非空属性集。$C = A_s \cup A_f$，其中，A_s 是稳定属性集；A_f 是灵活属性集。V_a 是 $a \in \mathrm{AT}$ 的值的有限非空集合；f_a 是将 U 中的对象映射到 V_a 的映射函数。

如果所有对象在 C 上具有相同的条件属性值，也在 D 上具有相同的决策属性值，即

$$\forall(x,y) \in U \times U[\forall a \in C[f_a(x) = f_a(y)] \Rightarrow f_d(x) = f_d(y)] \tag{3-15}$$

将其定义为一致的决策信息系统。如果存在至少一个对象在 C 上具有相同的条件属性值但在 D 上具有不同的决策属性，即

$$\exists(x,y) \in U \times U[\forall a \in C[f_a(x) = f_a(y)] \wedge f_d(x) \neq f_d(y)] \tag{3-16}$$

将其定义为不一致的决策信息系统。

证据理论，也称为 DS 证据理论，是 Dempster 首先提出的不确定性推理理论，Shafer 进一步研究和发展了它。证据理论已广泛应用于信息融合[17]、医学诊断[18] 和不确定性决策制定[19]等多个领域。

定义 3.8 假设 $m: 2^\Theta \rightarrow [0,1]$ 是在识别框架 Θ 上的一个函数。该函数满足以下两个条件：

(1) $m(\varnothing) = 0$。

(2) $\sum_{A \subseteq \Theta} m(A) = 1$。

子集 A 表示焦点元素，满足 $m(A) > 0$。$m(A)$ 的值表示支持 A 发生的信念，这个函数被称为质量函数或基本可信度分布函数。矩是常用的统计量，各阶矩通常用于描述分布特征。矩已在风险分析和保险分红等领域得到充分应用。

定义 3.9 假设 X 是一个离散随机变量，X 所有可能值的概率表示如下：

$$P(X = x_k) = p_k, \quad k = 1,2,\cdots,n \tag{3-17}$$

X 的数学期望表示为 $E(X)$，X 的 k 阶矩表示为 $E(X^k)(k=1,2,\cdots,n)$。第一阶矩表示期望，第二阶矩表示方差。

3.3.2　模型的分析和构建

在现实生活中,信息系统通常包含大量不一致信息。这种不一致信息在挖掘可动作规则时会导致大量不一致规则的产生。这对决策者不利,甚至可能误导他们选择错误的动作策略。以下医疗决策的例子说明了不一致信息的存在及其对基于移动的三支决策的影响。

表 3.5 是一个医疗决策信息表。表中有 20 名疑似患者和五种症状或属性。所有条件属性已被离散化,部分属性的值被分组并重新分配如下。年龄被分为三组,即 0～20岁、20～60 岁和 60 岁以上,分别重新分配为值 1～3。性别分为女性和男性,分别重新分配为值 1 和 0。胆固醇分为三组,即 0～199、200～239、240+,分别重新分配为值 1～3。血压分为三组,即 0～89、90～139 和 140 以上,它们分别重新分配为值 1～3。血糖被分为三组,即 0～3.9、4.0～7.8 和 7.9+,分别重新分配为值 1～3。其中,胆固醇、血压和血糖分别简称为 chol、bp 和 bs。年龄和性别是稳定属性,其他是灵活属性。符号"+""-"和"?"分别代表疑似患有疾病、没有疾病和不确定的患者。

表 3.5　医疗决策信息表

	年龄	性别	胆固醇	血压	血糖	结果
x_1	3	1	2	1	1	+
x_2	3	1	2	1	1	+
x_3	2	1	3	2	2	−
x_4	3	0	2	3	2	?
x_5	3	0	2	3	2	−
x_6	2	1	3	2	2	−
x_7	3	0	2	2	2	−
x_8	3	0	1	2	3	+
x_9	3	0	2	3	2	−
x_{10}	2	0	3	3	3	?
x_{11}	3	0	2	2	2	−
x_{12}	3	0	1	2	2	−
x_{13}	3	0	1	2	2	−
x_{14}	3	0	1	1	1	+
x_{15}	3	0	1	1	1	+
x_{16}	3	0	2	3	2	−
x_{17}	3	0	2	3	2	−
x_{18}	2	1	3	2	2	−
x_{19}	3	0	1	2	3	−
x_{20}	2	0	3	3	3	+

所有对象根据它们的条件属性被划分为以下 8 个等价类:

$$[x]_1 = \{x_1, x_2\}, \quad [x]_2 = \{x_3, x_6, x_{18}\}, \quad [x]_3 = \{x_4, x_5, x_9, x_{16}, x_{17}\}$$

$$[x]_4 = \{x_7, x_{11}\}, \quad [x]_5 = \{x_8, x_{19}\}, \quad [x]_6 = \{x_{10}, x_{20}\}, \quad [x]_7 = \{x_{12}, x_{13}\}, \quad [x]_8 = \{x_{14}, x_{15}\}$$

医生根据诊断结果将疑似患者分为 P_1、P_2、P_3 三个区域,即没有疾病的疑似患者、患有疾病的疑似患者和不确定的疑似患者。

$$P_1 = \{x_3, x_5, x_6, x_7, x_9, x_{11}, x_{12}, x_{13}, x_{17}, x_{18}, x_{19}\}$$

$$P_2 = \{x_1, x_2, x_8, x_{14}, x_{15}, x_{16}, x_{20}\}$$

$$P_3 = \{x_4, x_{10}\}$$

以 $[x]_3$ 为例,根据定义 3.7,可以构造如下决策规则:

$$r_{[x]_3}: \text{age} = 3 \wedge \text{sex} = 0 \wedge \text{chol} = 2 \wedge \text{bp} = 3 \wedge \text{bs} = 3 \Rightarrow \text{result} = \begin{cases} + = 1 \\ - = 3 \\ ? = 1 \end{cases}$$

在 $[x]_3$ 中总共有五个对象,其中一个患病,三个无病,一个不确定。因此,这种不一致信息在信息系统中很常见。等价类 $[x]_3$ 中所有对象的条件属性相同,但得出不同的决策结果。不一致信息在挖掘三个区域的动作策略时具有巨大的影响。以 $[x]_8$ 这样需要移动的等价类为例,假设决策者希望通过适当的策略将患病区域中的对象移动到无病区域。在进一步的医学检查下,不确定区域的对象将被移动到患病或无病区域。根据定义 3.8,可以挖掘 $[x]_8$ 的动作策略:

$$r_{[x]_8} \rightsquigarrow r_{[x]_2}, r_{[x]_8} \rightsquigarrow r_{[x]_3}, r_{[x]_8} \rightsquigarrow r_{[x]_4}, r_{[x]_8} \rightsquigarrow r_{[x]_5}$$

策略 $r_{[x]_8} \rightsquigarrow r_{[x]_3}$ 意味着将对象从 $[x]_8$ 移动到 $[x]_3$。但是,$r_{[x]_3}$ 中有患病、无病和不确定的对象。对于决策者来说,移动的结果难以确定。动作策略如下:

$$r_{[x]_8} \rightsquigarrow r_{[x]_3}: \text{chol}:1 \rightsquigarrow 2 \wedge \text{bp}:1 \rightsquigarrow 3 \wedge \text{bs}:1 \rightsquigarrow 3 \Rightarrow \text{result} = \begin{cases} + = p_1 \\ - = p_2 \\ ? = p_3 \end{cases}$$

满足条件: $\text{age} = 3 \wedge \text{sex} = 0$。其中,$p_1$、$p_2$ 和 p_3 分别表示移动到无病、患病和不确定区域的比例或概率。

不一致信息的存在在挖掘动作策略时产生了许多噪声策略,如 $r_{[x]_8} \rightsquigarrow r_{[x]_3}$ 和 $r_{[x]_8} \rightsquigarrow r_{[x]_5}$。因此,移动的概率难以确定。这些带有噪声的动作策略影响决策者选择最佳动作策略。现有研究关于概率确定是基于专家经验的并且具有高度主观性。因此,有必要考虑不一致信息的存在,并在挖掘三个区域中的可动作规则时分析策略的影响。

受不一致信息影响的可动作规则可以产生大量噪声策略。这些噪声策略对决策者没有帮助，甚至可能导致他们做出错误的判断。因此，引入可信度和覆盖度的概念，构建策略集的三支决策模型。可信度和覆盖度的概念源自粗糙集理论，但存在一些差异。在粗糙集理论中，可信度和覆盖度表示规则的条件属性与决策属性之间的关系。然而，在基于移动的三支决策中，可信度和覆盖度表示策略的约束与三个区域之间的关系，也就是说，满足约束的策略在三个区域中的概率分布。可信度和覆盖度的概念定义如下：

定义 3.10[11]　假设 IS = {$U, C \cup D, V, f$} 是一个信息系统，S 是根据目标等价类$[x]$在 IS 中挖掘的动作策略。该动作策略具有一定的可信度。定义如下：

$$\text{credibility}(S) = \frac{\left|[x] \cap P_j\right|}{\left|[x]\right|} \tag{3-18}$$

当可信度 $\text{credibility}(S) = 1$ 时，策略是确定的。当 $0 < \text{credibility}(S) < 1$ 时，策略是不确定的。从定义中可以看出，可信度表示目标区域 P_j 对于目标等价类$[x]$的条件概率。当可信度小于 1 时，意味着相同的条件属性可能被划分到不同的区域。因此，可信度反映了策略的不确定性。策略 S 的可信度只考虑了等价类$[x]$在目标区域中的比例。然而，在不一致信息系统中仅考虑可信度是不够的，还需要考虑策略在目标区域的覆盖度，即有多少对象诱导了这个策略。这在动作策略的不确定性分析中至关重要。

定义 3.11[11]　假设 IS = {$U, C \cup D, V, f$} 是一个信息系统，S 是根据目标等价类$[x]$在 IS 中挖掘的动作策略。该动作策略具有一定的覆盖度。定义如下：

$$\text{coverage}(S) = \frac{\left|[x] \cap P_j\right|}{\left|P_j\right|} \tag{3-19}$$

其中，$[x]$是由 $\dfrac{U}{\text{ind}(C)}$($j = 1, 2, \cdots, m$) 划分的等价类；P_j($j = 1, 2, 3$) 是由评估函数划分的三个区域。覆盖度描述了在目标区域符合策略约束的对象所占的比例。如果策略的覆盖度太小，意味着诱导该策略的对象只占区域 Pj 的一小部分。因此，这个策略的因果关系缺乏足够的数据支持。在选择策略时，需要同时考虑策略的可信度和覆盖度。基于上述描述，结合三层思维，决策者构建了针对策略集的新型三支决策模型，如图 3.6 所示。

给定一个策略集 AS = {$S_1, S_2, \cdots, S_n$}。根据可信度阈值 cre 和覆盖度阈值 cov，策略集被划分为自上而下的三层粒度结构。策略集从上到下逐渐细化。

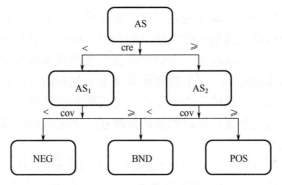

图 3.6   三支决策模型的策略集

第一层：

$$AS = \{S_1, S_2, \cdots, S_n\}$$

第二层：

$$AS / cre = \{\{S_1, S_2, \cdots, S_m\}, \{S_{m+1}, S_{m+2}, \cdots, S_n\}\}$$

第三层：

$$AS / cre \wedge cov = \{\{S_1, \cdots, S_{m_1}\}, \{S_{m_1+1}, \cdots, S_m\}\} \bigcup$$
$$\{\{S_{m+1}, \cdots, S_{n_1}\}, \{S_{n_1+1}, \cdots, S_n\}\}$$

策略集的三支决策模型如下：

$$POS(S) = \{S_i \in S|\ credibility(S_i) > cre \wedge coverage(S_i) > cov\}$$

$$NEG(S) = \{S_i \in S|\ credibility(S_i) \leqslant cre \wedge coverage(S_i) \leqslant cov\}$$

$$BND(S) = (POS(S) \bigcup NEG(S))^C$$
$$= \{S_i \in S|\ credibility(S_i) > acc \wedge coverage(S_i) < cov\}$$
$$\bigcup \{S_i \in S|\ credibility(S_i) < cre \wedge coverage(S_i) > cov\}$$

该模型引入了可信度和覆盖度的概念。在第一层，策略集不引入任何概念。在第二层，通过可信度阈值 cre，策略集被划分为两个子集 AS$_1$ 和 AS$_2$。在第三层，子集 AS$_1$ 和 AS$_2$ 通过覆盖度阈值 cov 再次分类，分为高于阈值 cov 和低于等于阈值 cov。最后，可信度和覆盖度高于阈值 cre 和 cov 的策略被划分到 POS 区域，准确性和覆盖度低于等于阈值 cre 和 cov 的策略被划分到 NEG 区域，而其他策略被划分到 BND 区域。

通过这种方式，决策者可以更有效地从策略集中选择最佳策略，同时考虑策略的可信度和覆盖度，从而提高决策的质量和效率。构建策略集三支决策的关键步骤如算法 3.2 所示。

算法 3.2　基于移动的三支决策中策略集的三支决策推导算法

输入：决策信息系统 $IDIS = (U, C \cup D, V, f)$，评估函数 $E(x)$，阈值 (α, β)，cre 和 cov。

输出：策略集的三支决策。

1：根据条件属性 C 划分等价类；

2：**for** $x \in U$ **do**

3：　　计算评估函数 $E(x)$；

4：　　**if** $E(x) \geqslant \alpha$ **then**

5：　　　　将 x 划分到 P_1 区域；

6：　　**else if** $E(x) \leqslant \beta$ **then**

7：　　　　将 x 划分到 P_3 区域；

8：　　**else**

9：　　　　将 x 划分到 P_2 区域；

10：　**End if**

11：　选择需要移动的等价类 $[x]$；

12：　在 P_1、P_2 和 P_3 中挖掘动作策略以生成相应的策略集 AS；

13：**End for**

14：**for** $S \in AS$ and $K = 1$ to $|AS|$ **do**

15：　　**if** $credibility(S) \geqslant cre \wedge coverage(S) \geqslant cov$ **then**

16：　　　　将 S 划分到 POS 区域；

17：　　**else if** $credibility(S) < cre \wedge coverage(S) < cov$ **then**

18：　　　　将 S 划分到 NEG 区域；

19：　　**else**

20：　　　　将 S 划分到 BND 区域；

21：　　**End if**

22：**End for**

3.3.3　移动概率的获取和动作策略选择

　　为了选择最佳动作策略，我们提出了一个近似移动概率分配模型和一个有效性测量框架。近似移动概率分配模型是选择最佳动作策略的基础。有效性测量框架通过比较理想移动和实际移动之间的差异程度来选择最佳策略。

　　策略集的三支决策模型可以通过挖掘具有高可信度和高覆盖度的动作策略有效

避免不一致信息的影响。然而，可能存在许多具有高可信度和高覆盖度的动作策略，需要从具有高可信度和高覆盖度的策略子集中选择最佳动作策略。因此，需要分析在不同动作策略下移动到三个区域的概率。不一致信息的存在使决策者难以确定概率。移动概率是策略选择的基础。考虑到证据理论在信息融合方面具有独特优势，我们使用在某一灵活属性下划分的等价类的可信度作为证据理论的质量函数。

合成规则是证据理论的核心。如果在框架下有多个证据，将会派生出不同的质量函数。证据合成公式将多个质量函数合成，以获得融合的质量函数。融合的质量函数用于决策，可以提高准确性。给定认识框架 Θ，对于 $\forall A \subseteq \Theta$，从不同证据获得的相同认识框架 Θ 下的两个质量函数是 m_1 和 m_2。证据 m_1 和 m_2 的合成公式如下：

$$(m_1 \oplus m_2)(A) = \frac{1}{1-K} \sum_{B \cap C = A} m_1(B) m_2(C)$$

$$K = \sum_{B \cap C = \varnothing} m_1(B) m_2(C)$$

(3-20)

其中，K 是分配给空值的置信度。在现实中，空值没有置信度，即 $m(\varnothing) = 0$。当两个证据相互矛盾时，合成后的质量函数会更加复杂，需要进行适当的处理。通过这种方法，可以根据不同的证据合成得到移动概率，进而选择最佳的动作策略。

当两个证据被结合时，必须满足约束条件 $K < 1$。如果 $K = 1$，则证据完全矛盾，此时不存在 $m_1 \oplus m_2$。

使用在某一灵活属性 $a \in C$ 下等价类 $[x]$ 的可信度 $\mathrm{cre}_{aj} = \dfrac{\left| [x]_a \cap P_j \right|}{\left| [x]_a \right|}$ 作为质量函数，即 $m(P_j / [x]_a) = \mathrm{cre}_{aj} = \dfrac{\left| [x]_a \cap P_j \right|}{\left| [x]_a \right|}$。可信度的意义是由条件属性 $a \in C$ 划分的等价类在目标区域 P_j 中的比例。比例越大，可靠性越高。质量函数需要满足定义 3.8 中的两个约束。相应的证明如下。

证明：质量函数需要满足两个约束，即 $m(\varnothing) = 0$ 和 $\sum_{A \in \Theta} m(A) = 1$。根据可信度的定义：

$$m(\varnothing / [x]_a) = \frac{\left| [x]_a \cap \varnothing \right|}{\left| [x]_a \right|} = 0$$

$$\sum_{j=1}^{3} m(P_j / [x]_a) = \sum_{j=1}^{3} \frac{\left| [x]_a \cap P_j \right|}{\left| [x]_a \right|} = \frac{\left| [x]_a \cap (P_1 \cup P_2 \cup P_3) \right|}{\left| [x]_a \right|} = 1$$

可信度满足上述两个约束。证明完成。

可信度使用了每个属性的值和决策结果，即充分利用了信息系统中的所有信息。

因此，通过证据理论确定的移动概率更加准确。不同属性对决策者的重要性不同，为了使决策结果更加准确，合成近似移动概率时需要考虑不同属性的重要性。将属性的重要性作为权重因子，属性的重要性越大，质量函数的权重越大。不同属性下质量函数的权重用 w_a 表示。

给定一个信息系统 $\text{IS} = (U, C \cup D, V, f)$，在 IS 中派生的动作策略 S，属性 a 的权重 w_a，以及质量函数 $m(P_j/[x]_a)$。那么，三个区域中近似移动概率分配的模型如下：

$$m(P_j) = \begin{cases} 0, & P_j/[x] = \varnothing \\ \dfrac{\sum\limits_{nP_j/[x]_a = P_j} \prod\limits_{a \in C} w_a m(P_j/[x]_a)}{1 - \sum\limits_{1 \leqslant i \leqslant m} \sum \prod\limits_{a \in C} w_a m(P_j/[x]_a)}, & P_j/[x] \neq \varnothing \end{cases} \tag{3-21}$$

移动到三个区域的概率是选择最佳动作策略的基础。然而，不一致信息的存在使决策者难以获得移动概率。因此，我们提出了一个近似移动概率分配模型。该模型利用信息系统中的所有信息，并考虑不同属性的重要性，以提高融合结果的可靠性和客观性。这个模型有效解决了基于移动的三支决策模型中移动概率的问题。

基于移动的三支决策模型强调，将对象从不利区域移动到有利区域将产生收益和成本。我们可以通过分析对象移动的收益和成本来选择最佳动作策略。然而，在现实生活中，移动的收益和成本难以确定。因此，我们提出了一种新的策略选择方法，即基于移动的有效性测量框架。该框架通过分析理想移动和实际移动之间的差异程度来选择最佳动作策略。差异越小，策略越好。理想移动由决策者确定，可以带来最高收益。实际移动由近似移动概率分配模型确定。

给定不利区域中的等价类 $[x] = \{x_1, x_2, \cdots, x_n\}$。决策者希望将 $[x]$ 移动到有利区域。我们通过概率质量函数描述在动作策略下等价类 $[x]$ 移动到三个区域的分布。概率质量函数是离散随机变量在每个特定值上的概率。概率质量函数的所有值都是非负的，且概率之和等于 1。

对于等价类 $[x]$，其在动作策略下移动到三个区域的概率质量函数表示为

$$p_r = \{p(x_1), p(x_2), \cdots, p(x_n)\}$$

例如，等价类 $[x] = \{x_1, x_2, x_3, x_4, x_5\}$ 中的对象在 P_3 区域。在动作策略之后，对象在三个区域中的分布如下：

$$P_1 = \{x_1, x_3, x_4\}, \quad P_2 = \{x_2\}, \quad P_3 = \{x_5\}$$

在动作策略下 $[x]$ 的概率质量函数为 $p_r = \{0.6, 0.2, 0.6, 0.6, 0.2\}$。从概率质量函数可以看出，$p(P_1) + p(P_2) + p(P_3) = 0.6 + 0.2 + 0.2 = 1$。决策者的理想移动的概率质量函数如下：

$$p_e = \{p(x_1), \ p(x_2), \cdots, p(x_n)\}$$

我们用 $u_{p_j}(x)(j=1,2,3)$ 来表示对象 x 在不同区域的质量或效用。因此，$[x]$ 在三个区域中的质量或效用表示如下：

$$U([x]) = \{u_{p_j}(x_1), u_{p_j}(x_2), \cdots, u_{p_j}(x_n)\} \qquad (3\text{-}22)$$

通常对象在不同区域中有不同的效用，并且在相同区域中有相同的效用。例如，在民意调查中，我们通常将选民分为三种类型：支持候选人的、反对候选人的和中立的。同一类型的选民效用相同，不同类型的选民效用不同。支持候选人的选民效用高于中立的选民，中立的选民效用高于反对候选人的选民。

给定一个离散随机变量 X 及其概率质量函数 $p(x)$，X 的矩生成函数表示为 $M_X(t)$。函数的幂级数展开如下：

$$M_X(t) = \sum_{k=1}^{\infty} \frac{E(X^k)}{k!} t^k, t \in \mathbb{R} \qquad (3\text{-}23)$$

其中，t 为一个变换参数；$E(X)$ 代表随机变量 X 的期望；$E(X^2)$ 代表随机变量 X 的方差。矩生成函数是随机变量的实值函数。最佳策略不仅具有最高的期望，而且具有最少的不确定性。因此，使用前二阶矩来构造理想运动与实际运动之间的差异程度。选择最佳动作策略的算法如算法 3.3 所示。

算法 3.3　选择最佳动作策略的算法

输入：$\text{IDIS} = (U, C \cup D, V, f), P_1, P_2, P_3$ 和策略集 AS。

输出：策略 S 的有效性。

1: **for** $a \in A_f$ **do**

2:　　划分等价类 $[x]_a$；

3:　　计算灵活属性 a 下的可信度 cre_a；

4:　　为属性 a 分配权重；

5: **End for**

6: 合成移动概率，根据近似移动概率分配模型 $m(P_j)$；

7:　mindifference $= \infty$；

8: **for** $S \in \text{AS}$ **do**

9:　　制定决策者理想期望的概率质量函数 p_e；

10:　　根据近似移动概率分配模型计算概率质量函数 p_r；

11:　　通过 $D(p_r \| p_e, S)$ 计算差异程度；

12:　　**if** $D(p_r \| p_e, S) \leqslant \text{mindifference}$ **then**

13:　　　　mindifference $= D(p_r \| p_e, S)$；

14:　　**End if**

15: **End for**

公式如下：

$$D(p_r \parallel p_e, S) = \left\{ \sum_{k=1}^{2} \frac{[E(p_e^k) - E(p_r^k)]^2}{k!} \right\}^{\frac{1}{2}}$$

$$E(X^1) = \sum_{k=1}^{n} u_{p_j}(x_k) p(x_k)$$

$$E(X^2) = \frac{\sum_{k=1}^{n} (u_{p_j}(x_k) - E(X^1))^2}{n}$$

其中，一阶矩是期望；二阶矩是方差。基于移动的有效性测量框架通过比较理想移动和实际移动之间的差异程度来选择最佳动作策略。差异越小，策略越好。

3.3.4　实例分析

本节以医疗决策信息数据为例来说明本节提出方法的有效性。表 3.6 是一个医疗决策信息表。表中有 468 名疑似患者和五种症状或属性。chol、bp 和 bs 分别代表胆固醇水平、血压和血糖。其中条件属性为年龄、性别、chol、bp 和 bs。结果是一个决策属性。符号"+""–"和"?"分别代表患有疾病、没有疾病和不确定的疑似患者。为了表示方便，根据条件属性将对象划分为 10 个等价类。决策属性值的右侧指示等价类中具有此类型决策结果的对象数量。例如，$[x]_1$ 中有 50 个对象，其中有 5 个对象的决策结果为"+"，30 个对象的决策结果为"–"和 15 个对象的决策结果为"?"。根据决策属性的值"–""+"和"?"将所有对象划分为 P_1、P_2 和 P_3。

以 $[x]_{10}$ 作为需要移动的等价类示例。从表 3.6 中可以看出，等价类中有 105 个对象。其中，0 个对象没有疾病，100 个对象患有疾病，5 个对象不确定。对于 $[x]_{10}$ 中患病的对象，从表 3.6 中挖掘动作策略。其中，年龄和性别是稳定属性，chol、bp 和 bs 是灵活属性。$[x]_{10}$ 的动作策略如下：

$$S_1 = \text{chol:3} \rightsquigarrow 2 \wedge \text{bp:3} \rightsquigarrow 2 \wedge \text{bs:3} \rightsquigarrow 2$$
$$S_2 = \text{chol:3} \rightsquigarrow 2 \wedge \text{bp:3} \rightsquigarrow 3 \wedge \text{bs:3} \rightsquigarrow 2$$
$$S_3 = \text{chol:3} \rightsquigarrow 2 \wedge \text{bp:3} \rightsquigarrow 2 \wedge \text{bs:3} \rightsquigarrow 1$$
$$S_4 = \text{chol:3} \rightsquigarrow 1 \wedge \text{bp:3} \rightsquigarrow 1 \wedge \text{bs:3} \rightsquigarrow 2$$
$$S_5 = \text{chol:3} \rightsquigarrow 1 \wedge \text{bp:3} \rightsquigarrow 2 \wedge \text{bs:3} \rightsquigarrow 3$$

这些策略都旨在通过改变灵活属性值来将对象从患病区域移动到无病区域。可以计算每个策略的有效性，选择有效性最高的策略作为最佳动作策略。通过这种方法，可以有效地从策略集中选择最适合的策略，同时避免不一致信息的影响。

表 3.6　医疗决策信息表

	年龄	性别	胆固醇	血压	血糖	结果		
$[x]_1$	3	1	2	1	1	$+=5$	$-=30$	$?=15$
$[x]_2$	3	0	2	2	2	$+=40$	$-=5$	$?=5$
$[x]_3$	2	1	3	2	3	$+=30$	$-=4$	$?=6$
$[x]_4$	3	0	2	3	2	$+=35$	$-=10$	$?=5$
$[x]_5$	3	0	1	2	1	$+=15$	$-=15$	$?=20$
$[x]_6$	1	1	3	2	2	$+=30$	$-=6$	$?=4$
$[x]_7$	3	0	1	1	2	$+=2$	$-=0$	$?=0$
$[x]_8$	3	0	1	2	3	$+=20$	$-=10$	$?=10$
$[x]_9$	2	0	1	2	2	$+=30$	$-=5$	$?=6$
$[x]_{10}$	3	0	3	3	3	$+=0$	$-=100$	$?=5$

在三个区域中挖掘可动作规则并生成相应的策略集 $S=\{S_1,S_2,S_3,S_4,S_5\}$，计算策略集中每个策略的可信度和覆盖度，结果如表 3.7 所示。

表 3.7　每个策略的可信度和覆盖度

	S_1	S_2	S_3	S_4	S_5
credibility	$\frac{40}{50}$	$\frac{35}{50}$	$\frac{15}{50}$	$\frac{2}{2}$	$\frac{20}{40}$
coverage	$\frac{40}{207}$	$\frac{35}{207}$	$\frac{15}{207}$	$\frac{2}{207}$	$\frac{20}{207}$

将可信度阈值设定为 0.5，覆盖度阈值设定为 0.1，构建策略集的三支决策模型，模型如图 3.7 所示。该模型通过可信度和覆盖度的阈值将策略集划分为三个区域 POS、BND 和 NEG。每个子集包含以下策略：POS $=\{S_1,S_2\}$，BND $=\{S_4,S_5\}$，NEG $=\{S_3\}$。

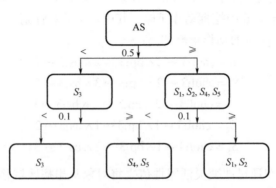

图 3.7　策略集 AS 的三支决策模型

三个区域之间具有部分顺序关系,即 $POS > BND > NEG$。当决策者选择策略时,首选 POS 区域中的策略。策略 S_4 的可信度为 1,但覆盖度为 $\frac{2}{207}$。在信息系统中,有 207 个没有疾病的对象,但只有两个对象导出了策略 S_4。这个策略很可能是受不一致信息影响的噪声策略,对决策者没有帮助。因此,策略 S_4 被有效地划分到 BND 区域。策略 S_1 的可信度为 $\frac{40}{50}$,覆盖度为 $\frac{40}{207}$。可信度和覆盖度都超过了阈值。因此,策略 S_1 更有效且更可靠。

可信度和覆盖度都是正面评价因素,即这两个因素的值越高,策略越好。这个模型可以有效避免不一致信息对决策者的影响。POS 区域中有两个动作策略,即 S_1 和 S_2。它们都具有高可信度和高覆盖度。我们通过近似移动概率分配模型和有效性测量框架选择最佳动作策略。

在 POS 区域中,策略 S_1 和 S_2 的所有灵活属性的可信度被用作质量函数。通过每个灵活属性下的质量函数合成近似移动概率分配。在属性 chol 下,从策略 S_1 派生的总共 150 个决策对象中,80 个没有疾病,45 个有疾病,25 个不确定。策略 S_1 在属性 bp 下共有 261 个对象,其中 165 个没有疾病,45 个有疾病,51 个不确定。策略 S_1 在属性 bs 下共有 183 个对象,137 个没有疾病,26 个有疾病,20 个不确定。策略 S_1 在三个属性下的基本可信度分配如表 3.8 所示。

表 3.8 策略 S_1 在三个属性下的基本可信度分配

	P_1	P_2	P_3
$m(\text{chol})$	$\frac{80}{150}$	$\frac{45}{150}$	$\frac{25}{150}$
$m(\text{bp})$	$\frac{165}{261}$	$\frac{45}{261}$	$\frac{51}{261}$
$m(\text{bs})$	$\frac{137}{183}$	$\frac{26}{183}$	$\frac{20}{183}$

给定灵活属性 chol、bp 和 bs。属性权重如下:

$$w_{\text{chol}} = \frac{1}{3}, \quad w_{\text{bp}} = \frac{1}{3}, \quad w_{\text{bs}} = \frac{1}{3}$$

策略 S_1 的近似移动概率分布计算如下:

$$m(P_1) = \frac{\sum\limits_{\cap P_1 / [x]_a = P_1} \prod\limits_{a \in C} w_a m(P_1 / [x]_a)}{1 - \sum\limits_{\substack{1 \leqslant i \leqslant m \\ \cap P_1 / [x]_a = \varnothing}} \prod\limits_{a \in C} w_a m(P_1 / [x]_a)} = 0.96$$

$$m(P_2) = \frac{\sum\limits_{\cap P_2/[x]_a = P_2} \prod\limits_{a \in C} w_a m(P_2 / [x]_a)}{1 - \sum\limits_{\substack{1 \leqslant i \leqslant m \\ \cap P_2/[x]_a = \varnothing}} \prod\limits_{a \in C} w_a m(P_2 / [x]_a)} = 0.03$$

$$m(P_3) = \frac{\sum\limits_{\cap P_3/[x]_a = P_3} \prod\limits_{a \in C} w_a m(P_3 / [x]_a)}{1 - \sum\limits_{\substack{1 \leqslant i \leqslant m \\ \cap P_3/[x]_a = \varnothing}} \prod\limits_{a \in C} w_a m(P_3 / [x]_a)} = 0.01$$

通过计算可知，策略 S_1 在 P_1 区域的近似移动概率是 0.96，在 P_2 区域是 0.03，在 P_3 区域是 0.01。这表明该策略在将对象移动到 P_1 区域(无病区域)方面效果最好。通过这样的计算方法，决策者可以更准确地估计不同策略的移动效果，并选择最合适的策略。

类似地，策略 S_2 在三个属性下的基本可信度分配如表 3.9 所示。

表 3.9　策略 S_2 在三个属性下的基本可信度分配

	P_1	P_2	P_3
$m(\text{chol})$	$\frac{80}{150}$	$\frac{45}{150}$	$\frac{25}{150}$
$m(\text{bp})$	$\frac{35}{155}$	$\frac{110}{155}$	$\frac{10}{551}$
$m(\text{bs})$	$\frac{137}{183}$	$\frac{26}{183}$	$\frac{20}{183}$

策略 S_2 的近似移动概率分配计算如下：

$$m(P_1) = \frac{\sum\limits_{\cap P_1/[x]_a = P_1} \prod\limits_{a \in C} w_a m(P_1 / [x]_a)}{1 - \sum\limits_{\substack{1 \leqslant i \leqslant m \\ \cap P_1/[x]_a = \varnothing}} \prod\limits_{a \in C} w_a m(P_1 / [x]_a)} = 0.74$$

$$m(P_2) = \frac{\sum\limits_{\cap P_2/[x]_a = P_2} \prod\limits_{a \in C} w_a m(P_2 / [x]_a)}{1 - \sum\limits_{\substack{1 \leqslant i \leqslant m \\ \cap P_2/[x]_a = \varnothing}} \prod\limits_{a \in C} w_a m(P_2 / [x]_a)} = 0.25$$

$$m(P_3) = \frac{\sum\limits_{\cap P_3/[x]_a = P_3} \prod\limits_{a \in C} w_a m(P_3 / [x]_a)}{1 - \sum\limits_{\substack{1 \leqslant i \leqslant m \\ \cap P_3/[x]_a = \varnothing}} \prod\limits_{a \in C} w_a m(P_3 / [x]_a)} = 0.01$$

决策者理想移动的概率质量函数为 p_e，策略 S_1 和 S_2 的概率质量分别为 pr_{S_1} 和 pr_{S_2}。它们的效用表达如下：

$$u_{p_e}([x]_{10}) = \{\{u_{P_1}(x)\} \times 100, \ \{u_{P_2}(x)\} \times 0, \ \{u_{P_3}(x) \times 0\}\}$$

$$u_{\mathrm{pr}_{S_1}}([x]_{10}) = \{\{u_{P_1}(x)\} \times 96, \ \{u_{P_2}(x)\} \times 3, \ \{u_{P_3}(x) \times 1\}\}$$

$$u_{\mathrm{pr}_{S_2}}([x]_{10}) = \{\{u_{P_1}(x)\} \times 74, \ \{u_{P_2}(x)\} 25, \ \{u_{P_3}(x) \times 1\}\}$$

在这个例子中，决策者可以比较 S_1 和 S_2 策略的概率质量函数，从而确定哪个策略更接近理想的移动目标。通过对每个策略的效用进行比较，可以选择最有效且符合决策者期望的策略。这种方法允许决策者根据具体情况和需求选择最佳策略，同时考虑了策略的可靠性和实际效果。

在医疗决策中，决策者希望所有处于患病区域的对象通过适当的动作策略移动到无病区域。这将为决策者带来最大的收益。决策者希望 $[x]_{10}$ 中患病区域的对象完全通过适当的策略移动到无病区域。因此，决策者理想的概率分布记为 $p_e = [1,0,0]$。由于实际环境中随机误差的影响，策略的效果通常难以满足决策者的期望。

为 P_1、P_2 和 P_3 区域的对象分别分配效用值 3、1 和 2。也就是说，无病区域的对象效用为 3，患病区域的对象效用为 1，不确定区域的对象效用为 2。进而根据 $D(p_r \| p_e, S)$，我们可以计算决策者的理想期望与策略 S_1 之间的差异。

$$D(p_r \| p_e, S_1) = \left\{ \sum_{k=1}^{2} \frac{\left[E(p_e^k) - E(p_r^k) \right]^2}{k!} \right\}^{\frac{1}{2}} = 0.1128$$

通过比较不同策略下的实际移动概率分布与决策者的理想移动概率分布之间的差异，我们可以选择最接近决策者期望的策略。这种方法允许决策者更全面地考虑策略的潜在效果，同时考虑到实际环境中的不确定因素。这是一个全面的方法，旨在为决策者提供最佳的动作策略选择，以实现最佳的医疗决策结果。

决策者的理想期望与策略 S_2 之间的差异如下：

$$D(p_r \| p_e, S_2) = \left\{ \sum_{k=1}^{2} \frac{\left[E(p_e^k) - E(p_r^k) \right]^2}{k!} \right\}^{\frac{1}{2}} = 0.7357$$

显然，S_1 的差异程度更小，也就是说，动作策略 S_1 更有效，不确定性更小，并且更符合决策者的需求。图 3.8 简要描述了本节所提出框架的整个流程。

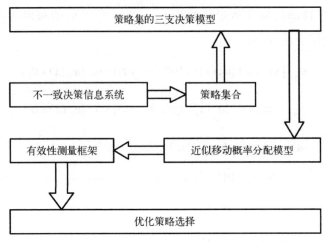

图 3.8　策略选择的框架[20]

本节分析了基于移动的三支决策中噪声策略的存在,并考虑到可信度和覆盖度来构建策略集的三支决策模型。该模型可以有效避免不一致信息对决策者的影响。为了评估和选择最佳动作策略,本节提出了一个近似移动概率分配模型和一个基于移动的有效性测量框架。该框架通过比较决策者的理想移动与实际移动之间的差异来衡量策略的效果。差异越小,策略越好。医疗决策的实例说明了这种方法的实用性。

3.4　本 章 小 结

本章深入探讨了三支决策的 TAO 框架中的"三支策略"部分,着重于在三分决策过程中选择、设计、实施策略以达到特定目标。详细讨论了决策过程的动作空间、策略选择、目标函数和最优策略,强调了成本分析在策略选择中的重要性。以多个实例(如教育、选举和商品生产)阐明了如何根据不同情境采取有效策略,并考虑了成本效益和预期目标。

未来的研究可进一步深化对不同应用场景下三支决策模型的适用性和效率的探索。特别是在面对不一致信息和复杂决策环境时,如何优化策略选择和平衡成本效益将是关键。此外,未来的研究可以探讨如何将先进的数据分析技术和人工智能算法融入三支决策框架,以提高决策的精确度和适应性。对于具体应用,如在医疗、金融和教育领域,研究应聚焦于开发更为具体和高效的策略,以及评估这些策略在实际应用中的表现和影响。

参 考 文 献

[1]　Yao Y Y. Three-way decisions and cognitive computing[J]. Cognitive Computation, 2016, 8(4): 543-554.

[2]　Yao Y Y. Three-way decision and granular computing[J]. International Journal of Approximate Reasoning, 2018, 103: 107-123.

[3]　Gao C, Yao Y Y. Actionable strategies in three-way decisions[J]. Knowledge-Based Systems, 2017, 133: 141-155.

[4]　Jiang C M, Yao Y Y. Effectiveness measures in movement-based three-way decisions[J]. Knowledge-Based Systems, 2018, 160: 136-143.

[5]　郭豆豆, 姜春茂. 基于 M-3WD 的多阶段区域转化策略研究[J]. 计算机科学, 2019, 46(10): 279-285.

[6]　Jiang C M, Guo D D, Duan Y, et al. Strategy selection under entropy measures in movement-based three-way decision[J]. International Journal of Approximate Reasoning, 2020, 119: 280-291.

[7]　Zhang Y, Yao J T. Gini objective functions for three-way classifications[J]. International Journal of Approximate Reasoning, 2017, 81: 103-114.

[8]　Deng X F, Yao Y Y. An information-theoretic interpretation of thresholds in probabilistic rough sets[C]. International Conference on Rough Sets and Knowledge Technology, Chengdu, Springer Berlin Heidelberg, 2012: 369-378.

[9]　Deng X F, Yao Y Y. Decision-theoretic three-way approximations of fuzzy sets[J]. Information Sciences, 2014, 279: 702-715.

[10]　Jiang C M, Duan Y, Guo D D. Effectiveness measure in change-based three-way decision[J]. Soft Computing, 2023, 27(6): 2783-2793.

[11]　Pawlak Z. Rough Sets: Theoretical Aspects of Reasoning about Data[M]. Dordrecht: Springer Science & Business Media, 2012.

[12]　Kacprzyk J, Zadrożny S, Raś Z W. How to support consensus reaching using action rules: A novel approach[J]. International Journal of Uncertainty, Fuzziness and Knowledge-Based Systems, 2010, 18(4): 451-470.

[13]　Raś Z W, Dardzińska A. From data to classification rules and actions[J]. International Journal of Intelligent Systems, 2011, 26(6): 572-590.

[14]　Ras Z W, Wieczorkowska A. Action-rules: How to increase profit of a company[C]. European Conference on Principles of Data Mining and Knowledge Discovery, Lyon, Springer Berlin Heidelberg, 2000: 587-592.

[15] Mardini M T, Raś Z W. Extraction of actionable knowledge to reduce hospital readmissions through patients personalization[J]. Information Sciences, 2019, 485: 1-17.

[16] Miao D Q, Zhao Y, Yao Y Y, et al. Relative reducts in consistent and inconsistent decision tables of the Pawlak rough set model[J]. Information Sciences, 2009, 179 (24): 4140-4150.

[17] Liu J P, Liao X, Yang J B. A group decision-making approach based on evidential reasoning for multiple criteria sorting problem with uncertainty[J]. European Journal of Operational Research, 2015, 246 (3): 858-873.

[18] Wang Y N, Dai Y P, Chen Y W, et al. The evidential reasoning approach to medical diagnosis using intuitionistic fuzzy dempster-shafer theory[J]. International Journal of Computational Intelligence Systems, 2015, 8 (1): 75-94.

[19] Yang J B, Xu D L. On the evidential reasoning algorithm for multiple attribute decision analysis under uncertainty[J]. IEEE Transactions on Systems, Man, and Cybernetics-Part A: Systems and Humans, 2002, 32 (3): 289-304.

[20] Jiang C M, Zhao S B. Action strategy analysis in probabilistic preference movement-based three-way decision[J]. Mathematical Problems in Engineering, 2020 (1): 1-13.

第 4 章　TAO 模型之 "效"

三支决策理论关注以三思考，以三解决问题，以三进行信息处理。它包括三元论的哲学思想、三元法的理论方法与三元式的工作机制。三支决策的TAO (trisecting-acting-outcome) 框架包括三个主要组件：划分一个整体为三个部分；设计策略施加于这三个部分；评估预期的收益或者效果。

三支决策的有效性包括其可解释性、效果、效用等。三支决策的有效性可以通过具体的实际应用体现，也可以基于特定的三支决策模型进行有效性度量，其结果未必来自三个区域，也可能只关注其中某一个区域。另外，其有效性可以采用外部评价的模式，也可以采用内部评价的模式，如内部的结构特征等。

4.1　概率移动三支决策模型

目前，关于 "效" 的研究，已经取得了一定的成果。这主要包括：2018 年 Jiang 和 Yao[1]提出了基于对象移动的三支决策有效性度量研究；2020 年 Liu[2]在可解释视角下进行三支分类的有效性度量。同时，专家学者基于移动三支决策模型，利用信息熵[3]、比例效用函数[4]、区间集[5]等进行了有效性度量和三支策略的选取[6-7]。上述研究主要是在移动结束后，计算三支策略施加前后效益的差值，通过差值进行有效性度量。然而，现有文献并未涉及度量移动过程中某一阶段的效益。三支策略施加后，可能产生的收益极少，甚至不足以弥补三支策略本身的代价，如时间、金钱等。为了节省不必要的三支策略成本，在三支策略施加之前预估产生的效果，对是否需要实施本次三支策略具有很大的意义。针对这个问题，本节提出度量任意移动阶段效益的框架。同时，利用马尔可夫模型在三支策略施加前预测三分区的移动结果，再对预测结果进行有效性度量。

TAO 模型中的 "效" 一般从三个方面进行评估。第一个是可解释性，即 "分" 和 "治" 的过程易于理解、易于使用和易于解释；第二个是实效性，即 "分" 和 "治" 实用并且具有价值；第三个是高效性，即 "分" 和 "治" 必须快速。对三支决策模型进行有效性度量，实质上是对 "分" 和 "治" 的效果进行定性或定量度量，式(4-1)给出三支决策中 "效" 的一个统一的度量框架：

$$Q(\pi) = w_1 Q(P_1) + w_2 Q(P_2) + w_3 Q(P_3) \tag{4-1}$$

其中，$Q(\pi)$ 表示三分区的效益；$Q(P_i)$ 表示区域 P_i 的效益；w_i 表示 $Q(P_i)$ 所占的比重，

$i = 1, 2, 3$。

三支决策 TAO 模型中，"分"的过程要符合逻辑，要结合具体问题实际考虑；"治"后要获得收益，"效"为评估"分"和"治"的结果，既包括效果、效益，又包括可解释性的变化等。在三支决策 TAO 模型的"分"这一步中，当信息不足时，采取延迟决策，把不确定的对象暂时划分到边界域，待信息充足后，再将其重新划分区域。在调整三分区"分"的研究中，可以观察到一种基于移动的三支决策模型。"治"后三分区中的对象在区域之间发生移动，对"治"的效果进行有效性度量，可以关注对象和三分区的移动。基于三支决策 TAO 模型，从移动视角提出一种三支决策 TAO 模型，即基于移动的三支决策模型。对于对象和三分区的移动有如下定义：

定义 4.1[1] 给定一个三分区域 $\pi = \{P_1, P_2, P_3\}$，分别用 p_1、p_2、p_3 表示对象在区域 P_1、P_2、P_3 中的位置。对于 $\forall x \in \mathrm{OB}$，用 $p_\pi(x)$ 表示一个对象 x 在三分区中的位置，即

$$p_\pi(x) = p_i, \quad i = 1, 2, 3 \tag{4-2}$$

定义 4.2[1] 令 $\pi = \{P_1, P_2, P_3\}$ 表示全集 OB 的三分区，假设 $A = \{a_1, a_2, \cdots, a_n\}$ 是一个有限非空三支策略集合，对于任意三支策略 $a \in A$，施加到三分区的某一个区域时，区域中的对象发生位置移动，形成一个新的三分区 $\pi' = \{P_1', P_2', P_3'\}$。定义在三支策略动作 a 下发生的移动为 M_a：$\pi \rightsquigarrow_a \pi'$，对于对象 $x \in \mathrm{OB}$，此移动被记为 $M_a(x): p_i \rightsquigarrow_a p_j$，其中，用 $\rightsquigarrow$ 代表三分区、对象的移动方向。

三支策略施加到区域后，区域中对象的位置可能由 P_i 区域移动到 P_j' 区域（$i, j = 1, 2, 3$），导致三分区中的区域由 P_i 转变为 P_j'，称这个过程为区域移动。在区域移动的过程中，三分区 π 转移为三分区 π'，我们将这个过程定义为基于移动的三支决策模型。该模型提供了多阶段三支决策问题的解决方法，可以提高问题处理效率，同时有一定的容错率，更适用于解决不确定性问题。按照区域移动次数划分移动阶段，各移动阶段互不影响，移动后区域状态是任意的，移动在某一阶段结束，称这个过程为动态区域移动，记为 $\pi, \pi', \cdots, \pi^{(k-1)}, \pi^{(k)}$。

对象 $x \in \mathrm{OB}$ 在区域移动过程中有三种移动方向，可能移动到 P_1、P_2、P_3 区域中的任意一个，对整个三分区而言，有九种可能的移动。移动会受各种因素的影响，如随机误差、不完全信息等，因此，每次施加相同的三支策略，同一对象可能会移动到不同区域，用 α，β，γ 分别表示对象由 P_i 区域移动到 P_j' 区域的概率，定义 $\alpha_j, \beta_j, \gamma_j$ $(j = 1, 2, 3)$ 为对象移动概率，具体表示如下：

$$A = \begin{bmatrix} p_1 \overset{\alpha_1}{\rightsquigarrow} p_1 & p_1 \overset{\alpha_2}{\rightsquigarrow} p_2 & p_1 \overset{\alpha_3}{\rightsquigarrow} p_3 \\ p_2 \overset{\beta_1}{\rightsquigarrow} p_1 & p_2 \overset{\beta_2}{\rightsquigarrow} p_2 & p_2 \overset{\beta_3}{\rightsquigarrow} p_3 \\ p_3 \overset{\gamma_1}{\rightsquigarrow} p_1 & p_3 \overset{\gamma_2}{\rightsquigarrow} p_2 & p_3 \overset{\gamma_3}{\rightsquigarrow} p_3 \end{bmatrix}$$

其中，$\sum_{j=1}^{3}\alpha_j=1,\sum_{j=1}^{3}\beta_j=1,\sum_{j=1}^{3}\gamma_j=1$。对于 $p_i \overset{\alpha}{\rightsquigarrow} p_j$，$\alpha$ 定义为 $p_i \rightsquigarrow p_j$ 的概率 Pr，具体如下：

$$\alpha = Pr(p_i \rightsquigarrow p_j) = \frac{\sum_{x\in OB} c(p_i,p_j)(x)}{\sum_{x\in OB}\sum_j c(p_i,p_j)(x)} \tag{4-3}$$

其中，$i,j=1,2,3$。

$$c(p_i,p_j)(x) = \begin{cases} 1, & p_i \rightsquigarrow p_j \\ 0, & \text{其他} \end{cases} \tag{4-4}$$

式(4-3)中的分子表示移动前位置为 p_i 且移动后位置为 p_j 的对象总数，分母表示移动前位置为 p_i 的对象总数。α，β，γ 表示发生移动 $p_i \rightsquigarrow p_j$ 的概率，称为概率移动三支决策(probabilistic movement-based three-way decisions，PM-3WD)模型[3]，如图 4.1 所示。

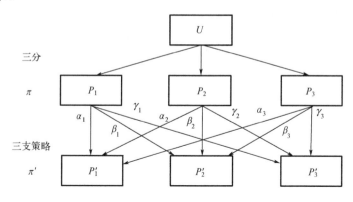

图 4.1 概率移动三支决策模型

移动三支决策模型是近年来发展起来的一种调整三支决策"分"和"治"的方法。作为 TAO 模型下的一种具体模型，其目标是帮助决策者进行策略的有效性度量。考虑三分区中对象的移动，对"分"和"治"有效性度量的统一公式如下：

$$Q(\pi) = \sum_{x\in OB} u(x|\pi) \tag{4-5}$$

其中，$u(x|\pi)$ 为对象 x 的效益计算公式。效益通过衡量移动过程的收益和代价，反映策略的效果。

在多阶段 M-3WD 模型中，根据上一阶段实际的三支策略效果，进行下一阶段的策略选择。假设第 $k-1$ 阶段的三分区为 $\pi^{(k-1)}$，三支策略施加后三分区转移为 $\pi^{(k)}$，

一个度量 M-3WD 模型效益的基本框架为

$$Q(\pi^{(k)} \mid \pi^{(k-1)}) = Q(\pi^{(k)}) - Q(\pi^{(k-1)}) \tag{4-6}$$

其中，$Q(\pi^{(k)} \mid \pi^{(k-1)})$ 表示三分区在三支策略作用下效益的变化，即移动效益；$Q(\pi^{(k)})$ 和 $Q(\pi^{(k-1)})$ 分别表示移动前后三分区 $\pi^{(k-1)}$ 和 $\pi^{(k)}$ 的效益。目前，有效性度量的研究都基于此框架，不能在三支策略施加前对有效性进行预估。

4.2　基于马尔可夫模型的有效性度量

为了更好地描述对象移动后的效果，度量移动过程中任意一个阶段的效益，定义移动偏好来表示对象的移动方向。同时，本节提出移动效力指数的概念，用于真实反映对象偏好移动强度，提高效益度量的准确度。在此基础上，提出一种带有移动偏好的 M-3WD 模型的有效性度量方法。

4.2.1　动机实例

在商品销售模型中，经销商为了及时了解消费者的偏好，在每次营销三支策略施加后开展民意调查，直至达到经销商预期的效果。经销商要对每轮民意调查结果进行评估。可以根据之前的民意调查，预估此后每轮调查的结果，同时判断是否可以不断采取该营销三支策略来提高消费者的偏好程度。

根据消费者对商品的偏好程度将其划分为三个区域：偏好、不确定、没有偏好，分别记为 P_1、P_2、P_3 区域，为了提高消费者对商品的偏好程度，对 P_1、P_2、P_3 三个区域施加营销三支策略，如商品降价促销、投放广告等，停止营销三支策略施加后，有极少数消费者会改变偏好，可忽略不计。每个消费者都有可能移动到 P_1、P_2、P_3 区域，经销商需要在营销三支策略施加后进行有效性度量。给出商品销售移动模型，如图 4.2 所示。图中 α、β、γ 分别表示消费者由 P_i 区域移动到 P_j 区域的概率，带箭头实线表示经销商满意的移动；带箭头虚线表示经销商不满意的移动。

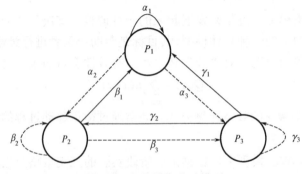

图 4.2　商品销售移动模型

在某次民意调查中，假设有三种商品 b_1、b_2、b_3，N 位消费者，N_1、N_2、N_3 分别表示偏好商品 b_1、b_2、b_3 的总数，有 $N_1 > N_2 > N_3$，显然商品 b_1 和 b_2 是最强竞争者，要获得最高销量，并不取决于偏好和没有偏好商品 b_1 和 b_2 的消费者，而是要争取更多态度不明确消费者的明确态度，使其转变为商品的偏好者。经销商为了迅速抢占市场，需要在有限的时间内，利用最低的营销三支策略成本，让更多的消费者转变为商品的偏好者，为了节省三支策略施加的代价成本，可以在营销三支策略施加前对效益进行预估。

4.2.2　移动偏好

三分区中对象的移动可能满足决策者的要求，也可能不满足要求。例如，施加合适的营销三支策略使商品的没有偏好者转变为偏好者，而营销三支策略施加得不恰当，商品的偏好者可能会变为没有偏好者。对象在区域之间发生移动，移动后所在的位置是否能满足决策者的需求，可以根据决策者的主观意愿，或者区域之间的偏好关系来加以确定。假设各区域完全有序，可以通过区域之间的偏好关系来判断移动结果的好坏。

假设 $\succ$ 满足严格单调递增的偏好关系，即已知 O 为非空集合，对于 o_1、$o_2 \in O$，定义偏好关系 $\succ$：$o_1 \succ o_2 \Leftrightarrow o_1$ 偏好于 o_2；反之，$o_2 \succ o_1 \Leftrightarrow o_1$ 没有偏好于 o_2；若 o_1、o_2 不存在明确的偏好关系，即 $\neg(o_1 \succ o_2)$ 且 $\neg(o_2 \succ o_1)$，称 o_1 与 o_2 为不相关关系，定义不相关关系 $\sim$：$o_1 \sim o_2 \Leftrightarrow (\neg(o_1 \succ o_2), \ \neg(o_2 \succ o_1))$。

M-3WD 模型的基本思想为对象从优先级低的区域移动到优先级高的区域。假设对象移动前的位置 p_i 偏好于移动后的位置 p_j，即 $p_i \succ p_j \Leftrightarrow p_i$ 偏好于 p_j，称为移动偏好。移动偏好与对象移动前后的位置有关，已知对象移动前后的位置，移动偏好可确定。根据对象的移动偏好，把对象的移动分为偏好移动、没有偏好移动、不相关移动，给出定义如下：

定义 4.3　假设对象 x 在三支策略 a 的作用下，位置从 p_i 移动到 p_j。若一个对象从优先级低的区域移动到优先级高的区域，或者从优先级最高的区域移动到本区域，定义为偏好移动，记为 $\leadsto_+$，即

$$p_i \leadsto_+ p_j \Leftrightarrow p_i \succ p_j \tag{4-7}$$

若一个对象从优先级高的区域移动到优先级低的区域，或者从优先级最低的区域移动到本区域，定义为没有偏好移动，记为 $\leadsto_-$，即

$$p_i \leadsto_- p_j \Leftrightarrow p_i \succ p_j \tag{4-8}$$

若一个对象移动前后所在的区域没有明确的偏好关系，定义为不相关移动，记为 $\leadsto_\sim$，即

$$p_i \rightsquigarrow_{\sim} p_j \Leftrightarrow (\neg(p_i \succ p_j), \quad \neg(p_j \succ p_i)) \tag{4-9}$$

不同的移动偏好会对效益产生不同的影响。对象在第 k 次移动的过程中，如果发生偏好移动 $p_i \rightsquigarrow_+ p_j$ 将产生收益，三分区的效益增加，记收益为 $b^{(k)}(p_i, p_j)$；反之，如果发生没有偏好移动 $p_i \rightsquigarrow_- p_j$ 将付出代价，三分区的效益减少，记代价为 $c^{(k)}(p_i, p_j)$；如果发生不相关移动 $p_i \rightsquigarrow_{\sim} p_j$，既不产生收益，也不付出代价，三分区的效益不变。记第 k 次移动过程对应的收益-代价矩阵为 $U^{(k)}$，其表示方法为

$$U^{(k)} = \begin{bmatrix} u^{(k)}(p_1,p_1) & u^{(k)}(p_1,p_2) & u^{(k)}(p_1,p_3) \\ u^{(k)}(p_2,p_1) & u^{(k)}(p_2,p_2) & u^{(k)}(p_2,p_3) \\ u^{(k)}(p_3,p_1) & u^{(k)}(p_3,p_2) & u^{(k)}(p_3,p_3) \end{bmatrix}$$

其中，$k = 0,1,2,\cdots$。

$$u^{(k)}(p_i, p_j) = \begin{cases} b^{(k)}(p_i, p_j), & p_i \rightsquigarrow_+ p_j \\ 0, & p_i \rightsquigarrow_{\sim} p_j \\ c^{(k)}(p_i, p_j), & p_i \rightsquigarrow_- p_j \end{cases} \tag{4-10}$$

4.2.3　移动效力指数

在多阶段决策过程中，每阶段施加相同的三支策略，对象各阶段移动对应的移动偏好不同，移动偏好顺序不同引起偏好强度不同，同时，效益的度量会存在误差。例如，在多阶段投票模型中，选民可能在某一阶段采取策略性投票，放弃给偏好的候选者投票，转而投给可以淘汰最强竞争者的候选者，而在关键的选举阶段把票投给偏好的候选者，选民对候选者的投票排序体现了对其的偏好程度，部分选民谎报偏好的行为可能会改变选举结果。为了准确计算动态移动过程中任意一个阶段的效益，本节定义了移动效力指数(movement efficient index MEI)的概念。

某阶段区域内对象发生移动 $p_i \rightsquigarrow p_j$ 的效力程度为移动效力指数，其表示对象在某一移动阶段发生移动 $p_i \rightsquigarrow p_j$ 的可信程度，反映对象移动对移动效益的影响程度。

定义 4.4　假设 P_i 区域第 k 次移动，发生移动 $p_i \rightsquigarrow p_j$ 的对象具有的移动效力指数为 $w^{(k)}(p_i, p_j)$，初始值为 $w(p_i, p_j) = 0$，根据移动偏好对效益的影响，MEI 的计算如式(4-11)所示：

$$w^{(k)}(p_i, p_j) = \begin{cases} w^{(k-1)}(p_i, p_j) + \varphi(k), & p_i \rightsquigarrow_+ p_j \\ w^{(k-1)}(p_i, p_j), & p_i \rightsquigarrow_{\sim} p_j \\ w^{(k-1)}(p_i, p_j) - \varphi(k), & p_i \rightsquigarrow_- p_j \end{cases} \tag{4-11}$$

其中，$k \geq 1$ 且 $w^{(k)}(p_i, p_j) \in [-1,1]$。

各区域中的对象都是独立的，即同一区域中的对象发生相同的移动产生相同的效益，同时，相同的移动对应相同的移动效力指数。定义效力函数 $\varphi(k)$ 来描述效力变化，取值与移动 $p_i \rightsquigarrow_x p_j (x \in \{+,\sim,-\})$ 的次数有关，且 $\varphi(k) \in [0,1]$。三分区的移动逐渐趋于稳定，移动效力指数逐渐减小，因此，$\varphi(k)$ 为单调递减函数。对于偏好移动 $p_i \rightsquigarrow_+ p_j$，$w^{(k)}(p_i,p_j)$ 与 $\varphi(k)$ 的关系如下：

$$\begin{cases} w^{(k)}(p_i,p_j) = w^{(k-1)}(p_i,p_j) + \varphi(k) \\ w^{(k-1)}(p_i,p_j) = w^{(k-2)}(p_i,p_j) + \varphi(k-1) \\ \qquad\qquad\qquad \vdots \\ w^{(1)}(p_i,p_j) = w(p_i,p_j) + \varphi(1) \end{cases} \tag{4-12}$$

将式 (4-12) 进行累加，可以得到 $w^{(k)}(p_i,p_j) = \sum_{n=1}^{k} \varphi(k)$。同理可得，没有偏好移动 $p_i \rightsquigarrow_- p_j$ 的移动效力指数为 $w^{(k)}(p_i,p_j) = -\sum_{n=1}^{k} \varphi(k)$。因此，$w^{(k)}(p_i,p_j)$ 可以表示为

$$w^{(k)}(p_i,p_j) = \begin{cases} \sum_{n=1}^{k} \varphi(k), & p_i \rightsquigarrow_+ p_j \\ 0, & p_i \rightsquigarrow_\sim p_j \\ -\sum_{n=1}^{k} \varphi(k), & p_i \rightsquigarrow_- p_j \end{cases} \tag{4-13}$$

随着移动次数的增多，区域中对象移动偏好的可信度提高，对应的移动效力指数不断增加或者减少，其对效益的影响越来越大。当 $w^{(k)}(p_i,p_j) = 1$、-1 时，对象不在区域之间发生移动。$w^{(k)}(p_i,p_j) = 1$ 表示 P_i 区域中的对象位于优先级最高的区域，$w^{(k)}(p_i,p_j) = -1$ 表示 P_i 区域中的对象位于优先级最低的区域。在区域移动的基础上，三分区的移动效力矩阵为

$$W^{(k)} = \begin{bmatrix} w^{(k)}(p_1,p_1) & w^{(k)}(p_1,p_2) & w^{(k)}(p_1,p_3) \\ w^{(k)}(p_2,p_1) & w^{(k)}(p_2,p_2) & w^{(k)}(p_2,p_3) \\ w^{(k)}(p_3,p_1) & w^{(k)}(p_3,p_2) & w^{(k)}(p_3,p_3) \end{bmatrix}$$

在一个动态区域移动模型中，假设移动在第 n 阶段结束，已知三分区第 $n-1$ 阶段和第 n 阶段的状态，此时第 n 阶段的移动效力指数为

$$w^{(n)}(p_i,p_j) = \begin{cases} 1, & p_i \rightsquigarrow_+ p_j \\ 0, & p_i \rightsquigarrow_\sim p_j \\ -1, & p_i \rightsquigarrow_- p_j \end{cases} \tag{4-14}$$

三分区的移动效力指数既反映出了对象的移动偏好，又在一定范围内降低了决策失误带来的不利影响，促使决策者选取最优三支策略。

4.2.4　动态区域移动三支策略的有效性度量

区域移动受每个对象移动的影响，因此，效益与区域中每个对象的移动有关，对象移动可能获得收益或者付出代价，有效性度量就是衡量区域移动后产生的收益和代价。在实际应用中，一个最优三支策略的选取需要考虑收益和代价，实质上是通过分析区域移动来进行有效性度量。

策略的有效性度量需要考虑发生九种不同移动的对象数量。表 4.1 给出由移动导致的各区域的基数矩阵。

表 4.1　区域基数矩阵

	P_1'	P_2'	P_3'	合计
P_1	$|P_1 \cap P_1'|$	$|P_1 \cap P_2'|$	$|P_1 \cap P_3'|$	$|P_1|$
P_2	$|P_2 \cap P_1'|$	$|P_2 \cap P_2'|$	$|P_2 \cap P_3'|$	$|P_2|$
P_3	$|P_3 \cap P_1'|$	$|P_3 \cap P_2'|$	$|P_3 \cap P_3'|$	$|P_3|$
合计	$|P_1'|$	$|P_2'|$	$|P_3'|$	$|OB|$

表 4.1 中，$|\cdot|$ 代表集合的基数；$|OB|$ 代表三分区中对象的总数。本节的讨论基于区域独立进行三支策略，三分区中的对象服从同一收益-代价矩阵和移动效力矩阵。假设一个对象移动前位于 P_i 域，发生移动 $p_i \rightsquigarrow p_j$ 后位于 P_j' 域，移动对象总数为 $\left|P_i \cap P_j'\right|$，移动对象总数占区域 P_i 对象总数的比例为 $\dfrac{\left|P_i \cap P_j'\right|}{\left|P_i\right|}$，对应的移动效力指数为 $w(p_i, p_j)$，则对应的效益为 $\dfrac{\left|P_i \cap P_j'\right|}{\left|P_i\right|} w(p_i, p_j) \cdot u(p_i, p_j)$。基于上述描述，在多阶段区域移动的过程中，利用移动效力指数，给出任意一个阶段区域移动效益的度量公式：

$$E(\pi \rightsquigarrow_a \pi') = \sum_{i=1}^{3} \sum_{j=1}^{3} \frac{\left|P_i \cap P_j'\right|}{\left|P_i\right|} \cdot W(p_i \rightsquigarrow p_j) \cdot U(p_i \rightsquigarrow p_j) \tag{4-15}$$

其中，$E()$ 表示三分区的效益，$E(\pi \rightsquigarrow_a \pi')$ 表示三分区 π 移动到三分区 π' 的效益。基于区域移动效益进行有效性度量，可得如下结论。

结论 4.1　给出如下多阶段区域移动有效性度量的方法。

(1) 若 $E(\pi \rightsquigarrow_a \pi') > 0$，则移动为偏好移动，移动后将产生收益。

(2) 若 $E(\pi \rightsquigarrow_a \pi') = 0$，则移动为不相关移动，移动后既不产生收益也不付出代价。

(3) 若 $E(\pi \rightsquigarrow_a \pi') < 0$，则移动为没有偏好移动，移动后将付出代价。

三支决策的有效性既依赖于三分区的合理划分，也依赖于三支策略的施加。本节提出一种基于马尔可夫链的预测模型，利用马尔可夫链预测动态区域移动后的区域基数，再进行有效性度量。

4.2.5 基于动态区域移动的马尔可夫模型

在实际决策过程中，由于客观事物的不确定性，三支策略施加后的效果会产生差异，为了减少三支策略施加付出的代价，应提前预估三支策略施加后各阶段的效益，据此结果的优劣程度来决定是否要施加此次三支策略。

马尔可夫过程是一种动态演进的统计方法，通过建立数学模型分析状态变化情况。对于任意一个随机试验，定义 (Ω, F, P) 为概率空间，其中，Ω 为样本点构成的样本空间；F 为样本空间 Ω 上所有随机事件构成的事件集合；P 为定义在事件集合 F 上的概率测度。假设随机变量 X_k 为非负整数值，定义 $X = \{X_t, t \in T\}$ 为在概率空间 (Ω, F, P) 上离散参数的随机过程，T 为参数集，$E = \{E^{(0)}, E^{(1)}, \cdots, E^{(n)}\}$ 为状态空间，称 $E^{(i)}(i = 0, 1, \cdots, n)$ 为状态，X_n 可取状态空间 E 中的任意值。一般地，若随机过程满足以下两个条件：①每个随机变量 X_n 为非负整数；②对于任意的 n 个时刻 t_i，$i = 0, 1, \cdots, n$，$t_0 < t_1 < \cdots < t_n$，如果 $P(X_n \leqslant E^{(n)} \mid X_0 = E^{(0)}, X_1 = E^{(1)}, \cdots, X_{n-1} = E^{(n-1)}) = P(X_n \leqslant E^{(n)} \mid X_{n-1} = E^{(n-1)})$，即各阶段状态仅与上一阶段状态有关，与之前各移动阶段状态和其他因素无关，称为 "无后效性"，即马尔可夫性，则称 $\{X_t, t \in T\}$ 为马尔可夫过程[8]。

各阶段三分区的状态是随机的，仅与上一阶段三分区的状态有关，与之前各阶段三分区的状态无关，则动态区域移动具有 "无后效性"。同时，动态区域移动过程的随机变量是非负的，因此，动态区域移动为一个马尔可夫过程，记为 $\{X_n, n = 0, 1, \cdots\}$。马尔可夫过程的 "无后效性" 可以帮助决策者根据本阶段三分区状态，预测下一阶段三分区状态。在实际应用中，提前预测移动后的效益，可以减少不必要的三支策略代价。因此，如何合理地结合马尔可夫过程的 "无后效性" 预测移动各阶段状态具有重要意义。

马尔可夫过程是随时间在状态之间转移的模型，在动态移动过程中按照移动阶段划分时间序列，定义时间序列为 $T = \{t_1, t_2, \cdots, t_n\}$。区域移动后，区域中的对象发生变化，导致各区域对象总数占三分区对象总数的比例改变，称为三分区状态改变。

定义三分区第 k 次移动后的状态矩阵为 $S^{(k)} = (s_1^{(k)}, s_2^{(k)}, s_3^{(k)})$，其中，$s_i^{(k)} = \dfrac{\left| P_i^{(k)} \right|}{|\mathbf{OB}|}$，$k$ 表示区域移动的次数，$k = 0, 1, \cdots, n$；$s_1^{(k)}$、$s_2^{(k)}$、$s_3^{(k)}$ 分别表示第 k 次移动 P_1、P_2、P_3 区域中对象总数占三分区对象总数的比例。$P_i^{(k-1)}$ 区域发生移动 $p_i \rightsquigarrow p_j$ 的对象数量占移动后区域 $P_j^{(k)}$ 对象总数的比例为

$$s_{ij}^{(k)} = \frac{\left| P_i^{(k-1)} \bigcap P_j^{(k)} \right|}{\left| P_j^{(k)} \right|} \tag{4-16}$$

三分区的状态空间为 $S = \{S^{(0)}, S^{(1)}, \cdots, S^{(k)}\}$ ，其中，对于任意的 $k>1$ 及 $t_1 < t_2 < \cdots < t_k \in T$ ，三分区的随机变量 $X_0, X_1, \cdots, X_k$ 是相互独立的。当一个马尔可夫过程的状态空间和参数集都是由离散值组成的集合时，称为离散参数的马尔可夫链，简称马氏链。动态区域移动过程的状态空间 S 和参数集 T 都是离散集，因此，这一过程是马氏链，即

$$P(X_n = S^{(k)} \mid X_0 = S^{(0)}, X_1 = S^{(1)}, \cdots, X_{n-1} = S^{(k-1)}) = P(X_n = S^{(k)} \mid X_{n-1} = S^{(k-1)}) \tag{4-17}$$

对象移动后的位置具有不确定性，仅与上一阶段的状态有关，与之前各移动阶段的状态和其他因素无关，这个移动过程为马氏链，记为 $\{x_n, n = 0,1,\cdots\}$ ，对应状态空间为 $s = \{1,2,3\}$ ，即对象在 P_1 、 P_2 、 P_3 区域之间发生移动。定义对象在第 m 阶段发生一步移动，由 P_i 区域移动到 P_j 区域的概率为

$$\mathrm{pr}_{ij}(m) = P\{x_m = j \mid x_{m-1} = i\} \tag{4-18}$$

根据式(4-18)，定义对象在第 m 阶段发生 n 步移动，对象由 P_i 区域移动到 P_j 区域的概率为

$$\mathrm{pr}_{ij}^{(n)}(m) = P\{x_{m+n} = j \mid x_m = i\} \tag{4-19}$$

定理 4.1　假设对象在第 m 阶段发生 $k+l$ 步移动，移动前位于 P_i 区域，移动后位于 P_j 区域，对应的移动概率为 pr_{ij} ，由 C-K (Chapman-Kolmogrov) 方程[9]可知，对一切 $n \geq 0$ ，有

$$\mathrm{pr}_{ij}^{(k+l)}(m) = \sum_{r \in s} \mathrm{pr}_{ir}^{(k)}(m) \mathrm{pr}_{rj}^{(l)}(m+k) \tag{4-20}$$

证明：
$$\begin{aligned}
\mathrm{pr}_{ij}^{(k+l)}(m) &= P\{x_{m+k+l} = j \mid x_m = i\} \\
&= \sum_{r \in s} P\{x_{m+k+l} = j, x_{m+k} = r \mid x_m = i\} \\
&= \sum_{r \in s} P\{x_{m+k} = r \mid x_m = i\} \cdot P\{x_{m+k+l} = j \mid x_{m+k} = r, x_m = i\} \\
&= \sum_{r \in s} P\{x_{m+k} = r \mid x_m = i\} \cdot P\{x_{m+k+l} = j \mid x_{m+k} = r\} \\
&= \sum_{r \in s} \mathrm{pr}_{ir}^{(k)}(m) \mathrm{pr}_{rj}^{(l)}(m+k)
\end{aligned}$$

由式(4-19)可知，动态区域移动过程的一步移动概率 $\mathrm{pr}_{ij}(m)$ 与初始阶段 m 无关，即

$$\mathrm{pr}_{ij}(m) = P\{X_{m+1} = j \mid X_m = i\} = \mathrm{pr}_{ij} \tag{4-21}$$

马尔可夫模型的状态向量会随时间变化，对象在各种状态之间相互变换，发生

状态转移。在基于动态区域移动的马尔可夫模型中，对象在各区域之间随机移动，对象的移动过程对应移动概率矩阵。假设有 M_i 个对象的位置为 p_i，对 P_i 区域中对象施加相同的三支策略，M_{ij} 个对象发生移动 $p_i \rightsquigarrow p_j (i,j=1,2,3)$，则初始位置为 p_i、发生移动 $p_i \rightsquigarrow p_j$ 的对象出现的频率为

$$f_{ij} = \frac{M_{ij}}{M_i} \tag{4-22}$$

其中，用 f_{ij} 可以近似地表示三分区中位置为 p_{ij} 的对象出现的概率，即

$$\mathrm{pr}_{ij} = f_{ij} = \frac{M_{ij}}{M_i}, \quad i,j=1,2,3 \tag{4-23}$$

三分区由一个状态矩阵转移到另一个状态矩阵的一步移动概率矩阵为 $\mathrm{Pr}=(\mathrm{pr}_{ij})$，即

$$\mathrm{Pr} = \begin{bmatrix} \mathrm{pr}_{11} & \mathrm{pr}_{12} & \mathrm{pr}_{13} \\ \mathrm{pr}_{21} & \mathrm{pr}_{22} & \mathrm{pr}_{23} \\ \mathrm{pr}_{31} & \mathrm{pr}_{32} & \mathrm{pr}_{33} \end{bmatrix}$$

其中，Pr 与移动开始的阶段无关；pr_{ij} 表示从 P_i 区域转移到 P_j 区域的概率，且

$$0 \leqslant \mathrm{pr}_{ij} \leqslant 1, \quad \sum_j \mathrm{pr}_{ij} = 1, \quad i,j=1,2,3$$

根据一步移动概率矩阵，定义 n 步移动概率矩阵：

$$\mathrm{Pr}^{(n)} = \begin{bmatrix} \mathrm{pr}_{11}^{(n)} & \mathrm{pr}_{12}^{(n)} & \mathrm{pr}_{13}^{(n)} \\ \mathrm{pr}_{21}^{(n)} & \mathrm{pr}_{22}^{(n)} & \mathrm{pr}_{23}^{(n)} \\ \mathrm{pr}_{31}^{(n)} & \mathrm{pr}_{32}^{(n)} & \mathrm{pr}_{33}^{(n)} \end{bmatrix}$$

其中，n 步移动概率矩阵具有和一步移动概率矩阵相似的性质：

$$0 \leqslant \mathrm{pr}_{ij}^{(n)} \leqslant 1, \quad \sum_j \mathrm{pr}_{ij}^{(n)} = 1, \quad i,j=1,2,3$$

三分区对应的状态移动概率如图 4.3 所示，图中实线箭头表示对象的移动方向。

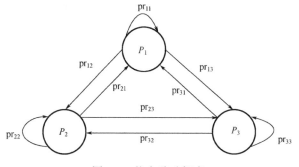

图 4.3　状态移动概率

移动概率矩阵值的确定是一个至关重要的问题，施加不同的三支策略对应不同的移动概率矩阵，在三分区中可解释为对象在任意一次移动过程中从 P_i 区域移动到 P_j 区域的概率。移动概率矩阵值的确定有多种方法，如分析大量已有数据。根据对象的移动概率，动态区域移动的移动概率矩阵值为

$$\Pr = \begin{bmatrix} \alpha_1 & \alpha_2 & \alpha_3 \\ \beta_1 & \beta_2 & \beta_3 \\ \gamma_1 & \gamma_2 & \gamma_3 \end{bmatrix}$$

定理 4.2　在动态区域移动的过程中，假设对三分区施加 n 次相同的三支策略，三分区发生 n 次移动，每阶段移动概率矩阵都为 $\Pr$，则 n 步移动概率矩阵可由一步移动概率矩阵求出，即 $\Pr^{(n)} = \Pr^n$。

证明：由式(4-20)，有

$$\Pr^{(k+l)} = \Pr^{(k)} \Pr^{(l)}$$

当 $k=l=1$ 时，$\Pr^{(2)} = \Pr^{(1)} \Pr^{(1)} = \Pr\Pr = \Pr^2$。

当 $k=2$，$l=1$ 时，$\Pr^{(3)} = \Pr^{(2)} \Pr^{(1)} = \Pr^2 \Pr = \Pr^3$。

由数学归纳法得 $\Pr^{(n)} = \Pr^n$。

根据马尔可夫预测模型的基本原理[10]可知，根据移动前三分区的状态，预测移动后三分区的状态矩阵，即

$$S^{(k-1)} \times \Pr = S^{(k)} \tag{4-24}$$

用矩阵形式表示式(4-24)为

$$S^{(k)} = (s_1^{(k-1)}, s_2^{(k-1)}, s_3^{(k-1)}) \begin{pmatrix} \mathrm{pr}_{11} & \mathrm{pr}_{12} & \mathrm{pr}_{13} \\ \mathrm{pr}_{21} & \mathrm{pr}_{22} & \mathrm{pr}_{23} \\ \mathrm{pr}_{31} & \mathrm{pr}_{32} & \mathrm{pr}_{33} \end{pmatrix}$$

建立区域移动后的数学模型：

$$\begin{cases} s_1^{(k)} = s_1^{(k-1)}\mathrm{pr}_{11} + s_2^{(k-1)}\mathrm{pr}_{21} + s_3^{(k-1)}\mathrm{pr}_{31} \\ s_2^{(k)} = s_1^{(k-1)}\mathrm{pr}_{12} + s_2^{(k-1)}\mathrm{pr}_{22} + s_3^{(k-1)}\mathrm{pr}_{32} \\ s_3^{(k)} = s_1^{(k-1)}\mathrm{pr}_{13} + s_2^{(k-1)}\mathrm{pr}_{23} + s_3^{(k-1)}\mathrm{pr}_{33} \end{cases}$$

由此数学模型可知，三分区在第 k 次移动的过程中，预测发生移动 $p_i \rightsquigarrow p_j$ 的对象比例为

$$s_{ij}^{(k)} = s_i^{(k-1)} \times \mathrm{pr}_{ij} \tag{4-25}$$

由式(4-24)和式(4-25)可得

$$S^{(k)} = S^{(k-1)} \mathrm{Pr} = (S^{(k-2)} \mathrm{Pr}) \mathrm{Pr}$$
$$= S^{(k-2)} \mathrm{Pr}^{(2)} = (S^{(k-3)} \mathrm{Pr}) \mathrm{Pr}^{(2)}$$
$$= S^{(k-3)} \mathrm{Pr}^{(3)} = \cdots$$
$$= S^{(0)} \mathrm{Pr}^{(k)}$$

即 $S^{(k)} = S^{(0)} \mathrm{Pr}^{(k)}$。三分区中的对象从初始状态开始，随时间变化在状态之间随机移动，产生一个移动的状态序列，基于马尔可夫模型，可以对各阶段对象的移动进行预测。

马尔可夫模型具有遍历性，当 t 趋于 ∞ 时，状态向量将处于平衡状态。动态移动过程无限进行，对象在区域中逐渐保持稳定。假设三分区在第 $k(k$趋于$\infty)$ 次移动时到达平衡状态，移动效力指数保持不变，对象不在区域之间随机移动，三分区的状态不再发生变化，对应的平衡移动概率记为 pr_π，即 $\lim\limits_{k \to \infty} \mathrm{pr}_{ij}^{(k)} = \mathrm{pr}_\pi$，平衡移动概率矩阵为 Pr_π，三分区处于平衡状态，称为平衡状态矩阵，记为 $S_\pi = (s_1^\pi, s_2^\pi, s_3^\pi)$。三分区移动到平衡状态后，状态矩阵将不发生改变，即 $\mathrm{Pr}_\pi S_\pi = S_\pi$。

4.2.6　动态区域移动三支策略的有效性预测

在第 k 次区域移动中，三分区 $\pi^{(k-1)}$ 移动到三分区 $\pi^{(k)}$，三分区中的区域转移到 $P_j^{(k)}$，状态矩阵由 $S^{(k-1)}$ 变化为 $S^{(k)}$，这是一个动态区域移动模型，如图 4.4 所示。

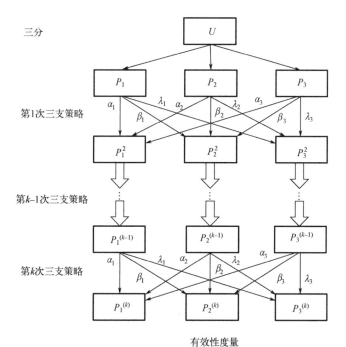

图 4.4　动态区域移动模型

已知状态矩阵 $S^{(k-1)}$ 和移动概率矩阵 $\mathrm{Pr}_{k-1,k}$，利用马尔可夫过程的"无后效性"，由式(4-25)预估区域基数矩阵，预测三分区效益的公式如下：

$$E(\pi^{(k-1)} \leadsto_a \pi^{(k)}) = \sum_{i=1}^{3}\sum_{j=1}^{3} s_{ij}^{(k)} \cdot W^{(k)}(p_i \leadsto p_j) \cdot U(p_i \leadsto p_j)$$

$$= \sum_{i=1}^{3}\sum_{j=1}^{3} s_i^{(k-1)} \cdot \mathrm{pr}_{ij} \cdot w^{(k)}(p_i, p_j) \cdot u(p_i, p_j) \qquad (4\text{-}26)$$

根据式(4-26)预测第 k 次动态区域移动后的效益，进行有效性度量，可得如下结论。

结论 4.2　动态区域移动有效性预测方法如下。

(1)若 $E(\pi^{(k-1)} \leadsto_a \pi^{(k)}) > 0$，则动态区域移动发生的是偏好移动，移动后将产生收益。

(2)若 $E(\pi^{(k-1)} \leadsto_a \pi^{(k)}) = 0$，则动态区域移动发生的是不相关移动，移动后既不产生收益也不付出代价。

(3)若 $E(\pi^{(k-1)} \leadsto_a \pi^{(k)}) < 0$，则动态区域移动发生的是没有偏好移动，移动后将付出代价。

根据以上有关 M-3WD 模型和马尔可夫模型的讨论，基于带有移动偏好的动态 M-3WD 模型三支策略有效性的预测方法主要包括以下几个步骤。

(1)按时间序列 $T = \{t_1, t_2, \cdots, t_n\}$ 将已知的三分区移动过程划分为三分区序列 $\pi^{(0)}, \pi^{(1)}, \cdots, \pi^{(k-1)}, \pi^{(k)}$。

(2)根据三分区序列 $\pi^{(0)}, \pi^{(1)}, \cdots, \pi^{(k-1)}, \pi^{(k)}$ 计算出移动概率矩阵 Pr。

(3)根据式(4-24)和式(4-25)预测出三分区移动后的状态和区域基数。

(4)根据式(4-26)预测某一阶段三分区移动的效益，预估三支策略施加的有效性。

基于此，本节设计的基于马尔可夫模型的三支决策有效性预测算法如算法 4.1 所示。

算法 4.1　基于马尔可夫模型的三支决策有效性预测

输入：已知的三分区移动过程，时间序列 $T = \{t_1, t_2, \cdots, t_n\}$，收益-代价矩阵 $U^{(k)}$，效力递增系数 α，效力递减系数 β。

输出：第 k 次移动后的效益 $E(\pi^{(k-1)} m_a \pi^{(k)})$。

1：已知的三分区移动过程按时间序列 $T = \{t_1, t_2, \cdots, t_n\}$ 划分为序列 $\pi^{(0)}, \pi^{(1)}, \cdots, \pi^{(k-1)}, \pi^{(k)}$。

2：计算三分区的初始状态矩阵为 $S^{(0)} = (s_1^{(0)}, s_2^{(0)}, s_3^{(0)})$。

3：根据公式 $\mathrm{pr}_{ij} = f_{ij} = \dfrac{M_{ij}}{M_i}$ 计算移动概率矩阵 Pr。

4：**for** $n = 1$ to k **do**

5：$S^{(n)} = S^{(n-1)} \cdot \mathrm{Pr}$;

6：$s_{ij}^{(n)} = s_i^{(n-1)} \cdot \mathrm{pr}_{ij}$ ；

7：计算移动效益矩阵 $W^{(k)}$ 。

8：根据公式 $E(\pi^{(k-1)} \rightsquigarrow_a \pi^{(k)}) = \sum\limits_{i=1}^{3} \sum\limits_{j=1}^{3} s_i^{(k-1)} \cdot \mathrm{pr}_{ij} \cdot w^{(k)}(p_i, p_j) \cdot u(p_i, p_j)$ 计算第 k 阶段三分区移动
的效益。

4.2.7　实例分析

本节使用医疗诊断的例子来阐述本节提出的有效性度量和预测方法。在医疗诊
断的过程中，医生按照如表 4.2 所示的心脏病医疗决策表，根据患者的情况对症下
药，缓解患者的病情。

表 4.2　医疗决策表

患者	性别	胆固醇	血压	结果
o_1	女	中	正常	+
o_2	女	中	正常	−
o_3	女	低	正常	+
o_4	女	低	正常	−
o_5	女	低	正常	−
o_6	女	中	低	+
o_7	女	高	高	−
o_8	男	高	低	−
o_9	男	低	正常	+

医生根据患者的性别、胆固醇和血压三个属性判断患者是否患病，将患者划分
为三个类别：不患心脏病、不确定是否患心脏病、患心脏病，分别记为 P_1、P_2、P_3
区域，划分过程中医生不得考虑个人主观偏好，严格按照患者各属性的指标划分。
观察表 4.2 可以发现，患者 o_3、o_4、o_5 具有相同的属性，却有不同的诊断结果，由
此可见，无法确定是否患有心脏病，将其划分到 P_2 区域；其余患者根据属性都有明
确的诊断结果，因此，将全集划分为 $P_1 = \{o_1, o_6, o_9\}$，$P_2 = \{o_3, o_4, o_5\}$，$P_3 = \{o_2, o_7, o_8\}$。
医生可以根据患者的情况采取治疗，通过治疗改变患者的可变属性，如胆固醇、血
压等，使患者的情况有所好转，即由 P_2、P_3 区域移动到 P_1 区域。

医疗诊断为一个随机过程 $X = \{X_t, t \in T\}(X_t > 0)$，状态空间为 $S = \{S^{(0)},
S^{(1)}, \cdots, S^{(n)}\}$，其中，状态空间 S 为离散集，$S^{(i)}(i = 0, 1, \cdots, n)$ 为每次医生施加医疗策
略后患者对应的状态。每个阶段三分区的状态是随机的，与之前各阶段三分区的状
态无关，则称此模型为一个马尔可夫链，即

$$P(X_n = S^{(n)} \mid X_0 = S^{(0)}, X_1 = S^{(1)}, \cdots, X_{n-1} = S^{(n-1)})$$
$$= P(X_n = S^{(n)} \mid X_{n-1} = S^{(n-1)})$$

医生每次医疗策略的施加都是独立的过程，与之前施加的医疗策略无关，但是可以参考之前医疗救助施加后的结果，推测之后各移动过程的结果，记三分区的移动效力矩阵为 $W^{(k)}$，效力递增系数是

$$\alpha = \sum_{n=1}^{k} \frac{1}{n(n+1)}$$

效力递减系数是

$$\beta = -\sum_{n=1}^{k} \frac{1}{n(n+1)}$$

医疗救助施加后，在三分区 P_1、P_2、P_3 的移动过程中，移动 $p_1 \rightsquigarrow p_1$、$p_2 \rightsquigarrow p_1$、$p_3 \rightsquigarrow p_1$、$p_3 \rightsquigarrow p_2$ 为偏好移动，其余的移动为没有偏好移动，对应的收益-代价矩阵为

$$U = \begin{bmatrix} 1 & 1 & 1 \\ 1 & 0 & 1 \\ 1 & 1 & 1 \end{bmatrix}$$

在一次治疗策略施加后，对治疗效果进行诊断，共诊断患者 1440 人，经检测不患心脏病的患者、不确定是否患心脏病的患者、患心脏病的患者分别为 480、720、240 人，则 P_1、P_2、P_3 这三个区域的初始值为 480、720、240，现在医生想让患者的病情有所缓解，分别对 P_1、P_2、P_3 这三个域施加医疗策略，医疗策略施加后，为了确保医疗策略的有效性，又诊断这 1440 名患者的情况，P_1、P_2、P_3 这三个区域在医疗策略施加后移动为 P_1'、P_2'、P_3'。表 4.3 给出了由移动导致的区域转化的各区域的基数矩阵。

表 4.3　区域基数矩阵

	P_1'	P_2'	P_3'	合计
P_1	400	60	20	480
P_2	120	480	120	720
P_3	80	120	40	240
合计	600	660	180	1440

三分区中对象的移动已结束，且已知三分区移动前后状态，移动效力矩阵为

$$W = \begin{bmatrix} 1 & -1 & -1 \\ 1 & -1 & -1 \\ 1 & 1 & -1 \end{bmatrix}$$

根据有效性度量公式，计算移动后的效益为

$$E(\pi \rightsquigarrow \pi')$$

$$= \frac{|P_1 \cap P_1'|}{|P_1|} \cdot w(p_1, p_1) \cdot u(p_1, p_1) + \frac{|P_1 \cap P_2'|}{|P_1|} \cdot w(p_1, p_2) \cdot u(p_1, p_2)$$

$$+ \frac{|P_1 \cap P_3'|}{|P_1|} \cdot w(p_1, p_3) \cdot u(p_1, p_3) + \frac{|P_2 \cap P_1'|}{|P_2|} \cdot w(p_2, p_1) \cdot u(p_2, p_1)$$

$$+ \frac{|P_2 \cap P_2'|}{|P_2|} \cdot w(p_2, p_2) \cdot u(p_2, p_2) + \frac{|P_2 \cap P_3'|}{|P_2|} \cdot w(p_2, p_3) \cdot u(p_2, p_3)$$

$$+ \frac{|P_3 \cap P_1'|}{|P_3|} \cdot w(p_3, p_1) \cdot u(p_3, p_1) + \frac{|P_3 \cap P_2'|}{|P_3|} \cdot w(p_3, p_2) \cdot u(p_3, p_2)$$

$$+ \frac{|P_3 \cap P_1'|}{|P_3|} \cdot w(p_3, p_3) \cdot u(p_3, p_3)$$

$$= \frac{4}{3} > 0$$

所以医疗策略施加后发生偏好移动，移动后获得收益，则此医疗策略可行。已知此医疗策略是有效的，医生不断施加医疗策略，同时，及时对患者进行诊断。假设第 1 次对 1440 名患者进行诊断，其中有 360 名患者不患心脏病，720 名患者不确定是否患心脏病，360 名患者患心脏病，记 P_1、P_2、P_3 的值为 360、720、360。医疗策略施加后，三分区移动为 P_1'、P_2'、P_3'，计算得此医疗策略对应的移动概率矩阵为

$$\text{Pr} = \begin{bmatrix} \dfrac{5}{6} & \dfrac{1}{8} & \dfrac{1}{24} \\[2mm] \dfrac{1}{6} & \dfrac{2}{3} & \dfrac{1}{6} \\[2mm] \dfrac{1}{3} & \dfrac{1}{2} & \dfrac{1}{6} \end{bmatrix}$$

其移动过程对应的效力递增系数是

$$\alpha = \sum_{n=1}^{k} \frac{1}{n(n+1)} = \frac{1}{1 \times (1+1)} = \frac{1}{2}$$

效力递减系数是

$$\beta = -\sum_{n=1}^{k} \frac{1}{n(n+1)} = -\frac{1}{1 \times (1+1)} = -\frac{1}{2}$$

根据计算，此移动阶段对应的三分区移动效力矩阵为

$$W^{(1)} = \begin{bmatrix} \dfrac{1}{2} & -\dfrac{1}{2} & -\dfrac{1}{2} \\[2mm] \dfrac{1}{2} & -\dfrac{1}{2} & -\dfrac{1}{2} \\[2mm] \dfrac{1}{2} & \dfrac{1}{2} & -\dfrac{1}{2} \end{bmatrix}$$

则预测第一次移动后的效益为

$$\begin{aligned}
&E(\pi \rightsquigarrow \pi') \\
&= s_1 \cdot \mathrm{pr}_{11} \cdot w^{(1)}(p_1,p_1) \cdot u^{(1)}(p_1,p_1) + s_1 \cdot \mathrm{pr}_{12} \cdot w^{(1)}(p_1,p_2) \cdot u^{(1)}(p_1,p_2) \\
&\quad + s_1 \cdot \mathrm{pr}_{13} \cdot w^{(1)}(p_1,p_3) \cdot u^{(1)}(p_1,p_3) + s_2 \cdot \mathrm{pr}_{21} \cdot w^{(1)}(p_2,p_1) \cdot u^{(1)}(p_2,p_1) \\
&\quad + s_2 \cdot \mathrm{pr}_{22} \cdot w^{(1)}(p_2,p_2) \cdot u^{(1)}(p_2,p_2) + s_2 \cdot \mathrm{pr}_{23} \cdot w^{(1)}(p_2,p_3) \cdot u^{(1)}(p_2,p_3) \\
&\quad + s_3 \cdot \mathrm{pr}_{31} \cdot w^{(1)}(p_3,p_1) \cdot u^{(1)}(p_3,p_1) + s_3 \cdot \mathrm{pr}_{32} \cdot w^{(1)}(p_3,p_2) \cdot u^{(1)}(p_3,p_2) \\
&\quad + s_3 \cdot \mathrm{pr}_{33} \cdot w^{(1)}(p_3,p_3) \cdot u^{(1)}(p_3,p_3) \\
&= \frac{2}{3} > 0
\end{aligned}$$

因此可以看出，施加医疗策略后三分区获得了收益。医生连续不断地施加医疗策略，三分区不断移动，某阶段移动后，三分区的移动效力矩阵保持不变，即三分区处于平衡状态。相应地，此时的状态矩阵为平衡状态矩阵，记为 S_π，即 $S_\pi = (s_1^\pi, s_2^\pi, s_3^\pi)$。在本次检测中，三分区 P_1、P_2、P_3 的初始值为 360、720、360，初始状态为 $\left[\dfrac{1}{4}, \dfrac{1}{2}, \dfrac{1}{4}\right]$。假设在另外一次诊断中，对 360 名患者进行检测，其中有 180 名没有患有心脏病，90 名不确定是否患有心脏病，90 名患有心脏病，记 P_1、P_2、P_3 的初始值为 180、90、90，三分区的初始状态为 $\left[\dfrac{1}{2}, \dfrac{1}{4}, \dfrac{1}{4}\right]$。对这两个三分区分别施加此三支策略，观察三分区状态改变的情况，如图 4.5 所示。

图 4.5 中最上方曲线代表 P_1 区域的状态改变情况，中间曲线代表 P_2 区域的状态改变情况，下方曲线代表 P_3 区域的状态改变情况。如图 4.5 所示，两个初始状态不同的三分区，对其分别多次施加相同的策略，即移动过程对应相同的状态转移矩阵，三分区经过多次移动，不同的三分区到达稳定状态，而且稳定状态收敛值趋于相同。由此可见，三分区经过多次移动后，稳定状态的值仅与决策者选取的策略有关，与其他因素无关。

基于马尔可夫模型，本节提出了一种带有移动偏好的动态区域移动的有效性预估方法，从而进一步扩展了三支决策模型中有关"效"的研究。但本节只考虑了在动态区域移动的每阶段施加相同的三支策略，没有考虑施加不同三支策略的情况。

事实上，随着移动过程的进行，效益的增加幅度逐渐减小，效益是否能弥补付出的代价，这些具有理论意义的新问题需要进一步讨论。

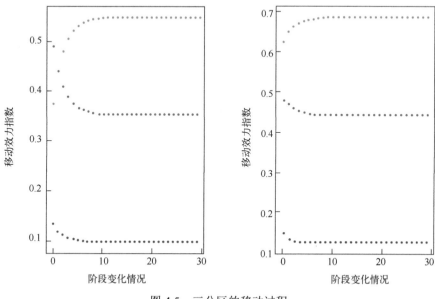

图 4.5　三分区的移动过程

4.3　基于模糊马尔可夫模型的有效性度量

M-3WD 模型的策略有效性度量是根据三分区中对象移动后获得的效益来计算的。4.2 节提出的基于动态区域移动的马尔可夫模型，是基于对策略施加后的效益进行预测的，但是在实际的预测过程中，由于三分区中对象复杂、不确定性以及人类对待复杂问题具有主观偏好等因素，所以效益的预测呈现出多样性、不确定性和模糊性等特点。鉴于此，本节提出基于模糊马尔可夫模型的三支决策有效性度量方法。

4.3.1　动机实例

在投票模型中，为了获得选举的胜利，候选者会在正式选举前进行多次民意调查，从而及时了解选民的投票意向。然而，选民在民意调查中表达出的投票意向，并不总是代表选民在正式投票中真实的投票情况。候选者可利用选民在之前多轮民意调查中表现的投票意向，估测之后每轮民意调查结果的可信程度，不断地采取措施号召更多支持者，最后预估自己是否可以获得选举的胜利。

选民对候选者的态度划分为三个区域：支持、不确定、反对，分别记为 P_1、P_2、

P_3, 候选者为了获得选举的胜利, 对 P_1、P_2、P_3 三个区域施加不同的策略。如图 4.6 所示, 候选者在策略施加时, 应先考虑 P_2 区域, 让 P_2 区域的选民改变态度, 让更多的选民移动到 P_1 区域, 转变为支持者, 所以候选者满意的移动为 $p_1 \rightsquigarrow p_1$, $p_2 \rightsquigarrow p_1$, $p_3 \rightsquigarrow p_1$, $p_3 \rightsquigarrow p_2$。

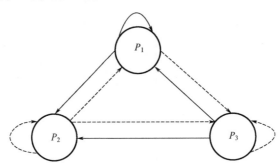

图 4.6　投票移动模型

　　图中带箭头的实线表示选民态度的转变满足候选者的要求, 即偏好移动; 带箭头的虚线表示选民态度的转变不满足候选者的要求, 即没有偏好移动。候选者需要施加合适的策略以获得最大的效益。投票模型采用过半数获胜制, 某次民意调查, 有三位候选者 $\{b_1, b_2, b_3\}$, N 位选民, N_1、N_2、N_3 分别表示支持候选者 b_1、b_2、b_3 的选民人数, 有 $N_1 > N_2 > N_3$, 显然候选者 b_1 和 b_2 为较强竞争者, 最终的结果并不取决于支持和不支持候选者 b_1 和 b_2 的选民, 而在于态度不明确的选民。

　　候选者为了获得选举的胜利, 需要在有限的时间内, 付出最小的成本, 让更多的选民变为自己的支持者, 但现有的 M-3WD 模型有效性度量方法均有一定的不足之处。首先, 策略施加需要付出一定的时间和金钱成本, 为了节省三支策略的代价成本, 可在策略施加前, 对移动后三分区的效益进行预估。例如, 候选者可以在策略施加前, 根据以往的经验, 对策略施加的效果进行预估, 可选择出最优的策略, 节省策略施加的时间和金钱代价。其次, 策略施加后, 对象在三分区中可能不会立即发生移动, 三支策略产生的效益不在本阶段产生, 而在之后某一个阶段产生; 同时, 动态 M-3WD 模型具有随机性, 对象的移动可能在任意一个阶段停止。例如, 候选者在本阶段施加策略, 可能某些选民不会立即改变态度, 但在之后移动的某个阶段, 选民可能会改变态度转变为支持者。最后, 对象的主观偏好程度可能会影响策略的有效性度量。例如, 候选者施加策略后, 选民都可能会具有支持、不确定和不支持这三种不同的态度, 每个阶段选民的态度具有随机性和主观性, 因此, 三分区的划分是根据选民的主观偏好程度来确定的。本节借助模糊马尔可夫模型, 提出一个新的有效性度量方法解决以上问题。

4.3.2　模糊数和模糊集合

在认识客观世界的过程中，人类总是伴随着不确定现象，获得的认知具有不完备性和模糊性。此外，由于对象的生活环境、受教育程度和性格特点等因素的不同，每个对象对同一事物都会有独特的感受。1965 年，Zadeh 首次提出模糊集理论[11]，用于描述这种不完备性和模糊性。在模糊集理论中，对象以一定的程度属于某个集合，或者同时属于几个不同的集合。模糊数的概念如下。

定义 4.5[12]　（模糊数）如果 $\tilde{u}$ 满足以下条件：①存在 $x \in \mathbb{R}$ 使 $\tilde{u}(x)=1$；②$\tilde{u}$ 是凸的；③u 是上半连续的；则称 $\tilde{u}$ 为模糊数。

模糊集理论主要用于研究不确定性现象，是一种基于人类智能的研究方法，通过计算机模拟人类智能，在不精确的情况下给出最优决策。模糊隶属度将经典集合理论引入新的领域，扩展了区间值的取值范围，从而增加到[0,1]。

定义 4.6[13]　（模糊隶属度）给定集合中的一个映射：

$$\mu_{\mathbb{R}}: \quad U \to [0,1]$$

$$x \mapsto \mu_{\mathbb{R}}(x)$$

其中，$U = \{x_1, x_2, \cdots, x_n\}$ 为全体对象集合，集合 U 中对象 x 的模糊集合为 $\mathbb{R} = \{x, \mu_{\mathbb{R}}(x) | x \in U\}$，其中，$\mu_{\mathbb{R}}(x)$ 为对象 x 的隶属函数，即 $\mu_{\mathbb{R}}(x)(0 \leqslant \mu_{\mathbb{R}}(x) \leqslant 1)$ 代表对象 x 隶属于模糊集合 $\mathbb{R}$ 的程度。基于模糊集合隶属度的定义，下面给出模糊划分的定义。

定义 4.7[14]　（模糊划分）假设对象集合为 $U = \{x_1, x_2, \cdots, x_n\}$，对象集合 U 的模糊划分定义为 $D = \{D_1, D_2, \cdots, D_n\}(\forall i \in \{1, 2, \cdots, N\}, D_i \neq \varnothing, D_i \neq U)$，对应的隶属函数 $\mu_{D_1}, \mu_{D_2}, \cdots, \mu_{D_N}$ 满足如下条件：

$$\sum_{i=1}^{N} \mu_{D_i}(x_r) = 1, \quad \forall x_r \in U, r \in \{1, 2, \cdots, n\}$$

其中，对于 $x_r \in U$，$\forall i \in \{1, 2, \cdots, N\}$，满足 $\mu_{D_i}(x_r) = 1$，D_i 称为模糊状态。

本节提出一种基于对象移动的策略有效性预测方法，该方法在马尔可夫模型的基础上，引入模糊集理论，以更好地描述复杂问题中的模糊性、不确定性和主观偏好。通过使用模糊马尔可夫模型，可以对包含对象主观偏好的 M-3WD 模型进行有效性度量。

4.3.3　带有决策者偏好程度的 M-3WD 三支策略度量

在 4.2 节中，我们建立了基于动态区域移动的马尔可夫模型，其中序列三分区对应马尔可夫模型每个阶段的状态，策略的施加会导致区域的移动。在本节中，我们引入模糊度量和启发式算法，结合对象的偏好程度，用于预测策略的有效性。为了应对预测中的不确定性，我们采用模糊马尔可夫模型来预测三分区状态。

策略的施加可能会满足对象的要求，也可能不会，可以通过对象的满意度来表示其偏好程度。满意度反映了对象的喜好，并受到个体差异的影响，因此难以定量描述。不同的对象对同一事物有着独特的认知和感受。在本节中，我们借助模糊集的相关概念来描述对象的满意度，以更准确地反映其主观偏好。

区域中对象发生偏好移动、不确定移动、没有偏好移动，可能会获得收益或者付出代价。对象发生偏好移动 $p_i \rightsquigarrow_+ p_j$，决策者将获得收益；发生没有偏好移动 $p_i \rightsquigarrow_- p_j$，决策者将付出代价；发生不确定移动 $p_i \rightsquigarrow p_j$，决策者既不获得收益，也不付出代价。相同策略使对象在各阶段发生不同的移动，对象可能在某阶段发生偏好移动 $p_i \rightsquigarrow_+ p_j$，而在某阶段发生没有偏好移动 $p_i \rightsquigarrow_- p_j$；而为了获得最大效益，决策者期望对象在各阶段都发生偏好移动 $p_i \rightsquigarrow_+ p_j$，同时，发生较少的没有偏好移动 $p_i \rightsquigarrow_- p_j$。区域中较多对象发生偏好移动 $p_i \rightsquigarrow_+ p_j$，获得较大的收益，此时，区域 P_i 中对象的偏好程度高；区域中较多对象发生没有偏好移动 $p_i \rightsquigarrow_- p_j$，付出较大的代价，此时，区域 P_i 中对象的偏好程度低。

假设三个区域之间的偏好关系为：$P_1 \succ P_2 \succ P_3$。在三分区前 k 次移动中，P_1 区域中的对象发生多次偏好移动 $p_i \rightsquigarrow_+ p_j$，对象对策略的满意度偏高，因此，$P_1$ 区域中对象的策略效益指数高；若 P_2 区域中的对象发生多次不确定移动 $p_i \rightsquigarrow p_j$，区域中对象对策略的满意度不确定，因此，P_2 区域中对象的策略效益指数适中；若 P_3 区域中的对象发生多次没有偏好移动 $p_i \rightsquigarrow_- p_j$，区域中对象对策略的满意度偏低，因此，$P_3$ 区域中对象的策略效益指数低。

三分区对象的移动具有"无后效性"，每阶段对象的移动都是独立的，与之前的移动阶段无关。同一区域施加相同的策略，受各种因素的影响，对象随机游走，各移动阶段对象的满意度不同。决策者期待区域 $P_i(i=1,2,3)$ 中的对象每阶段都发生偏好移动，此时的策略效益指数为 1，区域 P_i 中对象的偏好程度最高；决策者不期待区域 P_i 中的对象每阶段都发生没有偏好移动，此时的策略效益指数为 0，区域 P_i 中对象的偏好程度最低。三分区到达平衡状态后，区域中的对象发生相同的移动。例如，假设三个区域的偏好关系为 $P_1 \succ P_2 \succ P_3$，三分区到达平衡状态后，P_1 区域中的对象将一直发生偏好移动 $p_i \rightsquigarrow_+ p_j$，对象每阶段都满意；$P_2$ 区域中的对象将一直发生不确定移动 $p_i \rightsquigarrow p_j$，对象每阶段态度都不明确；P_3 区域中的对象将一直发生没有偏好移动 $p_i \rightsquigarrow_- p_j$，对象在每阶段都不满意。

令对象偏好程度为第 k 次移动区域 P_i 中对象的满意度。基于此，我们定义模糊隶属度，表示模糊集合与区域 P_i 的隶属关系。从而，模糊三分区 U 的划分为三个模糊状态 $U_+^{(k)}$、$U_\sim^{(k)}$、$U_-^{(k)}$，模糊状态定义如下。

(1) $U_+^{(k)}$：区域中的对象满意，即对象偏好。

(2) $U_\sim^{(k)}$：区域中的对象态度不明确，即对象的偏好程度不确定。

(3) $U_-^{(k)}$：区域中的对象不满意，即对象没有偏好。

其中，$U.(\cdot \in \{+,\sim,-\})$ 为三分区中对象偏好程度的集合。

进一步地，我们定义策略效益指数(strategy efficient index，SEI)用来描述区域 $P_i(i=1,2,3)$ 中对象满意程度。具体地，策略效益指数为模糊状态 $U_+^{(k)}$、$U_\sim^{(k)}$、$U_-^{(k)}$ 与区域 $P_i(i=1,2,3)$ 之间的隶属关系。

$$U_+^{(k)} = \{(1,\mu_{U_+^{(k)}}(1)), \quad (2,\mu_{U_+^{(k)}}(2)), \quad (3,\mu_{U_+^{(k)}}(3))\}$$
$$U_\sim^{(k)} = \{(1,\mu_{U_\sim^{(k)}}(1)), \quad (2,\mu_{U_\sim^{(k)}}(2)), \quad (3,\mu_{U_\sim^{(k)}}(3))\} \qquad (4\text{-}27)$$
$$U_-^{(k)} = \{(1,\mu_{U_-^{(k)}}(1)), \quad (2,\mu_{U_-^{(k)}}(2)), \quad (3,\mu_{U_-^{(k)}}(3))\}$$

其中，$U.^{(k)} = \{(i,\mu_{U^{(k)}}(i)/i(i=1,2,3)\}$，$\cdot \in \{+,\sim,-\}$；$\mu_{U.^{(k)}}(i)$ 为模糊状态 $U.^{(k)}$ 与区域 $P_i(i=1,2,3)$ 之间的隶属关系。

我们利用 F 统计试验的方法确定策略效益指数，即模糊状态与三分区之间的隶属关系，定义区域 P_i 属于模糊状态 $U.^{(k)}$ 的隶属频率 $f_{U.^{(k)}}(i)$，$\cdot \in \{+,\sim,-\}$。第 k 次移动的过程中，$f_{U.^{(k)}}(i)$ 的计算公式如下：

$$f_{U.^{(k)}}(i) = \frac{N(U.)}{|P_i|}$$

其中，$N(U.)$ 表示在第 k 次的移动过程中，区域 P_i 中的对象隶属模糊状态 $U.$ 的次数；$|P_i|$ 表示区域 P_i 中对象的个数，随着调查对象数量的增大，$f_{U.^{(k)}}(i)$ 会逐渐趋于稳定。$f_{U.^{(k)}}(i)$ 的稳定值可近似表示区域 P_i 属于模糊状态 $U^{(k)}$ 的隶属程度。

4.3.4 基于模糊马尔可夫模型的策略有效性度量

在动态 M-3WD 模型中，我们建立了模糊状态 $U.$ 和区域 P_i 之间的隶属关系。为了使策略施加效果的预测更精确，我们不可忽略每个对象的移动。因此，移动停止后，我们可以对三分区的稳定状态进行度量，稳定状态的计算可以利用模糊马尔可夫过程。

假设概率空间为 $(\varOmega, F, P)$，$\mu_U(i)(i \in \varOmega)$ 为模糊三分区 U 的隶属函数，模糊三分区 U 的定义如下：

$$P(U) = \sum_{\varOmega} \mu_U(i) p_i, \quad \mu_U(i): \varOmega \to [0,1] \qquad (4\text{-}28)$$

其中，模糊三分区 U 的模糊划分为 $U = \{U_+, U_\sim, U_-\}$。

定义 4.8[15]　　三分区初始模糊状态的概率根据式(4-27)定义如下：

$$P(U.) = P\{X_0 = U.\} = \sum_{i=1}^{3} P\{X_0 = i\}\mu_{U.}(i) = \sum_{i=1}^{3} p_i \mu_{U.}$$

推论 4.1　　三分区的初始状态为 m，移动后模糊状态为 $U.(\cdot \in \{+,\sim,-\})$ 的概率为

$$P(U./m) = P\{X_1 = U./X_0 = m\} = \sum_{i=1}^{3} p_{mi}\mu_{U.}(i) \tag{4-29}$$

其中，式(4-29)表示三分区初始状态为 m 的一步转移概率，如果三分区发生 k 次移动，其概率为

$$P^k(U./m) = P\{X_k = U./X_0 = m\} = \sum_{i=1}^{3} p_{mi}^k \mu_{U.}(i) \tag{4-30}$$

证明：根据式(4-28)和式(4-29)可得

$$P(U./m) = P\{X_1 = U./X_0 = m\} = \frac{P\{X_0 = m\}\sum\limits_{i=1}^{3} P\{X_1 = i/X_0 = m\}\mu_{U.}(i)}{P\{X_0 = m\}}$$

$$= \sum_{i=1}^{3} P\left\{X_1 = \frac{i}{X_0} = m\right\}\mu_{U.}(i)$$

$$= \sum_{i=1}^{3} p_{mi}\mu_{U.}(i)$$

其中，$\cdot$ 和 $* \in \{+,\sim,-\}$。此公式表示初始状态为 m 的一步转移概率。如果三分区发生 k 阶段移动，其概率为

$$P^k(U_*/U.) = P\{X_1 = U_*/X_0 = U.\} = \sum_{i=1}^{3} P^k(U_*/m)\frac{p_m\mu_U(m)}{P(U_*)}$$

证明：根据式(4-28)和式(4-30)得

$$P(U_*/U_*) = P\{X_1 = U_*/X_0 = U.\}$$

$$= \frac{\sum\limits_{m=1}^{3} P\{X_0 = m\}\mu_{U.}(m)P(U_*/m)}{P\{X_0 = U.\}}$$

$$= \sum_{i=1}^{3} P(U_*/m)\frac{p_m\mu_{U.}(m)}{P(U.)}$$

定理 4.3　根据马尔可夫链的性质可知，三分区的状态最后趋于稳定，稳定状态的模糊马尔可夫链的概率 $\omega_{U.}(* \in \{+,\sim,-\})$ 由下式构造：

$$\omega_{U.} = \sum_{i=1}^{3} \omega_i \mu_{U.}(i) \tag{4-31}$$

证明：下面分两种情况证明。

(1) 三分区的初始状态为 m：

$$\omega_{U.} = \lim_{k \to \infty} P^r(U_* / m) = \lim_{k \to \infty} \sum_{i=1}^{3} p_{mi}^r \mu_{U.}(i) = \sum_{i=1}^{3} \left(\lim_{k \to \infty} p_{mi}^r \mu_{U.}(i) \right)$$

$$= \sum_{i=1}^{3} \left(\lim_{k \to \infty} p_{mi}^r \right) \mu_{U.}(i) = \sum_{i=1}^{3} \omega_i \mu_{U.}(i)$$

(2) 三分区的初始状态为模糊状态 $U.$：

$$\omega_{U.} = \lim_{k \to \infty} P^k(U_* / U_*) = \lim_{k \to \infty} \sum_{i=1}^{3} p(U_* / m) \frac{p_m \mu_{U.}(m)}{P(U_*)}$$

$$= \sum_{m=1}^{3} \left(\lim_{k \to \infty} p^r(U_* / m) \right) \frac{p_m \mu_{U.}(m)}{P(U_*)} = \sum_{m=1}^{3} \left(\sum_{m=1}^{3} \omega_i \mu_{U.}(i) \right) \frac{p_m \mu_{U.}(m)}{P(U_*)}$$

$$= \sum_{i=1}^{3} \omega_i \mu_{U.}(i) \sum_{i=1}^{3} \frac{p_m \mu_{U.}(m)}{P(U_*)} = \sum_{i=1}^{3} \omega_i \mu_{U.}(i)$$

定义两个矩阵 S 和 Q 如下：

$$S = \begin{bmatrix} \dfrac{p_1 \mu_{U_+}(1)}{P(U_+)} & \dfrac{p_2 \mu_{U_+}(2)}{P(U_+)} & \dfrac{p_3 \mu_{U_+}(3)}{P(U_+)} \\[3mm] \dfrac{p_1 \mu_{U_\sim}(1)}{P(U_\sim)} & \dfrac{p_2 \mu_{U_\sim}(2)}{P(U_\sim)} & \dfrac{p_3 \mu_{U_\sim}(3)}{P(U_\sim)} \\[3mm] \dfrac{p_1 \mu_{U_-}(1)}{P(U_-)} & \dfrac{p_2 \mu_{U_-}(2)}{P(U_-)} & \dfrac{p_3 \mu_{U_-}(3)}{P(U_-)} \end{bmatrix}$$

$$Q = \begin{bmatrix} \mu_{U_+}(1) & \mu_{U_\sim}(1) & \mu_{U_-}(1) \\ \mu_{U_+}(2) & \mu_{U_\sim}(2) & \mu_{U_-}(2) \\ \mu_{U_+}(3) & \mu_{U_\sim}(3) & \mu_{U_-}(3) \end{bmatrix}$$

模糊平衡状态矩阵 $\tilde{W}$ 可根据平衡状态矩阵 W 计算，如式 (4-32) 所示：

$$\tilde{W} = WQ \tag{4-32}$$

其中，模糊平衡状态矩阵 $\tilde{W}$ 和平衡状态矩阵 W 如下：

$$W = \begin{bmatrix} \omega_1 & \omega_2 & \omega_3 \\ \omega_1 & \omega_2 & \omega_3 \\ \omega_1 & \omega_2 & \omega_3 \end{bmatrix}$$

$$\tilde{W} = \begin{bmatrix} \omega_{U_+} & \omega_{U_-} & \omega_{U_-} \\ \omega_{U_+} & \omega_{U_-} & \omega_{U_-} \\ \omega_{U_+} & \omega_{U_-} & \omega_{U_-} \end{bmatrix}$$

在将集合划分为三个区域后，根据每个区域与模糊状态之间的隶属关系，将这三个区域重新划分为三个模糊状态。对象在这三个模糊状态之间进行移动，策略的施加可能不会立即产生收益，而是在特定的移动阶段才会带来效益。根据平衡状态对策略进行有效性度量，其具体的有效性度量方法如下：

$$\varphi^{(k)} = \omega_{U_+^{(k)}} \cdot W_1^{(k)} + \omega_{U_\sim^{(k)}} \cdot W_2^{(k)} + \omega_{U_-^{(k)}} \cdot W_3^{(k)} \tag{4-33}$$

其中，对三分区施加策略 a_1 的效益为 $\varphi^{(k)}(a_1)$，模糊状态 $U^{(k)}$ 到达稳定状态时的概率为 $\omega_{U_\cdot^{(k)}}(\cdot \in \{+, \sim, -\})$，三分区中区域 P_i 移动获得的效益为 $W_i^{(k)}$，效益 $W_i^{(k)}$ 的计算方法如下：

$$W_i^{(k)} = \sum_{j=1}^{3} s_i^{(k-1)} \cdot \mathrm{pr}_{ij} \cdot u(p_i \rightsquigarrow p_j) \tag{4-34}$$

通过上述论述，我们可得如下结论。

结论 4.3　给出如下多阶段区域转化有效性度量的方法：

(1) 若 $W_i^{(k)} > 0$，区域移动后获得效益，决策者不需要对三分区施加其他的策略。

(2) 若 $W_i^{(k)} = 0$，区域移动后既不获得效益也不付出代价。

(3) 若 $W_i^{(k)} < 0$，区域移动后将付出代价，决策者需要对三分区施加其他的策略。

根据以上对动态 M-3WD 模型和模糊马尔可夫模型的讨论，下面给出基于带有对象偏好的 M-3WD 模型的有效性预测方法。

(1) 按时间序列 $T = \{t_1, t_2, \cdots, t_n\}$ 将已知的三分区移动过程划分为三分区序列 $\pi^{(0)}, \pi^{(1)}, \cdots, \pi^{(k-1)}, \pi^{(k)}$。

(2) 根据三分区序列 $\pi^{(0)}, \pi^{(1)}, \cdots, \pi^{(k-1)}, \pi^{(k)}$ 计算出移动概率矩阵 Pr。

(3) 借助 F 统计计算隶属度。

(4) 根据式 (4-31) 计算模糊平衡状态。

(5) 利用式 (4-32) 和式 (4-33) 预估施加在三分区上策略的有效性。

基于此，设计基于模糊马尔可夫模型的三支决策有效性预测算法，如算法 4.2 所示。

算法 4.2 基于模糊马尔可夫模型的三支决策有效性预测

输入：已知的三分区移动过程，时间序列 $T = \{t_1, t_2, \cdots, t_n\}$。

输出：策略施加后的效益 $\varphi^{(k)}$。

1：已知的三分区移动过程按时间序列 $T = \{t_1, t_2, \cdots, t_n\}$ 划分为三分区序列 $\pi^{(0)}, \pi^{(1)}, \cdots, \pi^{(k-1)}, \pi^{(k)}$。

2：根据公式 $\mathrm{pr}_{ij} = f_{ij} = \dfrac{M_{ij}}{M_i}$ 计算移动概率矩阵 Pr。

3：借助 F 统计试验计算隶属函数 $\mu_{U^{(k)}}(i)$ 的值。

4：计算模糊状态的初始概率 $P(U^{(k)})$。

5：借助公式 $\tilde{W} = WQ$ 计算模糊平衡状态 $\tilde{W}$。

6：根据公式 $\varphi^{(k)} = \omega_{U_+^{(k)}} \cdot W_1^{(k)} + \omega_{U_-^{(k)}} \cdot W_2^{(k)} + \omega_{U_-^{(k)}} \cdot W_3^{(k)}$ 计算策略施加后的效益。

4.3.5 算例分析

本节借助投票模型来阐述本节提出的基于模糊马尔可夫模型的有效性度量方法。在投票模型中，根据选民对候选者的态度将其划分为三个类别：支持者、态度不明确者、不支持者，分别记为 P_1、P_2、P_3 区域。偏好移动为 $p_2 \rightsquigarrow p_1$，$p_2 \rightsquigarrow p_1$，$p_3 \rightsquigarrow p_1$，$p_3 \rightsquigarrow p_2$，其余的移动均为没有偏好移动。候选者想获得更多的支持者，需要采取相应的策略，如给选民发放福利，策略施加后，选民的态度可能不会立刻发生改变，候选者为了及时了解选民的意向，每天开展一次民意调查，每次民意调查为一个阶段，定义投票模型的时间序列为 $T = \{t_1, t_2, \cdots, t_n\}$。

假设投票模型为一个随机过程 $X = \{X_t, t \in T\}(X_t > 0)$，状态空间为 $S = \{S^{(0)}, S^{(1)}, \cdots, S^{(n)}\}$，其中，状态空间 S 为离散集；$S^{(i)}(i = 0, 1, \cdots, n)$ 为每次民意调查对应的状态，此模型为一个马尔可夫链，即

$$P(X_n = S^{(n)} \mid X_0 = S^{(0)}, X_1 = S^{(1)}, \cdots, X_{n-1} = S^{(n-1)})$$
$$= P(X_n = S^{(n)} \mid X_{n-1} = S^{(n-1)})$$

每次调查都是独立的过程，与之前的民意调查无关。但可根据上一次调查的结果，推测本次民意调查的结果。在民意调查中，共调查选民 3600 人，经调查支持者、态度不明确者、不支持者(反对者)分别为 1200、1800、600 人，则 $P_1^{(k-2)}$、$P_2^{(k-2)}$、$P_3^{(k-2)}$ 这三个区域的值为 1200、1800、600。为了确保策略的有效性，在下一阶段的民意调查中，$P_1^{(k-2)}$、$P_2^{(k-2)}$、$P_3^{(k-2)}$ 移动为 $P_1^{(k-1)}$、$P_2^{(k-1)}$、$P_3^{(k-1)}$。此次调查的结果如表 4.4 所示。

表 4.4 区域基数

	$\|P_1^{(k-1)}\|$	$\|P_2^{(k-1)}\|$	$\|P_3^{(k-1)}\|$	|合计|
$\|P_1^{(k-2)}\|$	1000	150	50	1200
$\|P_2^{(k-2)}\|$	300	1200	300	1800
$\|P_3^{(k-2)}\|$	200	300	100	600
|合计|	1500	1650	450	3600

根据区域基数，计算得概率转移矩阵为

$$\mathrm{Pr} = \begin{bmatrix} \dfrac{5}{6} & \dfrac{1}{8} & \dfrac{1}{24} \\[2mm] \dfrac{1}{6} & \dfrac{2}{3} & \dfrac{1}{6} \\[2mm] \dfrac{1}{3} & \dfrac{1}{2} & \dfrac{1}{6} \end{bmatrix}$$

该模型对应的收益-代价矩阵为

$$U = \begin{bmatrix} 1 & -1 & -1 \\ 1 & 0 & -1 \\ 1 & 1 & -1 \end{bmatrix}$$

假设第 k 次移动的过程中，隶属函数的值为

$$U_+^{(k)} = \{(1,0.7),(2,0.3),(3,0.2)\}$$
$$U_\sim^{(k)} = \{(1,0.2),(2,0.5),(3,0.2)\}$$
$$U_-^{(k)} = \{(1,0.1),(2,0.2),(3,0.6)\}$$

三分区初始的状态概率为 $p_i^{(k)} = (p_1^{(k)}, p_2^{(k)}, p_3^{(k)}) = (0.4, 0.3, 0.3)$，稳定状态的概率为 $\omega_1 = 10/33 = 0.303, \omega_2 = 18/33 = 0.545, \omega_2 = 5/33 = 0.152$，模糊状态的初始概率计算如下：

$$P(U_+^{(k)}) = 0.4 \times 0.7 + 0.3 \times 0.3 + 0.3 \times 0.2 = 0.43$$
$$P(U_\sim^{(k)}) = 0.4 \times 0.2 + 0.3 \times 0.5 + 0.3 \times 0.2 = 0.29$$
$$P(U_-^{(k)}) = 0.4 \times 0.1 + 0.3 \times 0.2 + 0.3 \times 0.6 = 0.28$$

矩阵 $Q^{(k)}$、矩阵 $S^{(k)}$ 和平衡状态矩阵 $W^{(k)}$ 的计算结果如下：

$$Q^{(k)} = \begin{bmatrix} 0.7 & 0.2 & 0.1 \\ 0.3 & 0.5 & 0.2 \\ 0.2 & 0.2 & 0.6 \end{bmatrix}$$

$$S^{(k)} = \begin{bmatrix} 0.28/0.43 & 0.09/0.43 & 0.06/0.43 \\ 0.08/0.29 & 0.15/0.29 & 0.06/0.29 \\ 0.04/0.28 & 0.06/0.28 & 0.18/0.28 \end{bmatrix}$$

$$W^{(k)} = \begin{bmatrix} 0.303 & 0.545 & 0.152 \\ 0.303 & 0.545 & 0.152 \\ 0.303 & 0.545 & 0.152 \end{bmatrix}$$

则模糊平衡状态矩阵 $\tilde{W}^{(k)}$ 如下：

$$\tilde{W}^{(k)} = W^{(k)}Q^{(k)} = \begin{bmatrix} \omega_{U+} & \omega_{U\sim} & \omega_{U-} \\ \omega_{U+} & \omega_{U\sim} & \omega_{U-} \\ \omega_{U+} & \omega_{U\sim} & \omega_{U-} \end{bmatrix}$$

$$= \begin{bmatrix} 0.303 & 0.545 & 0.152 \\ 0.303 & 0.545 & 0.152 \\ 0.303 & 0.545 & 0.152 \end{bmatrix} \begin{bmatrix} 0.7 & 0.2 & 0.1 \\ 0.3 & 0.5 & 0.2 \\ 0.2 & 0.2 & 0.6 \end{bmatrix}$$

$$= \begin{bmatrix} 0.406 & 0.363 & 0.231 \\ 0.406 & 0.363 & 0.231 \\ 0.406 & 0.363 & 0.231 \end{bmatrix}$$

在 $k-1$ 阶段，对 3600 名选民进行调查，其中有 1500 名支持者，1650 名态度不明确者，450 名不支持者，记 $P_1^{(k-1)}$、$P_2^{(k-1)}$、$P_3^{(k-1)}$ 的值为 1500、1650、450，则 $s_1^{(k-1)}$、$s_2^{(k-1)}$、$s_3^{(k-1)}$ 的值为 5/12、11/24、1/8，模糊状态 $U^{(k)}$ 对应的效益为

$$W_1^{(k)} = \frac{5}{12} \times \frac{5}{6} \times 1 + \frac{11}{24} \times \frac{1}{6} \times 1 + \frac{1}{8} \times \frac{1}{3} \times 1 + \frac{1}{8} \times \frac{1}{2} \times 1 = \frac{19}{36} = 0.528$$

$$W_2^{(k)} = \frac{11}{24} \times \frac{2}{3} \times 0 = 0$$

$$W_3^{(k)} = \frac{5}{12} \times \frac{1}{8} \times (-1) + \frac{5}{12} \times \frac{1}{24} \times (-1) + \frac{11}{24} \times \frac{1}{6} \times (-1) + \frac{1}{8} \times \frac{1}{6} \times (-1) = -\frac{1}{6} = -0.167$$

三分区在第 k 次移动后的效益为

$$\varphi^{(k)} = \omega_{U_+^{(k)}} \cdot W_1^{(k)} + \omega_{U_\sim^{(k)}} \cdot W_2^{(k)} + \omega_{U_-^{(k)}} \cdot W_3^{(k)}$$
$$= 0.406 \times 0.528 + 0.363 \times 0 + 0.231 \times (-0.167)$$
$$= 0.176$$

所以在第 k 阶段区域移动后策略产生了效益，决策者不需要对三分区施加其他的策略。

4.4 本 章 小 结

本章深入探讨了三支决策 TAO 模型中 "效"（outcome）的部分，提出了几种创新的有效性度量方法，以应对实际决策过程中的复杂性和不确定性。

首先，我们引入了概率移动三支决策模型，通过移动效力指数来量化对象在不同区域间移动的影响。这种方法不仅考虑了对象的移动，还关注了移动对整体决策效果的贡献，使效益评估更加全面和准确。

随后，我们提出了基于马尔可夫模型的有效性度量方法。这一方法利用马尔可夫链的特性，能够预测多阶段决策过程中的状态变化，实现了对策略效果的预先评

估。这种预测性的分析方法为决策者提供了选择最优策略的依据，有助于减少不必要的成本支出。

最后，为了更好地处理决策过程中的模糊性和主观性，我们引入了模糊马尔可夫模型。这一模型结合了模糊集理论，能够更准确地描述对象的主观偏好和满意度。通过这种方法，我们可以在考虑对象个体差异的基础上，对策略的有效性进行更加精细和可靠的预测与评估。

本章通过引入概率论、马尔可夫链理论和模糊集合理论，深化和拓展了三支决策模型中"效"的研究内容。这些新方法不仅提高了决策效果的可测量性，还增强了模型对实际复杂决策环境的适应能力。未来的研究可以进一步探索这些方法在不同领域的应用，以及如何将它们与其他决策理论和技术相结合，以应对更加复杂和动态的决策环境。

参 考 文 献

[1] Jiang C M, Yao Y Y. Effectiveness measures in movement-based three-way decision[J]. Knowledge-Based Systems, 2018, 160: 136-143.

[2] Liu D. The effectiveness of three-way classification with interpretable perspective[J]. Information Sciences, 2021, 567: 237-255.

[3] Jiang C M, Guo D D, Duan Y, et al. Strategy selection under entropy measures in movement-based three-way decision[J]. International Journal of Approximate Reasoning, 2020, 119: 280-291.

[4] Jiang C M, Guo D D, Xu R Y. Measuring the outcome of movement-based three-way decision using proportional utility functions[J]. Applied Intelligence, 2021, 51(12): 8598-8612.

[5] Jiang C M, Guo D D, Sun L J. Effectiveness measure for TAO model of three-way decisions with interval set[J]. Journal of Intelligent & Fuzzy Systems, 2021, 40(6): 11071-11084.

[6] Gao C, Yao Y Y. Actionable strategies in three-way decisions[J]. Knowledge-Based Systems, 2017, 133: 141-155.

[7] 郭豆豆, 姜春茂. 基于 M-3WD 的多阶段区域转化策略研究[J]. 计算机科学, 2019, 46(10): 279-285.

[8] Johnstone J N, Philp H. The application of a Markov chain in educational planning[J]. Socio-Economic Planning Sciences, 1973, 7(3): 283-294.

[9] Beal C, Mitra S, Cohen P R. Modeling learning patterns of students with a tutoring system using hidden Markov models[J]. Frontiers in Artificial Intelligence and Applications, Education, 2007, 158: 238-245.

[10] Wan Y J. Using the Markov chain to predict the outcome of an election in a given situation[J].

Journal of Physics: Conference Series, 2021, 1848(1): 012051.

[11] Zadeh L A. Fuzzy sets[J]. Information and Control, 1965, 8(3): 338-353.

[12] Semmouri A, Jourhmane M, Belhallaj Z. Discounted Markov decision processes with fuzzy costs[J]. Annals of Operations Research, 2020, 295(2): 769-786.

[13] Bellman R E, Zadeh L A. Decision-making in a fuzzy environment[J]. Management Science, 1970, 17(4): B-141-B-164.

[14] Pardo M J, Fuente D D L. Design of a fuzzy finite capacity queuing model based on the degree of customer satisfaction: Analysis and fuzzy optimization[J]. Fuzzy Sets and Systems, 2008, 159(24): 3313-3332.

[15] Jiang C M, Xu R Y, Wang P X. Measuring effectiveness of movement-based three-way decision using fuzzy Markov model[J]. International Journal of Approximate Reasoning, 2023, 152: 456-469.

第5章　分布式三支决策模型初探

分布式三支决策的提出是为了解决分布式系统中一些核心问题，特别是在面对不确定性、一致性要求和容错处理等方面的挑战时。这种决策模式提供了一种结构化的方法来明确处理这些问题，并且带来了以下诸多优点。

(1)增强的容错能力：通过将决策分为三个区域(如同意、反对、未决定)，分布式系统能够更好地处理节点故障或网络问题。在遇到部分系统信息不可用或节点间通信不一致时，系统可以进入"未决定"状态，而不是被迫做出可能基于不完全信息的最终决策，从而提高了系统的鲁棒性和可靠性。

(2)提高系统的一致性和稳定性：在分布式系统中，维持一致性是一个重大挑战。通过采用三支决策模型，系统可以更灵活地处理一致性问题，允许在达成全局一致性之前在局部上下文中处理和接受不确定性。这种方法特别适用于需要达成强一致性但同时需要处理实际网络条件和节点故障的系统。

(3)灵活的决策过程：三支决策为系统提供了一种机制，以灵活应对各种运行条件。例如，在一个分布式数据库事务中，这种模型允许系统在不同的阶段考虑不同的决策路径，如暂时保留一个事务为未决定状态，直到收集到足够的信息来确定是否提交或回滚。

(4)提升系统可伸缩性和性能：通过允许部分决策和延迟决策，三支决策模型可以帮助系统在满足高一致性要求的同时，减少等待达到全局一致状态的时间，从而提升系统的整体性能和响应能力。

(5)简化复杂决策的管理：在分布式系统的设计和运行中，处理复杂的状态和决策过程是一项挑战。通过将可能的状态和决策明确划分为三个预定义区域，开发者可以更容易地理解和管理系统的行为，同时减少错误和不一致的可能性。

分布式三支决策的提出可以提供一种更加灵活、健壮和高效的方式来管理分布式系统中的决策过程，特别是在面对复杂环境和高要求的一致性与容错性时。这种方法有助于开发和维护能够有效应对分布式环境固有的不确定性的应用和服务。

5.1　分布式系统的挑战

分布式系统的设计与实现面临着多种复杂的挑战，其中不确定性和一致性问题以及容错与恢复机制是最关键的两个方面。这些挑战的根本在于分布式系统由多个相互独立的计算节点组成，这些节点通过网络进行通信和协作，以完成共同的任务。

5.1.1　不确定性和一致性问题

在分布式系统中，不确定性主要来源于网络延迟、节点故障、消息丢失或顺序错乱等因素。这些因素使在不同节点上维持全局一致性状态变得极为困难。

定义 5.1　对于分布式系统 S 中的操作序列 $OP = \{op_1, op_2, \cdots, op_n\}$，如果对于任意节点 P_i，$P_j \in S$，在执行相同的 OP 后能达到相同的状态，则称该操作序列 OP 为确定性的。

定义 5.2　如果存在节点 P_i，$P_j \in S$，即使执行相同的 OP，也可能达到不同状态，则称该操作序列 OP 为不确定性的。

引起非确定性的主要因素包括：①网络延迟无序。设消息 $m_1, m_2 \in OP$，如果由于网络延迟，P_i 收到的顺序为 m_1, m_2，而 P_j 收到的顺序为 m_2, m_1，则可能导致不同的执行结果。②节点时钟不同步。节点本地时钟因为硬件误差而存在偏差，导致对操作顺序的理解不同。③消息丢失。网络中易发生消息丢失情况，使节点只看到操作子序列，产生不一致状态。④节点故障。节点故障后恢复，状态可能回退到早期版本，与其他节点存在差异。

上述非确定性因素导致一致性问题的产生。一致性是指对于给定时间点 t，访问节点状态的操作 view(t) 在任意节点 P_i、P_j 上的结果保持一致。形式化表示为

$$\forall P_i, P_j \in S, \quad \text{view}_i(t) = \text{view}_j(t)$$

根据 CAP（consistency-availability-partition tolerance）定理，一致性、可用性、分区容忍性三者不可同时满足。因此实际系统需要在一致性和可用性间做出权衡。

由此可见，一致性问题指的是如何确保系统中的所有节点在给定时间点或条件下，对系统状态有着一致的视图。众多学者对该问题进行了广泛的研究。例如，Lamport 等提出的 Paxos 算法[1]和后续的 Raft 算法[2]是解决分布式一致性问题的经典方案，它们通过一系列复杂的投票和提交机制确保系统即使在部分节点失效的情况下也能达成一致性。为了解决一致性问题，目前已经提出了多种分布式协议。其中重要的包括以下几种。

（1）Paxos 算法。通过选举产生决议者，分为准备、提议、接受三个阶段，可以在少数节点失效的情况下仍达成一致性。

（2）Raft 算法。引入领导者角色，减少消息交换轮数，通过心跳、日志复制实现一致性状态。

（3）去中心化的一致性算法[3]。基于去中心化技术，如区块链、分布式账本，实现确定性状态共识。

（4）CAP 理论导向的弱一致性算法。该算法通过牺牲强一致性来获得系统可用性和容错性。

5.1.2　容错与恢复机制

在分布式系统的设计与实现中，面对网络延迟、节点故障、消息丢失或顺序错乱等不确定性因素，确保系统的一致性和容错能力成为一项挑战。这些挑战的核心在于如何在不同节点上维持一个全局一致的系统状态，同时保证系统在部分故障发生时能够继续提供服务并最终恢复到一个一致的状态。为了应对这些问题，分布式系统采用了多种容错与恢复机制。

数据冗余与复制是确保数据持久性和系统可用性的基本策略。例如，Google 的分布式文件系统 GFS（Google file system）通过在多个地理位置存储数据的副本来保证数据的可用性和持久性，即使在单个或多个数据中心发生故障的情况下也能保证数据不丢失。此外，心跳检测和租约机制被广泛用于监控节点的存活状态，并管理资源或服务的使用权，以防止脑裂情况（split-brain syndrome，SBS）的发生。

当系统检测到节点或服务故障时，故障转移和恢复机制立即启动，将请求转移到其他健康节点，并尝试恢复故障节点，以最小化服务中断时间。分布式系统广泛采用日志记录与回放机制。通过对所有修改操作进行详细的日志记录，系统可以在发生故障时，准确地回放日志，将系统状态恢复到故障前的一致状态。

检查点和状态快照技术，如 Chandy 和 Lamport 提出的分布式快照算法，允许系统定期创建状态的全局快照，为系统提供了一种快速恢复到最近一致状态的能力。这些检查点不仅加速了系统的恢复过程，还减少了因故障恢复所需的数据回放量。

在保证分布式系统一致性方面，Paxos 和 Raft 等分布式一致性算法通过复杂的投票和日志复制机制，确保了即使在部分节点失效的情况下，系统也能达成并维持一致的状态。这些算法的实现不仅提高了系统的容错性，还保证了数据的一致性和系统状态的正确性。

通过采用数据冗余、复制、心跳检测、故障转移、日志记录与回放、检查点和状态快照以及分布式一致性算法等多种技术和策略，分布式系统能够有效地应对不确定性和故障，保证系统的一致性、可用性和数据的持久性。这些容错与恢复机制的有效实施是分布式系统设计和运营中不可或缺的一部分，确保了系统即使在面对复杂的故障场景时也能保持高度的可靠性和稳定性。

5.1.3　三支决策在分布式系统中的应用价值

三支决策作为一种决策理论框架，旨在提供一种超越传统二元决策（是/否，接受/拒绝）的方法，通过引入第三个选择——"未决定"或"待定"，来更好地处理不确定性和模糊性。这种决策框架的提出，特别适合那些信息不完全、环境不确定或决策过程中需要更多灵活性的场景。近年来，这一理论在计算机科学领域得到了进一步的发展和应用，尤其是在数据挖掘、模式识别、人工智能等领域，三支决策被视为处理不完全知识和不确定性的有效工具[4-7]。

在分布式系统中，三支决策的应用价值主要体现在对系统决策过程的优化上，尤其是在处理不确定性和一致性问题时。分布式系统面临的挑战包括网络延迟、节点失效和资源竞争等，这些因素都可能导致系统状态的不确定性。通过采用三支决策模型，系统可以在不确定或信息不完全的情况下，采取更加灵活和具有适应性的决策策略。

下面通过一个实例描述三支决策在分布式系统中的重要作用。首先，形式化地描述云计算系统中故障信息处理的过程。在这个过程中，每台主机(节点)产生的故障信息需要被传输到中心主机上进行分析和判断。通过引入三支决策，可以将信息分为"故障信息""可能的故障信息"和"非故障信息"，并据此制定相应的处理策略。

图 5.1 给出了一个分布式系统的基础模型，下面对其做故障分析。

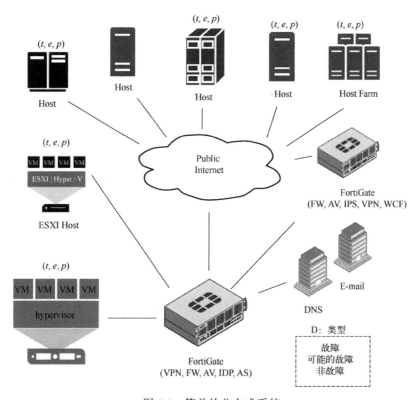

图 5.1　简单的分布式系统

(t, e, p)：这可能代表一个三元组，分别表示时间（time）、配置（configuration）和性能（performance），具体含义需要结合上下文来确定。Host：主机，即一台计算机。Host Farm：主机集群，多个主机组成的一个集群。VM：虚拟机，运行在虚拟化平台上的操作系统实例。ESXI Host：VMware ESXi 虚拟化平台的主机。hypervisor：虚拟机管理程序，负责管理虚拟机。Public Internet：公网，即互联网。FortiGate：Fortinet 公司的防火墙产品，提供了防火墙（firewall，FW）、防病毒（anti-virus，AV）、入侵防护系统（intrusion prevention system，IPS）、虚拟专用网络（virtual private network，VPN）、Web 内容过滤（Web content filtering，WCF）等多种安全功能。DNS：域名系统，用于将域名解析为 IP 地址。E-mail：电子邮件系统。D：类型：可能表示不同类型的设备或系统，如可移动的、固定的、高效的、非高效的等

$H = \{h_1, h_2, \cdots, h_N\}$：系统中所有主机的集合。

$D = \{d_1, d_2, \cdots, d_M\}$：系统中所有可能的故障信息类型的集合。

对于每个主机 h_i，其产生的故障信息可以表示为一个三元组 (t, e, p)，其中，t 表示故障信息产生的时间戳；$e \in D$ 表示故障的类型；p 代表故障发生的概率，用于表示这条信息是"故障信息""可能的故障信息"还是"非故障信息"。

定义三个决策函数 $f_1, f_2, f_3 : H \times D \rightarrow \{0,1\}$，分别对应对故障信息的三种处理策略。

$f_1(h_i, e)$：确定为"故障信息"，需要立即处理。

$f_2(h_i, e)$：确定为"可能的故障信息"，需要进一步分析。

$f_3(h_i, e)$：确定为"非故障信息"，可以忽略。

这三个函数满足以下条件：

对于任何 $h_i \in H$ 和 $e \in D$，$f_1(h_i, e) + f_2(h_i, e) + f_3(h_i, e) = 1$。

如果 $p > p_{故障}$，则 $f_1(h_i, e) = 1$；如果 $p_{可能故障} < p \leqslant p_{故障}$，则 $f_2(h_i, e) = 1$；如果 $p \leqslant p_{可能故障}$，则 $f_3(h_i, e) = 1$。

每个主机 h_i 根据产生的故障信息和对应的决策函数，将信息分类并传输到中心主机。中心主机根据接收到的信息和决策结果进行如下处理：对于所有被标记为"故障信息"的项，立即采取修复措施；对于被标记为"可能的故障信息"的项，进行聚合分析，以确定是否需要进一步的处理；忽略所有被标记为"非故障信息"的项。

采用三支决策模型处理云计算系统中的故障信息带来了多方面的好处。第一，提高决策效率和准确性。通过明确区分"故障信息""可能的故障信息"和"非故障信息"，系统能够更加精确地处理每类信息。这种分级处理机制降低了误报和漏报的可能性，提高了故障检测和处理的准确性。第二，优化资源分配。通过将信息分为三类，系统可以优先处理那些最紧急的故障信息，确保有限的处理资源被分配给最需要它们的地方。这种策略避免了对"可能的故障信息"和"非故障信息"的过度反应，从而优化了资源的使用效率。第三，减少不必要的处理开销。通过忽略"非故障信息"，系统可以显著减少不必要的信息处理开销。这不仅减轻了中心主机的处理负担，也减少了网络传输造成的额外延迟，提高了系统的整体性能。第四，增强系统的容错性。在面对不确定性和模糊信息时，分布式三支决策 (distributed three-way decision，D-3WD) 模型提供了一种灵活的处理框架。通过引入"可能的故障信息"这一中间状态，系统能够在收集到更多信息之前，保持对故障的高度警觉，而不是急于做出可能错误的判断。这种策略增强了系统对不确定情况的适应性和容错能力。第五，提升系统的响应能力。在紧急情况下，系统能够迅速识别和响应"故障信息"，确保关键服务的连续性和稳定性。同时，对于"可能的故障信息"，系统可以采取预防措施，如增加监控强度或准备故障恢复计划，以防潜在问题升级。第六，加强故障预防和分析。通过对"可能的故障信息"的分析和聚合，系统可以识别出潜在的故障模式和趋势，为未来的故障预防和系统优化提供数据支持。这种预见性的分析有助于提前识别和解决问题，减小未来故障的发生率。

三支决策在分布式系统中具有广泛的应用[8,9]，除了上述云计算中故障的处理，在分布式数据库事务处理中，三支决策框架可以用于事务的提交协议。传统的二元决策(提交/回滚)要求所有参与者在事务提交前达成一致，但在网络分区或节点故障的情况下，这种一致性很难实现。通过引入第三个决策——"未决定"，系统可以暂时将事务置于待定状态，直到收集到足够的信息来安全地提交或回滚事务。这不仅提高了系统的容错性，还缓解了因等待超时而导致的资源锁定和性能下降。

5.2　分布式三支决策

在分布式系统中引入广义三支决策，可以提供一个灵活的决策框架。该框架可用于解决分布式系统中常见的共识问题、应对容错处理和资源分配等挑战。在这种框架下，决策过程被分为三个主要区域，每个区域代表一个决策结果或状态。基于给出的广义三支决策定义，可以将其应用于分布式系统，并给出相应的形式化定义。

定义 5.3　一个分布式三支决策系统 $DTS = (U, \pi, A, F)$，其中，U 是一个有限非空集合，是表示全部节点(或进程)所在的集合；$\pi = \{P_1, P_2, P_3\}$ 是一个三分区，每个 P_i ($i = 1, 2, 3$) 是一个区域，代表一个特定的决策结果或状态；A 是一个动作集合，定义了节点(或进程)之间可能采取的通信或操作；F 是一个决策函数，$F : U \times A \to \pi$，它将每个节点和其采取的动作映射到一个决策区域。

性质 5.1(完整性)　对于任何 $u \in U$ 和任何可能的动作序列 $a \in A$，$F(u, a)$ 总是产生一个明确的决策区域 P_i，且 $P_1 \cup P_2 \cup P_3 = U$，保证了所有节点的状态都被考虑在内。

性质 5.2(互斥性)　任何节点在任何时刻只能属于一个决策区域，即 $P_1 \cap P_2 = \varnothing$, $P_1 \cap P_3 = \varnothing, P_2 \cap P_3 = \varnothing$，确保了决策的一致性和清晰性。

性质 5.3(收敛性)　随着时间的推移和操作的进行，系统趋于从 P_3(未决定)区域移动到 P_1 或 P_2，即使在面对节点故障或网络分割的情况下也是如此。

如图 5.2 所示，分布式三支决策框架提供了一种在分布式系统中处理不确定性的方法，它支持构建容错和高可用性的分布式应用，为分布式系统中的共识协议、事务处理和资源管理提供了一个通用的决策模型。通过将决策过程明确划分为三个区域，分布式三支决策框架有助于简化复杂的分布式系统设计，提高系统的鲁棒性和效率。

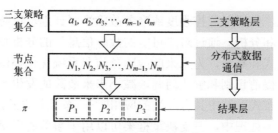

图 5.2 分布式三支决策

定理 5.1（决策完备性） 给定一个分布式三支决策系统 $DTS = (N, \pi, A, F)$，其中，N 是节点集合；$\pi = \{P_1, P_2, P_3\}$ 是决策区域集合；A 是动作集合；$F: N \times A \to \pi$ 是决策函数。对于任意节点 $n \in N$ 和动作序列 $a \in A^*$，存在决策区域 $P_i \in \pi$，使 $F(n, a) = P_i$。此外，对于每个节点 $n \in N$，都存在动作序列 $a \in A^*$，使 $F(n, a) \in \{P_1, P_2\}$。

证明： 首先，根据决策函数的定义，对于任意 $n \in N$ 和 $a \in A^*$，都有 $F(n, a) \in \pi$，即 $F(n, a) = P_i$，其中，$P_i \in \pi$。这保证了决策的完备性，即每个节点-动作序列对都能映射到一个决策区域。

其次，我们证明对于每个节点 $n \in N$，都存在动作序列 $a \in A^*$，使 $F(n, a) \in \{P_1, P_2\}$。使用反证法，假设存在节点 $n' \in N$，对于任意动作序列 $a \in A^*$，都有 $F(n', a) = P_3$。但根据系统的收敛性假设，从 P_3 出发的节点最终会转移到 P_1 或 P_2，这与假设矛盾。

因此，对于每个节点 $n \in N$，至少存在一个动作序列 $a \in A^*$，使 $F(n, a) \in \{P_1, P_2\}$。综上，定理得证。

定理 5.2（系统收敛性） 给定一个分布式三支决策系统 $DTS = (N, \pi, A, F)$，定义 $N_i(t) = \{n \in N : F(n, a_{\leqslant t}) = P_i\}$，表示决策区域 P_i 在时刻 t 的节点数量。令 $r_i(t) = \dfrac{|N_i(t)|}{|N|}$，表示决策区域 P_i 在时刻 t 的节点比例。则对于 $i = 1, 2$，有 $\lim\limits_{t \to \infty} r_i(t) = r_i^*$，且 $r_1^* + r_2^* = 1$。

证明： 首先，根据定理 5.1，对于每个节点 $n \in N$，都存在动作序列 $a \in A^*$ 和时刻 t_n，使 $F(n, a_{\leqslant t_n}) \in \{P_1, P_2\}$。令 $T = \max\limits_{n \in N} t_n$，则对于任意 $t > T$，都有 $N_3(t) = \varnothing$。

其次，根据系统设计，节点只能从 P_3 转移到 P_1 或 P_2，且不能在 P_1 和 P_2 之间转移。因此，对于 $i = 1, 2$，序列 $\{r_i(t)\}_{t=1}^{\infty}$ 是非减的，且有上界 1，所以极限 $\lim\limits_{t \to \infty} r_i(t) = r_i^*$ 存在。最后，因为 $\sum\limits_{i=1}^{3} r_i(t) = 1$ 对所有 t 都成立，且 $\lim\limits_{t \to \infty} r_3(t) = 0$，所以 $r_1^* + r_2^* = \lim\limits_{t \to \infty}(r_1(t) + r_2(t)) = 1 - \lim\limits_{t \to \infty} r_3(t) = 1$。综上，定理得证。

定理 5.3（动态适应性） 给定一个分布式三支决策系统 $DTS = (N, \pi, A, F)$，其中，

决 策 函 数 F 由 参 数 $\theta \in \Theta$ 控 制 。 系 统 在 时 刻 t 的 决 策 损 失 定 义 为 $L(t) = \sum\limits_{n \in N} l(F(n, a_{\leqslant t}), y_n)$ ，其中，l 是损失函数；y_n 是节点 n 的真实决策结果。令 $\theta^* = \arg\min\limits_{\theta \in \Theta} \sum\limits_{t=1}^{\infty} L(t)$ ，则对于任意 $\epsilon > 0$ ，存在自适应机制 $\min\limits_{\theta \in \Theta} \dfrac{1}{T} \sum\limits_{t=1}^{T} L(t) + \epsilon$ 。

证明：首先，定义 $\hat{L}(t, \theta) = \sum\limits_{n \in N} l(F_\theta(n, a_{\leqslant t}), y_n)$ ，其中，F_θ 表示参数为 θ 的决策函数。则 $L(t) = \hat{L}(t, \theta_t)$ ，其中，θ_t 是时刻 t 的决策函数参数。

其次，令 $\theta_t = M((a_1, y_1), \cdots, (a_{t-1}, y_{t-1}))$ ，其中，$a_i = \{F_{\theta_i}(n, a_{\leqslant i})\}_{n \in N}$ 是时刻 i 的决策结果；$y_i = \{y_n\}_{n \in N}$ 是时刻 i 的真实决策结果。根据在线学习理论，存在自适应机制 M ，使 $\sum\limits_{t=1}^{T} E(M(\hat{L}(t, \theta_t))) \leqslant \min\limits_{\theta \in \Theta} \sum\limits_{t=1}^{T} \hat{L}(t, \theta) + o(T)$ 。

最后，因为 $\hat{L}(t, \theta_t) = L(t)$ 且 $\min\limits_{\theta \in \Theta} \sum\limits_{t=1}^{T} \hat{L}(t, \theta) \leqslant \sum\limits_{t=1}^{T} L(t, \theta^*)$ ，所以 $\sum\limits_{t=1}^{T} E(M(L(t))) \leqslant \sum\limits_{t=1}^{T} L(t, \theta^*) + o(T)$ 。两边同除以 T 并取上极限，得到 $\limsup\limits_{T \to \infty} \dfrac{1}{T} \sum\limits_{t=1}^{T} E(M(L(t))) \leqslant \limsup\limits_{T \to \infty} \dfrac{1}{T} \sum\limits_{t=1}^{T} L(t, \theta^*) \leqslant \min\limits_{\theta \in \Theta} \dfrac{1}{T} \sum\limits_{t=1}^{T} L(t) + \epsilon_o$ 。其中，ϵ_o 是误差项。综上，定理得证。

定理 5.4（信息融合增强）　给定一个分布式三支决策系统 $\text{DTS} = (N, \pi, A, F)$ ，令 $F^{(k)}$ 表示对节点数量为 k 的系统的决策函数。定义系统在时刻 t 的决策损失为 $L^{(k)}(t) = \sum\limits_{n \in N} l(F^{(k)}(n, a_{\leqslant t}), y_n)$ ，其中，l 是损失函数；y_n 是节点 n 的真实决策结果。则对于任意 $t \geqslant 1$ 和 $k_2 > k_1 \geqslant 1$ ，有 $E(L^{(k_2)}(t)) \leqslant E(L^{(k_1)}(t))$ 。

证明：令 $N^{(k)}$ 表示节点数量为 k 的系统的节点集合，则 $N^{(k_1)} \subseteq N^{(k_2)}$ 。根据贝叶斯决策理论，最优决策函数满足 $F^{*(k)}(n, a) = \arg\max\limits_{P_i \in \pi} p(y_n = P_i | a, N^{(k)})$ ，其中，p 是后验概率分布。

因为 $N^{(k_1)} \subseteq N^{(k_2)}$ ，所以 $p(y_n = P_i | a, N^{(k_2)})$ 比 $p(y_n = P_i | a, N^{(k_1)})$ 包含更多的信息。根据数据处理不等式，额外的信息不会降低最优决策的期望损失，即 $E(l(F^{(k_2)}(n, a), y_n)) \leqslant E(l(F^{(k_1)}(n, a), y_n))$ 。将不等式对所有 $n \in N^{(k_1)}$ 求和，得到 $\sum\limits_{n \in N^{(k_1)}} E(l(F^{(k_2)}(n, a), y_n)) \leqslant \sum\limits_{n \in N^{(k_1)}} E(l(F^{(k_1)}(n, a), y_n)) \leqslant E(L^{(k_1)}(t))$ 。我们注意到左边的求和只针对 $N^{(k_1)}$ 中的节点，而 $L^{(k_2)}(t)$ 的定义针对所有 $N^{(k_2)}$ 中的节点，因此右边的不等式成立。

最后，因为 $F^{(k_2)}$ 是节点数量为 k_2 的系统的实际决策函数，其期望损失大于等于最优决策函数 $F^{*(k_2)}$ 的期望损失，所以 $E(L^{(k_2)}(t)) \leqslant \sum_{n \in N^{(k)}} E(l(F^{(k_2)}(n,a), y_n)) \leqslant E(L^{(k_1)}(t))$。综上，定理得证。

在分布式三支决策系统 $\text{DTS} = (U, \pi, A, F)$ 的背景下，考虑到系统动态调整和信息融合的需求，下面提出相关算法，旨在优化系统的决策过程和提高决策的准确性与鲁棒性。算法 5.1 旨在动态调整决策函数 F 以应对环境变化和历史决策的反馈，提高未来决策的准确性。算法 5.2 旨在通过跨节点的信息共享和融合，提高决策过程中的信息完整性和准确性。

算法 5.1　动态决策优化算法

输入：A 表示可能的动作集合；D_{hist} 表示历史决策数据；F 表示当前决策函数；K 表示领域先验知识；λ 表示正则化平衡因子；ϵ 表示早停阈值。

输出：F' 表示优化后的决策函数。

1：根据先验知识 K 初始化决策函数 F 的参数 θ。

2：重复以下步骤，直到满足早停条件：

  (a) 随机选择一批历史决策数据 $D_{\text{batch}} \subseteq D_{\text{hist}}$。

  (b) 计算损失函数 $J(\theta) = L(\theta | D_{\text{batch}}) + \lambda R(\theta)$。

  (c) 计算梯度 $\nabla_\theta J(\theta)$，更新参数 $\theta \leftarrow \theta - \eta_t \nabla_\theta J(\theta)$。

  (d) 在验证集上评估当前决策函数 F 的性能，如果连续 k 次迭代性能无提升且 $k > \epsilon$，则触发早停。

3：输出优化后的决策函数 F'。

算法 5.2　跨节点信息融合算法

输入：N 表示系统节点集合；$I_{\text{local}}^{(i)}$ 表示第 i 个节点的本地信息；C 表示通信协议；F 表示决策函数。

输出：I_{fused} 表示融合后的信息，用于决策。

1：初始化融合后的信息 $I_{\text{fused}} \leftarrow \varnothing$。

2：对于每个节点 $i \in N$：

  (a) 根据通信协议 C，判断是否需要共享信息，若是，执行 (b) ~ (e)。

  (b) 计算本地信息变化量 $\Delta I_{\text{local}}^{(i)}$。

  (c) 将 $\Delta I_{\text{local}}^{(i)}$ 发送给对应的次级融合中心。

  (d) 次级融合中心利用注意力机制，计算不同节点信息的权重，并进行加权融合。

  (e) 将融合后的信息发送给主融合中心。主融合中心在已有信息 I_{fused} 的基础上，融合来自各次级中心的信息，得到最新的 I_{fused}。

3：利用融合后的信息 I_{fused}，结合决策函数 F，输出优化后的决策结果。

案例

智能电网故障检测与响应系统

智能电网是一个典型的分布式系统，其包含多个传感器节点(用于监测电网状态)，控制节点(用于执行决策和响应)，以及一个中心管理系统(用于协调监控和控制活动)。在此系统中，故障检测和响应是关键任务，需要准确快速地识别和处理电网中的异常状态，如过载、设备故障等。

使用动态决策优化算法(dynamic decision optimization algorithm，DDOA)可以优化故障检测模型，提高故障预测的准确性和减少误报。具体过程：从各传感器节点收集故障检测的历史数据，包括故障预测结果和实际故障发生情况。对比预测结果和实际情况，识别出预测准确的案例和误报或漏报的案例。使用机器学习技术(如支持向量机(support vector machine，SVM)或深度学习模型)对故障检测模型进行训练和优化，以减少误报和漏报。在独立的测试集上验证优化后模型的性能，必要时进行迭代优化。将优化后的故障检测模型部署到智能电网系统中，用于实时故障预测。

使用跨节点信息融合算法(cross-node information fwsion algorithm，CNIFA)可以通过融合来自不同传感器节点的信息，提高故障定位的准确性和系统的响应能力。具体过程：各传感器节点将监测到的电网状态信息(如电压、电流、温度等)按照预定的通信协议发送到中心管理系统。中心管理系统收集并汇总来自各个节点的信息。使用数据融合技术综合各节点信息，识别潜在的故障模式和异常状态。例如，通过加权平均电压和电流读数，结合温度信息，来识别过载或设备过热的情况。根据融合后的信息，中心管理系统做出决策，如调整电网负载、派遣维修团队等。

在一次实际应用中，智能电网监测到一个区域的电流突然增加，传统的故障检测模型直接将其标记为过载故障。但通过应用 DDOA，优化后的模型识别出该模式与历史上由于特定天气条件引起的暂时性负载增加相符，因此没有立即执行负载切换，减少了不必要的操作。同时，CNIFA 通过融合该区域内多个传感器的数据，进一步确认了电流增加不会导致设备过热或其他安全问题，从而避免了过急的故障响应措施。DDOA 和 CNIFA 在实际分布式系统中的应用，显著提高了智能电网故障检测和响应系统的性能和准确性。

5.3　一致性检测的理论框架

5.3.1　一致性的定义

在分布式系统和决策过程中，一致性(consistency)是一个核心概念，其确保系统的各个部分在给定时间点或条件下保持一致的状态或行为[10]。为了在分布式三支决策环境中提供一个清晰和可操作的一致性定义，我们采用以下形式化的方式来定义一致性。

定义 5.4（一致性）　设定一个分布式三支决策系统 DTS，其由一组节点 $N = \{n_1, n_2, \cdots, n_m\}$ 组成，每个节点 n_i 能够独立做出决策 D_i，其中，D_i 属于决策集合 $D = \{P_1, P_2, P_3\}$，分别代表同意、反对和未决定。一致性可以定义为一个函数 $C: D^m \to \{\text{True}, \text{False}\}$，其输入为一个 m 维决策向量 $(D_1, D_2, \cdots, D_m)$，其中，D_i 为节点 n_i 的决策结果，输出为一个布尔值，表示系统在当前状态下是否达到了一致性。

在分布式三支决策环境中，一致性是指系统中各个节点对于特定决策问题能够达到共同意见的能力和程度。根据节点之间信息同步的速度和完整性，一致性可细分为强一致性、弱一致性和最终一致性三种类型，每种类型对应不同的系统需求和应用场景。

强一致性（strong consistency）：$C(D_1, D_2, \cdots, D_m) = \text{True} \Leftrightarrow \forall i, j \in \{1, 2, \cdots, m\}, D_i = D_j$，即当且仅当所有节点做出相同的决策时，系统被认为是强一致的。强一致性要求系统中的所有节点在任何时刻都对系统状态有着完全一致的视图。换言之，一旦系统中的任何一个节点更新了状态，其他所有节点必须能够几乎同时观察到这一变化。在分布式三支决策系统中，这意味着当一个节点做出了同意、反对或未决定的决策时，其他所有节点应当能够即刻知晓并根据这一新决策调整自己的状态，以保持整个系统的决策一致性。

弱一致性（weak consistency）：弱一致性允许在短时间内节点之间的决策不一致，但需要定义一个时间窗口 T，在此时间窗口结束时，所有节点的决策需要达到一致。弱一致性的形式化定义需要引入时间维度和同步机制，使其比强一致性的定义更为复杂。与强一致性相比，弱一致性放宽了对信息同步即时性的要求。系统允许节点间存在一定的时延，即节点可能在短时间内观察到系统状态的不同版本。这种一致性级别适用于对实时性要求不那么严格的应用场景，允许系统在达成最终一致性的过程中存在暂时的状态不一致。在分布式三支决策环境下，节点可能需要一段时间来收集足够的信息或等待其他节点的反馈，才能从未决定状态过渡到同意或反对。

最终一致性（eventual consistency）：$C(D_1, D_2, \cdots, D_m, T) = \text{True} \Leftrightarrow \exists T > t_0, \forall t > T, \forall i, j \in \{1, 2, \cdots, m\}, D_i(t) = D_j(t)$，即存在一个时间点 T，从这个时间点开始，所有节点的决策都将保持一致。最终一致性保证，只要系统不再接收新的更新，所有节点最终将达到一个一致的状态。这种一致性类型适用于能够容忍短暂不一致的系统，重点在于保证长期运行的稳定性和一致性。在分布式三支决策系统中，最终一致性意味着尽管节点在做出最终决策（同意或反对）之前可能经历一个未决定的过渡期，但所有节点最终将基于收集到的信息和彼此之间的协商达成一致的决策。

定义 5.5（一致性度）　对于一个分布式三支决策系统 DTS $= (U, \pi, A, F)$，其中，$\pi = \{P_1, P_2, P_3\}$，在时刻 t 的一致性度 $\mathrm{CD}(t)$ 可以定义为

$$\mathrm{CD}(t) = \frac{|U| - \sum_{i=1}^{m} II(\exists j \neq i, F(u_i, a^t) \neq F(u_j, a^t))}{|U|}$$

其中，$a^t = (a_1^t, a_2^t, \ldots, a_k^t) \in A^k$ 表示节点在时刻 t 之前执行的动作序列；$II(\cdot)$ 是指示函数，当其参数为真时取值为 1，否则为 0。$\mathrm{CD}(t)$ 的取值范围为 $[0,1]$，表示在时刻 t，所有节点决策的一致程度。当且仅当所有节点的决策都一致，$\mathrm{CD}(t) = 1$；当且仅当任意两个节点的决策都不一致，$\mathrm{CD}(t) = 0$。

考虑一个由五个节点组成的分布式三支决策系统，其中，$\pi = \{P_1, P_2, P_3\}$ 分别表示同意、反对和未决定。在时刻 t，各节点的决策如表 5.1 所示。

表 5.1　节点决策表

节点	决策
u_1	P_1
u_2	P_1
u_3	P_2
u_4	P_1
u_5	P_3

根据一致性度的定义，有

$$\sum_{i=1}^{5} II(\exists j \neq i, F(u_i, a^t) \neq F(u_j, a^t)) = II(F(u_1, a^t) \neq F(u_3, a^t)) + II(F(u_1, a^t) \neq F(u_5, a^t))$$

$$+ II(F(u_2, a^t) \neq F(u_3, a^t)) + II(F(u_2, a^t) \neq F(u_5, a^t))$$

$$+ II(F(u_3, a^t) \neq F(u_4, a^t)) + II(F(u_3, a^t) \neq F(u_5, a^t))$$

$$+ II(F(u_4, a^t) \neq F(u_5, a^t))$$

$$= 1 + 1 + 1 + 1 + 1 + 1 + 1 = 7$$

因此，在时刻 t，系统的一致性度为

$$\mathrm{CD}(t) = \frac{5 - 7}{5} = -0.4$$

这表明在当前时刻，系统的决策一致性较低，存在较多的分歧。一致性度的值为负数，说明不一致的节点对数量多于一致的节点对数量。

从实际系统的角度来看，定义一致性度有几个显著的好处。首先，一致性度提

供了一个量化的指标，用于评估分布式系统在某个时刻的决策一致性水平。这种细粒度的刻画有助于我们全面了解系统的决策分歧程度，为监测和优化系统的一致性表现提供依据。其次，一致性度支持渐进式的一致性优化。在许多实际场景中，即时达成完全一致可能代价很高甚至不可能。一致性度允许我们设置可接受的一致性阈值，并通过渐进式的优化来提高系统的一致性水平，在保证可用性和效率的同时实现较高的一致性。然后，实时跟踪一致性度的变化，可以及时检测决策分歧并触发决策协商或信息收集，指导动态决策过程。最后，计算一致性度的过程可以帮助我们识别关键节点，评估其行为和重要性，为资源分配和异常处理提供参考。

通过记录和分析一致性度的演变历史，我们可以深入了解系统一致性的发展规律，准确识别影响一致性的关键因素，并科学预测未来趋势。这些数据为优化系统设计、改进一致性算法、改善系统长期一致性表现提供了坚实的数据基础。同时，一致性度也为不同系统的一致性表现比较提供了统一的度量标准，促进了系统的选型、调优和标杆管理。综上，一致性度在分布式系统的设计、优化、运维等多个方面都有重要的指导意义。它提供了一个定量的、细粒度的视角来审视系统的一致性状态，是支撑高效、可靠的分布式决策的有力工具。在实际应用中，我们可以根据具体的系统特点和需求，灵活地定义和使用一致性度，以满足系统的一致性管理需求。

在实际应用中，一致性的实现和验证还需要考虑通信延迟、系统故障、信息丢失等因素，特别是在实现弱一致性和最终一致性时。此外，为了处理未决定状态，系统可能需要引入额外的同步机制或共识算法来促进决策的达成和信息的同步。通过这种形式化的定义，我们可以更准确地理解和分析分布式三支决策系统中一致性的概念和要求，为设计和实现一致性检测和保障机制提供理论基础。

在分布式三支决策环境中，各节点基于局部信息做出同意、反对或未决定的决策。这种决策模式的独特性要求一致性的定义和实现采取更加细致和灵活的方法，以适应不同的应用场景和需求。在分布式系统中，一个主要的挑战是如何缩短处于未决定状态的时间，同时不牺牲决策的质量。一般可以采用以下几个方法。

(1)信息预取与共享。该方法通过提前预取和共享决策相关的信息，可以加速决策节点获取必要信息的过程，从而缩短未决定状态的持续时间。例如，节点可以定期交换自己持有的信息摘要，使其他节点能够主动请求缺少的信息。

(2)增量决策更新。该方法允许节点基于部分信息做出初步决策，并随着更多信息的到来逐步调整其决策。这种方式要求系统能够容忍临时的不一致状态，但可以显著减少因等待完整信息而导致的延迟。

(3)决策依据的动态调整。根据当前系统状态和历史决策效果动态调整决策的依据和标准，例如，通过机器学习方法预测在当前上下文中哪些信息对决策影响最大，优先处理这些信息。

确保节点间有效同步决策信息是实现一致性的关键。这些同步策略包括以下几点。

(1)基于订阅的信息分发机制。节点可以订阅感兴趣的决策话题或关键字,当相关信息出现时,系统自动推送给订阅的节点,以减少信息传递的延迟和不必要的通信开销。

(2)利用共识算法。在关键的决策点采用共识算法(如 Paxos 或 Raft)来确保所有节点对某一决策达成一致。虽然这可能增加通信开销,但对于关键决策的一致性至关重要。

(3)决策缓存与预测。节点可以根据历史决策模式缓存可能的决策结果,并在类似情况下预测决策结果,以减少决策延迟。当实际信息到达时,再验证预测的准确性并做出调整。

选择合适的一致性级别(强一致性、弱一致性或最终一致性)对满足分布式三支决策系统的实际需求至关重要。在选择时需要考虑以下几个因素。

(1)系统的实时性要求。对于需要快速响应的系统,可能需要牺牲一定的一致性以获得更低的延迟。

(2)通信成本和系统复杂性。强一致性可能导致高通信成本和复杂的同步机制,而弱一致性或最终一致性在某些应用场景下可能更加经济实用。

(3)系统容错性和适应性。在选择一致性策略时,还需要考虑系统对节点故障和网络问题的容错能力,以及对环境变化的适应性。

在分布式三支决策环境中实现一致性需要综合考虑决策质量、系统性能和实用性。通过灵活选择和设计一致性机制,可以有效提高分布式系统的决策效率和准确性。

5.3.2　一致性检测的模型基础

为了更精确地分析和实现分布式三支决策系统中的一致性检测,我们建立了一个包含系统模型和时间模型的理论框架,并在此基础上提出了一系列基本假设。

假设系统模型 $S = (N, D, F, \pi)$,N 表示节点集合,代表分布式系统中所有参与决策的实体或节点。每个节点可以是一个计算机、服务器、传感器或任何能够进行信息处理和决策的单元。D 代表决策域,它定义了所有可能的决策选项。在三支决策模型中,决策域特别指同意、反对和未决定的选择集合。决策函数 $F: N \times D \to \pi$ 描述了每个节点如何根据其拥有的信息来做出决策。这个函数反映了节点及其选择到最终决策区域的关系。决策区域 $\pi = \{P_1, P_2, P_3\}$ 具体表示了三种可能的决策结果,即同意 P_1、反对 P_2 和未决定 P_3。

决策过程被假定在离散时间模型中进行,这意味着时间被分割成一系列离散的时刻,在每个时刻,节点根据当前可获得的信息做出决策。这允许对决策过程和信息流动进行时间上的追踪和分析。为了方便问题讨论,做如下假设:所有节点均致力于达成一致的决策,不存在试图破坏系统一致性的恶意节点(共识目标)。这一假设是为了简化模型分析,实际系统中可能需要引入机制来识别和防御恶意行为。虽然节点间的通信可能存在延迟,但假定最终所有信息都能够被传递到所有节点(通信模型)。这意味着系统能够容忍临时的信息不同步,但需要保证长期的信息完整性和可达性。每个节点被假定为具有自主的决策能力,即能够独立地评估手头的信息并据此做出决策(决策能力)。这不仅体现了分布式系统的自治特性,也意味着系统的整体决策质量依赖于单个节点决策质量的整合。

上述模型和假设的建立,为分布式三支决策系统中的一致性检测提供了一个清晰的理论基础。这不仅有助于理解和分析系统的一致性行为,也为设计有效的一致性检测和保障机制提供了指导。然而,需要注意的是,实际系统可能面临更复杂的情况,如信息的不完整性、节点的动态加入和离开以及网络拓扑的变化等,这些因素都可能对一致性检测和实现带来额外的挑战。因此,进一步的研究可能需要考虑这些实际情况,以确保一致性机制的有效性和鲁棒性。

为了具体说明分布式三支决策系统的一致性检测过程,我们假设有一个分布式传感器网络,该网络部署在一个大型工厂内,用于监测和报告可能的安全隐患。每个传感器节点可以独立检测环境参数(如温度、压力等),并根据检测到的数据做出决策:报警(同意)、不报警(反对)或保持观望 (未决定)。假定节点集合 N:共有 10 个传感器节点,编号为 n_1 到 n_{10};决策域 D:包含三个决策——报警(P_1)、不报警(P_2)、保持观望(P_3);决策函数 F:每个节点根据检测到的环境参数决定其决策;时间模型:假定每小时各节点会根据收集到的数据做出一次决策。假定在某一时间点,各节点根据各自监测到的温度数据做出以下决策。n_1, n_2, n_3, n_4:报警(温度超过安全阈值);n_5, n_6:保持观望(温度接近阈值,但未超过);n_7, n_8, n_9, n_{10}:不报警(温度正常)。下面应用一致性检测模型分析此情况。

首先,收集决策。中心处理单元收集所有节点的决策。其次,一致性评估。基于收集的决策数据,评估系统当前的一致性状态。可能的状态包括:强一致性未达成,因为各节点的决策不完全相同;弱一致性和最终一致性需要进一步分析,因为存在保持观望的节点;对于处于未决定状态的节点 n_5、n_6,可能需要额外的信息或基于其他节点决策的进一步分析来达成最终决策。中心处理单元应用一致性检测结果,考虑多数决策或其他策略来决定系统级的响应。若最终决定为报警,则启动安全协议以应对可能的安全隐患。此实例展示了在分布式三支决策系统中如何进行一致性检测。通过考虑各节点独立做出的决策,系统能够综合所有信息,即使在存在未决定状态的情况下也能做出最合适的响应。这种方法不仅增强了系统的适应性和灵活性,也保证了在面对不确定性和不完全信息时的决策质量。在实际应用中,一致性检测和决策融合机制是保障分布式系统高效协同运作的关键。

5.3.3　一致性检测算法

为了检测分布式系统中各个节点的决策一致性，并确定每个节点属于三支决策（同意、反对、未决定）中的哪一个，可以设计一个简单算法，称为节点决策一致性检测（node decision consistency detection，ND-CD）算法（算法 5.3）。该算法旨在分析和汇总各节点的决策状态，检测并分类每个节点的决策状态：同意、反对、未决定，以确保分布式决策过程的一致性和有效性。

算法 5.3　节点决策一致性检测算法

输入：N 为系统中节点的总数；$S = \{s_1, s_2, \cdots, s_N\}$ 为系统中所有节点的决策状态集合，其中，每个 s_i 表示第 i 个节点的决策状态。

输出：$R = \{P_1, P_2, P_3\}$ 为三分区结果，其中，P_1 为同意的节点集合，P_2 为反对的节点集合，P_3 为未决定的节点集合。

1：初始化三分区集合：设置 $P_1 = \varnothing$，$P_2 = \varnothing$，$P_3 = \varnothing$。

2：遍历所有节点：对于每个节点 i，执行以下步骤：

　(a) 如果 s_i 明确表示同意，则 $P_1 = P_1 \cup \{i\}$；

　(b) 如果 s_i 明确表示反对，则 $P_2 = P_2 \cup \{i\}$；

　(c) 如果 s_i 表示未决定，则 $P_3 = P_3 \cup \{i\}$。

3：根据步骤 2 的结果，将每个节点归类到相应的决策区域。

4：分析 P_1、P_2、P_3 的大小和成员，确定是否存在决策一致性或是否需要采取额外措施来达成一致。

5：如果 P_3 不为空，则可能需要进一步的讨论或信息交换以促进决策一致性。

6：如果 P_1 或 P_2 明显大于其他集合，则可以认为系统倾向于某一决策。

7：结束：返回 $R = \{P_1, P_2, P_3\}$，表示各节点决策的一致性分类。

算法 5.3 旨在检测并分类每个节点的决策状态为同意、反对、未决定三个决策中的哪一个。它采用直接的方法，通过遍历所有节点并根据它们的决策状态进行分类，进而分析整个系统的一致性状态。该算法的主要优势在于其简洁性和直接性，适用于需要快速检测节点决策一致性的场景。ND-CD 算法更注重基础的一致性检测，适用于对系统性能要求不高的场景。

基于算法 5.3，可以考虑节点信任度、历史表现等因素，对不同节点的未决定状态赋予不同的权重，而非一视同仁。这样，对于一个可信度较高且决策一致性历史表现良好的节点，即使其当前处于未决定状态，我们也更倾向于相信它最终会做出与大多数节点一致的决策。

从计算效率上看，还可以引入并行计算和渐进式处理的思路。并行计算允许多个节点同时进行决策状态的评估和更新，加速了算法的运行。渐进式处理则是指在部分节点达成一致时，就可以生成一个初步结果，之后逐步吸收其他节点的决策，细化结果。这有助于在决策时效性与准确性之间取得平衡。

　　进一步地，为了应对分布式三支决策系统中的一致性检测挑战，本节提出一种自适应渐进式一致性检测(adaptive progressive for consistency detection，AP-CD)算法(算法 5.4)。该算法旨在智能地适应网络延迟、节点异质性、动态环境变化以及处理决策的不确定性，同时在保证一致性的前提下优化系统性能。

算法 5.4　自适应渐进式一致性检测算法

输入：$N = \{n_1, n_2, \cdots, n_m\}$ 为系统中的节点集合；$D = \{d_1, d_2, \cdots, d_m\}$ 为节点的初始决策状态集合，其中，$d_i \in \{0, 1, *\}$ 分别表示反对、同意和未决定；$T_{\max}, \Lambda_{\max}$ 为可接受的最大通信延迟和信息丢失率；E_t 为时间 t 的环境状态；$C_{\min}$ 为系统所需的最小一致性水平；Δt 为决策更新的时间间隔；θ 为一致性阈值；λ 为自适应调整因子。

输出：一致性状态指系统是否达到一致性，包括"已达成一致"或"未达成一致"。Clevel 为实际达到的一致性水平。

1：初始化参数。对于系统中的每个节点 $n_i \in N$，初始化动态自适应阈值 $T_{\mathrm{adapt}}(n_i) = T_{\mathrm{init}}$，其中，$T_{\mathrm{init}}$ 是初始阈值。初始化机器学习模型 $\mathrm{ML_{model}}$，该模型用于预测节点在未决定状态下的潜在决策方向。

2：收集节点决策数据。在每个决策周期 t，从每个节点 n_i 收集决策数据 $d_i^{(t)}$。数据包括节点的决策状态、相关参数和时间戳。

3：处理通信延迟和信息丢失。检查收集到的数据时间戳，确定是否存在超过 $T_{\max}$ 的延迟。对于丢失的信息(识别通过时间间断)，采用最近有效决策或 $\mathrm{ML_{model}}$ 提供的预测决策作为替代。

4：动态调整自适应阈值。根据当前环境状态 E_t 和过去的通信表现(延迟和丢失率)调整 T_{adapt}。如果最近的通信延迟增加，相应增加 T_{adapt} 以容忍更长的延迟。

5：机器学习辅助决策分析。使用 $\mathrm{ML_{model}}$ 分析当前收集的决策数据和历史决策数据。对于每个在时刻 t 处于未决定状态的节点，即 $d_i^{(t)} = *$，$\mathrm{ML_{model}}$ 预测其最可能的决策方向 $\hat{d}_i^{(t)} \in \{0, 1\}$，并给出一个置信度评分 $c_i^{(t)} \in [0, 1]$。

6：一致性检测。计算各决策状态的节点数量，包括机器学习模型预测的结果：

$$N_0^{(t)} = \left| \{n_i \in N: \quad d_i^{(t)} = 0 \text{ or } (\hat{d}_i^{(t)} = 0 \text{ and } c_i^{(t)} \geq \theta_c)\} \right|$$

$$N_1^{(t)} = \left| \{n_i \in N: \quad d_i^{(t)} = 1 \text{ or } (\hat{d}_i^{(t)} = 1 \text{ and } c_i^{(t)} \geq \theta_c)\} \right|$$

$$N_*^{(t)} = \left| \{n_i \in N: \quad d_i^{(t)} = * \text{ and } c_i^{(t)} \geq \theta_c)\} \right|$$

其中，$\theta_c \in (0, 1)$ 为置信度阈值。根据动态自适应阈值 T_{adapt} 和置信度评分，确定每个决策状态的权重：

$$w_0^{(t)} = \frac{N_0^{(t)}}{N_0^{(t)} + N_1^{(t)} + \lambda N_*^{(t)}}$$

$$w_1^{(t)} = \frac{N_0^{(t)}}{N_0^{(t)} + N_1^{(t)} + \lambda N_*^{(t)}}$$

$$w_*^{(t)} = \frac{N_0^{(t)}}{N_0^{(t)} + N_1^{(t)} + \lambda N_*^{(t)}}$$

如果 $\max\{w_0^{(t)}, w_1^{(t)}\} \geqslant C_{\min}$，则认为系统在决策周期 t 达成了一致性。

7：输出一致性状态和水平。如果系统达成一致性，记录当前周期的一致性状态 $C_{\text{state}}^{(t)} = \underset{d \in \{0,1\}}{\arg\max}\, w_d^{(t)}$ 和实际达到的一致性水平 $C_{\text{level}}^{(t)} = \max\{w_0^{(t)}, w_1^{(t)}\}$。如果系统未达成一致性，则 $C_{\text{state}}^{(t)} =$ "未达成一致"，$C_{\text{level}}^{(t)} = \max\{w_0^{(t)}, w_1^{(t)}, w_*^{(t)}\}$，并进行进一步的分析或启动额外的同步机制尝试解决不一致性。

8：反馈循环和模型更新。基于实际决策结果与 ML_{model} 的预测结果之间的比较，更新 ML_{model} 以提高未来的预测准确性。调整 T_{adapt} 和其他相关参数以优化未来周期的一致性检测性能。

9：$t = t + \Delta t$，返回步骤 2，直到达到最大迭代次数或满足停止条件。

算法 5.4 引入了渐进式处理和自适应权重调整等机制。在每个决策周期，算法收集节点的决策数据，处理通信延迟和信息丢失，动态调整自适应阈值，并使用机器学习模型预测未决定节点的潜在决策方向。在一致性检测阶段，该算法计算各决策状态的加权数量，自适应地调整权重以适应当前的环境状态和决策分布，并根据一致性水平判断系统是否达成一致。通过反馈循环和模型更新，该算法不断优化其预测性能和自适应能力，以更好地应对动态变化的分布式决策环境。该算法综合考虑了节点信任度、自适应阈值、机器学习预测、渐进式处理等多种因素，体现了分布式三支决策的核心理念，为复杂环境下的一致性检测提供了一种智能、高效的解决方案。

算法 5.3 和算法 5.4 都是为了解决分布式系统中的一致性问题，关注如何处理和分类节点的决策状态。不同之处在于：ND-CD 算法更注重基础的一致性检测，适用于对系统性能要求不高的场景；AP-CD 算法引入了动态自适应阈值和机器学习模型，不仅关注一致性检测，还致力于优化系统性能和适应性，适用于动态变化环境和对性能要求较高的应用场景。AP-CD 算法在创新性和复杂性上超过了 ND-CD 算法，通过机器学习模型提供了一种智能化的方法来预测和处理未决定状态，以及通过动态调整阈值来适应网络和环境变化。

总的来说，算法 5.3 适用于决策状态比较明确、节点差异性不大的场景，以及对实时性要求较高、计算资源有限的情况。对于这类问题，算法 5.3 可以提供一种简洁高效的一致性检测方案。但对于决策状态不确定性较大、节点差异性较高、决策环境动态变化的复杂场景，算法 5.3 的表现可能不够理想，需要进一步考虑算法 5.4 等更加复杂和智能的算法。在实际应用中，需要根据具体问题的特点和需求，权衡算法的复杂度、实时性和准确性等因素，选择合适的一致性检测算法。同时，还可以考虑将算法 5.3 和算法 5.4 结合起来，发挥它们各自的优势，以获得更好的性能和适用性。

5.3.4　一致性的挑战

实现分布式三支决策系统中的一致性检测是一项充满挑战的任务，涉及一系列复杂的技术问题和决策质量与系统性能之间的权衡。这些挑战不仅考验系统的设计和实现，也直接影响系统运行的效率和效果。

首先，通信延迟和信息丢失是分布式系统中常见的问题。在现实环境中，由于网络的不稳定性，节点间的通信往往会遭受到不同程度的延迟和信息丢失。系统必须在设计时考虑到这些因素，确保即使在面对 $\Delta t \leqslant T_{\max}$ 的通信延迟和 $\lambda \leqslant \Lambda_{\max}$ 的信息丢失率的条件下，一致性检测算法仍能有效运行。这要求算法能够容忍一定程度的网络不确定性，同时保证决策的及时性和准确性。其次，节点异质性也是分布式系统需要面对的重要挑战。系统中的各个节点可能因为硬件条件、位置、网络环境等因素而具有不同的计算能力和信息获取能力。这种异质性要求一致性检测算法必须具备高度的灵活性和适应性，能够在各种条件下有效运行，确保所有节点，无论其能力如何，都能参与到一致性决策中来。

此外，分布式系统常常处于不断变化的环境中，环境的动态变化对一致性检测算法提出了新的要求。算法需要能够实时感知环境状态 E_t 的变化，并据此动态调整，以确保在新的环境条件下仍能做出准确的决策。这种动态适应性是保证决策及时性和准确性的关键。特别是当存在大量未决定决策时，决策依据的不确定性成为一大难题。系统需要有效地处理这种不确定性，最小化不确定性度量 $U(D)$，同时确保决策的质量不受影响。这通常涉及复杂的信息处理和分析过程，要求算法不仅能处理确定的信息，还要能从不确定的信息中提取出有价值的决策依据。

在追求一致性的同时，性能优化也是不容忽视的方面。系统需要在保持一致性级别 C 在可接受范围内的同时，找到优化方案来最大化性能 P。这涉及复杂的性能与一致性之间的权衡问题，需要系统设计者深入分析和精心设计。选择合适的一致性模型是解决这一问题的关键。不同的一致性模型（如强一致性、弱一致性或最终一致性）适用于不同的应用场景，系统需要根据实际需求和条件，权衡实时性、准确性和资源消耗，选择最合适的一致性模型。另外，系统设计时需要细致地考虑性能与一致性之间的平衡。这通常表现为一个优化问题，旨在在满足 $C \geqslant C_{\min}$ 的前提下最大化性能 P。通过精心设计和调优，可以实现一致性与性能的最优平衡，从而提高系统的整体效率和效果。

综上所述，实现分布式三支决策系统中的一致性检测是一项充满挑战的工作，需要系统设计者在多个方面进行深思熟虑和精细的权衡。采用创新的算法和策略，可以有效应对这些挑战，实现既高效又准确的一致性决策。

5.4　决　策　冲　突

在分布式三支决策系统中，决策冲突不仅普遍存在，而且其解决方案充满复杂性。这些系统通常由众多分散的节点组成，每个节点根据局部信息独立做出同意、反对或未决定的决策。由于信息的不完整性、通信的不确定性和节点能力的差异，这些独立决策间经常会出现冲突，影响系统作为一个整体做出快速且准确决策的能力[11]。

定义 5.6（决策冲突）　给定一个分布式决策系统 $S = \{s_1, s_2, \cdots, s_n\}$，其中，$s_i$ 表示节点 i 的决策，决策冲突是指存在节点 i 和 j，使 s_i 和 s_j 在语义上相互矛盾或不兼容。

5.4.1　冲突的类型与原因

决策冲突的类型通常包括：①直接冲突，发生在节点间直接对立的决策上，例如，当一个节点决定同意而另一个节点决定反对同一议题时；②间接冲突，当节点间的决策虽然不直接对立，但由于决策间的依赖关系，整体决策呈现不一致性，例如，一个节点的未决定状态可能因为依赖于另一个节点的同意决策而实际上造成冲突；③潜在冲突，指在当前信息下尚未显现，但由于环境变化或信息更新，可能导致未来直接或间接冲突的决策状态。

决策冲突的主要原因包括但不限于：①信息不完整，分布式系统的每个节点通常只能访问有限的局部信息，导致无法做出全局最优的决策，信息的不完整性是导致决策不一致的关键因素；②通信延迟，在分布式系统中，节点间的通信可能受到网络条件的影响，导致信息传递存在延迟，这种延迟可能会导致节点基于过时信息做出决策，增加决策冲突的风险；③节点异质性，系统中不同节点可能具有不同的处理能力、不同的资源和对环境的感知能力，这种异质性导致即使面对相同信息，不同节点也可能做出不同的决策；④动态环境变化，分布式系统经常操作于快速变化的环境中，环境的动态性要求决策能够迅速适应新情况，但同时也增加了由于环境变化不同步引起的决策冲突。

考虑一个智能电网的分布式管理系统作为冲突的实例。在这个系统中，多个节点（如各家庭、工厂、可再生能源发电站等）需要实时决定是否将电力输送到电网中（同意）、从电网中抽取电力（反对）或者维持当前状态（未决定），以实现电力供需平衡。

假设在一个炎热的夏日午后，由于高温，空调的使用增加，电网的电力需求急剧上升。系统中的节点需要做出决策以响应这一变化：家庭节点可能决定减少电力消耗以支持电网（同意），而太阳能发电站节点则决定增加电力输出（同意）。然而，某些工业节点由于生产需求，可能决定继续抽取电力（反对），或者由于无法立即调整生产线而选择暂时观望（未决定）。

在这个场景中，决策冲突主要表现为以下两种。

（1）直接冲突：太阳能发电站节点决定增加电力输出以支持电网，而某些工业节点决定继续抽取电力，直接对立于电网平衡的目标。

（2）间接冲突：家庭节点通过减少电力消耗以支持电网，期望其他节点采取类似行动。然而，工业节点的反对或未决定状态间接影响了整个系统的决策一致性，尽管它们并没有直接反对电网的整体目标。

在这个案例中，导致冲突的原因可能包括：①信息不完整，各节点可能无法获得关于电网整体状况的完整信息，导致基于局部信息做出的决策与整体需求不一致；②通信延迟，信息传递的延迟可能导致节点在已变化的电网需求下基于过时信息做出决策；③节点异质性，不同类型的节点（家庭、工厂、发电站）具有不同的优先级和能力，导致即使面对相同情况也会做出不同的决策。

为了解决这些冲突，系统可能采取一些策略，如建立实时信息共享平台。通过提供电网状态的实时更新，帮助各节点获得更完整的信息，以做出更符合整体需求的决策。或者，引入优先级制度，为不同类型的节点设定优先级，如在电力紧张时期优先满足关键基础设施的电力需求。也可以采用共识机制，通过共识算法，如投票，使节点间在决策时能够考虑到其他节点的意见和电网的整体需求。这个实例说明了在分布式三支决策系统中决策冲突的产生及其解决方案，强调了信息共享、通信效率和系统协调性在管理决策冲突中的重要性。

5.4.2　冲突的影响

在分布式三支决策系统中，决策冲突不仅是一个普遍现象，而且它对系统的整体性能和决策质量有着重要的影响。决策冲突直接影响分布式系统的性能，主要表现在处理延迟和资源浪费两个方面。下面通过形式化方式来描述这一影响。

1. 整体性能的影响

处理延迟 ΔT：在存在决策冲突的情况下，系统需要额外的时间来解决这些冲突，从而增加了处理延迟。如果原本系统处理一个任务的平均时间是 T_{avg}，那么在决策冲突下，处理时间变为 $T_{avg} + \Delta T$。其中，ΔT 可以视为解决决策冲突所需的额外时间，这个时间可能因冲突的复杂度和解决机制的效率而异。

资源浪费 R_w：决策冲突还可能导致计算资源的浪费，包括但不限于 CPU 时间、内存、网络带宽等。如果系统在没有决策冲突时的资源利用率是 R_{util}，那么在处理决策冲突时，实际的资源利用率降低为 $R_{util} - R_w$。

例如，在一个分布式数据中心的负载均衡系统中，各节点基于本地信息独立决定是否接受新的任务请求。当两个节点因信息不完整而都决定接受同一任务时（即发生决策冲突），系统必须通过额外的通信和协商来解决这一冲突，导致任务分配的延迟增加和网络资源的额外消耗。

2. 决策质量的影响

决策冲突还会降低决策的准确性和可靠性，影响系统的整体决策质量。在决策冲突下，准确率可能降低为 $A_{no\_conflict} - \Delta A$。这是因为决策冲突往往基于不完整或不准确的信息，导致最终决策偏离最优解。类似地，决策的可靠性也会受到决策冲突的影响。决策冲突增加了系统操作的不确定性，从而降低了决策的整体可靠性。

例如，在自动驾驶车队协同决策系统中，车辆需要根据周围环境和其他车辆的状态做出行驶决策。当两辆车因为对即将发生的交通情况解读不一致而分别决定加速和减速时，不仅增加了决策解决的复杂性，也可能因为延迟响应而导致事故的风险增加，这直接影响了决策的准确性和可靠性。决策冲突对分布式三支决策系统的性能和决策质量具有显著影响。因此，设计有效的决策冲突管理和解决机制对保障系统的高效运行和高质量决策至关重要。

5.4.3　决策冲突的检测与管理

在分布式三支决策系统中，决策冲突的检测技术是确保系统一致性和效率的关键。当前用于识别和量化决策冲突的技术和方法包括以下几种。

(1)基于事件的冲突检测。这种方法通过监听系统中的事件(如决策更新、状态变化等)，实时识别可能导致决策不一致的情况。事件触发机制可以形式化为 $E_{\text{trigger}} = \{e_1, e_2, \cdots, e_n\}$，其中，每个 e_i 代表一个特定的事件。当 E_{trigger} 中的事件被触发时，系统将进行冲突检测流程。

(2)状态比较法。这种方法通过比较节点间的决策状态，识别出存在冲突的决策对。如果节点 i 和节点 j 的决策状态分别为 s_i 和 s_j，则冲突可以通过函数 $C(s_i, s_j)$ 来量化，其中，C 的输出是冲突的程度。

(3)图论方法。这种方法要构建决策关系图，其中，节点表示系统中的决策单位，边表示决策之间的依赖或冲突关系。通过分析图的结构，如环的存在或切割点，可以识别决策冲突。

以一个分布式交通控制系统为例，该系统旨在实时调整交通信号灯以优化城市交通流。在这个分布式交通控制系统中，每个交通信号灯根据实时交通数据独立做出增加绿灯时间(同意)、减少绿灯时间(反对)或保持当前设置(未决定)的决策。使用基于事件的冲突检测的方法，定义事件集合 $E_{\text{trigger}} = \{e_1, e_2, \cdots, e_n\}$，其中，$e_i$ 可能是"车流量急剧增加"或"紧急车辆接近"。事件触发函数为 $T(e_i)$，当 $T(e_i) = 1$ 时，意味着需要对信号灯策略进行即时调整以响应事件 e_i。当两个相邻交通信号灯的决策可能导致交通拥堵或安全问题时状态比较法可以用于识别其中的决策冲突。若相邻信号灯 i 和 j 的决策状态为 s_i 和 s_j，则冲突检测函数 $C(s_i, s_j)$ 量化冲突程度。例如，如果一个信号灯决定增加绿灯时间而相邻信号灯也做出相同决策，可能导致交叉口的交通流冲突，$C(s_i, s_j) = 1$ 表示存在冲突。构建决策关系图可以帮助系统全局识别潜在的决策冲突，尤其是在复杂的城市交通网络中。在交通控制网络图 $G = (V, E)$ 中，每个顶点 $v \in V$ 代表一个交通信号灯，每条边 $e \in E$ 代表信号灯间的交通流依赖。通过分析图中的环和不连通分量，可以识别可能导致交通拥堵的决策冲突。

更为具体地，假设在早高峰时段，多个交通信号灯根据各自的策略独立做出决策，试图缓解自身路口的交通压力。通过基于事件的冲突检测，系统可以实时响应突发事件，如车祸或紧急车辆通行，调整相关信号灯策略。状态比较法允许系统识别相邻信号灯间的决策不一致，如两个相邻路口都试图通过增加绿灯时间来减轻各自的车流量，却可能导致交通流在这两个路口间冲突。最后，通过图论方法，系统可以全局分析交通网络中的决策关系，预防因局部优化而产生的全局交通拥堵。

检测到决策冲突后，采用合适的解决策略对维护系统的稳定性和效率至关重要。共识算法、投票机制和优先级规则是解决决策冲突的三种主要策略。共识算法如 Paxos 或 Raft，通过一致性协议确保所有节点就某一决策达成共同一致，特别适用于对一致性要求较高的场景。投票机制通过简单多数原则快速解决决策冲突，易于实现且适用于决策选项明确的情况。优先级规则根据预定义的优先级顺序解决冲突，确保系统关键操作的优先执行，适用于有明确决策重要性等级的场景。

在分布式三支决策系统中，动态适应机制扮演着至关重要的角色，它能够根据系统的实时状态和外部环境变化自动调整决策策略，从而有效减少决策冲突的发生。这种机制的引入不仅增强了系统的灵活性和鲁棒性，也提升了系统对未预见事件的响应能力。动态适应机制的核心在于两个主要的函数：状态监测函数 $M(S,E)$ 和策略调整函数 $A(S,E)$。状态监测函数负责实时捕捉系统内部状态 S 和外部环境 E 的变化，这些变化可能来源于系统负载、外部事件、节点间通信的变动等。策略调整函数则根据监测到的状态动态调整决策规则，以优化系统性能并减少决策冲突。状态监测函数 $M(S,E)$：设 S 为系统状态向量，E 为环境状态向量，M 输出为当前系统状态的评估，可形式化为 $M:\mathbb{R}^n\times\mathbb{R}^m\to\mathbb{R}^k$，其中，$n$、$m$、$k$ 分别为系统状态、环境状态和状态评估的维度。策略调整函数 $A(S,E)$：基于 $M(S,E)$ 的输出，A 函数计算新的决策策略，可以表示为 $A:\mathbb{R}^k\to D$，其中，D 是决策策略的集合。

我们可以引入机器学习和人工智能算法对 M 函数和 A 函数进行优化。通过训练模型以识别系统状态和环境变化的模式，系统可以预测潜在的决策冲突并提前做出调整。例如，采用深度学习模型分析历史数据，系统可以学习到在特定环境状态下哪些决策策略最可能导致冲突，从而在相似情况下提前调整策略以避免冲突。

考虑一个分布式智慧城市交通系统，该系统中包含多个信号灯节点，每个节点根据交通流量数据独立做出调整信号的决策。通过实施动态适应机制可以实现以下两个方面的功能。

(1)状态监测。利用传感器收集的实时交通数据作为 E，节点间的通信状态作为 S，系统能够实时监测交通状况和网络状态。

(2)策略调整。采用机器学习模型预测交通流量变化趋势和潜在的冲突点，动态调整信号灯的绿灯时长，以优化交通流并减少拥堵。通过这种方法，交通系统不仅能够实时响应交通变化，还能预测并防止可能的交通冲突，显著提高城市交通的效率和安全性。

5.5　决 策 融 合

在分布式三支决策系统中,节点遍布不同地理位置,各自根据局部信息做出决策。这种分散式的决策过程虽然提高了系统的灵活性和扩展性,但同时也带来了信息不对称和决策冲突等问题。因此,开发一个有效的融合机制对确保系统整体的一致性和效率至关重要[12]。

5.5.1　融合机制的类型

分布式三支决策的融合一般包括数据层融合、决策层融合和模型层融合。在分布式三支决策系统中,数据层融合是处理来自不同源的数据,以确保数据的一致性和可用性的关键步骤。这一过程主要针对数据格式、语义不一致等问题,采用数据标准化和语义转换等方法。数据标准化涉及将异构数据源中的数据转换为统一格式,以便数据的整合和分析。例如,定义转换函数 $F_{norm}:D \to D'$,其中,D 和 D' 分别代表原始数据集和标准化后的数据集,实现了数据格式的统一化。同时,语义转换关注不同数据源中相同概念的统一表示,即通过函数 $F_{sem}:S(d_i) \to S'(d_i)$ 实现,其中,$S(d_i)$ 和 $S'(d_i)$ 分别表示数据项 d_i 在原始语义体系和目标语义体系下的表示。未来的研究可以探索自动化的数据层融合技术,使用机器学习和自然语言处理技术来识别和解决数据源之间的语义差异。此外,随着大数据技术的发展,如何高效处理海量异构数据,并保证实时数据流的融合和分析,也是值得深入研究的方向。

决策层融合是分布式三支决策系统中另一个关键组成部分,旨在解决由于决策规则不一致导致的问题。通过采用投票机制、协商一致等方法,不同节点可以就某一决策达成共识。具体来说,投票机制可以形式化为决策函数 $D_{vote}:V \to d_{final}$,其中,V 是投票向量;d_{final} 是最终的决策结果。该机制依据多数原则,确保系统能快速做出决策。而协商一致方法则更侧重于通过协商过程解决冲突,允许节点间就不同决策提案进行讨论,直至达成一致意见。针对决策层融合,未来的研究可以聚焦于如何有效地整合异质性决策过程,特别是在存在复杂依赖关系和动态变化环境的情况下。此外,研究基于人工智能的自动协商机制,以提高决策过程的效率和效果,同时减少人为干预,也是一个具有潜力的方向。

模型层融合关注统一和整合分布式系统中采用的不同模型,包括模型结构和参数的不一致问题。贝叶斯推理和 DS 证据理论等方法为模型层融合提供了强有力的工具。通过贝叶斯推理,系统可以在考虑先验知识和新证据的基础上,动态更新模型的概率,形式化表示为 $P(M|E) = \dfrac{P(E|M)P(M)}{P(E)}$,其中,$P(M|E)$ 表示给定证据 E 后模型 M 的后验概率。DS 证据理论则提供了一种处理不确定性和不完整信息的方

法，通过证据的合成来增强决策的可靠性。未来的研究方向可以包括开发更加灵活和鲁棒的模型层融合框架，以适应快速变化的环境和不断增长的数据类型。探索如何有效地融合基于不同理论和假设构建的模型，以及如何利用深度学习技术来自动调整模型参数和结构，以提高模型融合的效率和准确性，都是值得进一步研究的问题。

假设我们正在开发一个智能城市交通管理系统，该系统旨在优化城市交通流，减少拥堵，提高道路使用效率。该系统分布在城市的各个交通节点，包括交通信号灯、监控摄像头和传感器等，它们共同作用，收集数据，做出决策，并实施相应的交通控制措施。在这个系统中，我们将展示如何通过数据层融合、决策层融合和模型层融合的不同策略来解决具体问题。

1. 数据层融合

(1)功能：统一交通数据格式和语义。城市交通管理系统收集来自不同源的数据，包括车辆流量数据、天气信息、事故报告等。这些数据源格式各异，语义也不一致，需要进行数据层融合。

(2)策略：首先，通过数据标准化处理，将所有数据转换为统一的格式，如统一使用 JSON 格式。其次，实施语义转换，确保不同数据源中相同概念的统一表示，例如，将所有表示"车辆数量"的术语统一为"vehicle_count"。

(3)形式化表示：定义转换函数 $F_{norm}: D \rightarrow D'$，其中，$D$ 代表原始数据集合；D' 代表标准化后的数据集合。同样，语义转换函数 $F_{sem}: S(d_i) \rightarrow S'(d_i)$ 负责将数据项 d_i 的原始语义 $S(d_i)$ 映射到统一的语义 $S'(d_i)$。

2. 决策层融合

(1)功能：协调不同节点的交通控制决策。在城市交通管理系统中，不同的交通信号灯需要根据实时数据做出调整绿灯时间的决策。为了避免决策冲突，需要在决策层进行融合。

(2)策略：采用投票机制来决定是否延长特定路段的绿灯时间。各交通节点根据收集的数据(如车流量和等待时间)投票决定是否调整绿灯时间。

(3)形式化表示：设 $V = [v_1, v_2, \cdots, v_n]$ 为各节点对延长绿灯时间决策的投票结果，决策函数 $D_{vote}: V \rightarrow \{0,1\}$ 根据多数原则确定是否调整绿灯时间，1 表示延长，0 表示保持不变。

3. 模型层融合

(1)功能：整合多种交通预测模型。系统采用多种模型预测交通流量和拥堵情况，包括基于历史数据的时间序列模型和基于实时事件的机器学习模型。为了提高预测的准确性，需要在模型层进行融合。

(2) 策略：使用贝叶斯推理来整合不同模型的预测结果，基于最新的交通数据动态调整各模型的权重，从而得出最终的交通流量预测。

(3) 形式化表示：假设 $M = \{M_1, M_2, \cdots, M_n\}$ 为模型集合，每个模型 M_i 根据证据 E 提供交通流量预测 P_i。贝叶斯推理框架 $F_{\text{bayes}}: M \times E \rightarrow M'$ 根据实时数据 E 更新模型权重，提供最优的交通流量预测 M'。

通过实施上述融合策略，智能城市交通管理系统能够有效处理来自不同数据源的信息，协调各交通节点的决策，以及整合多种模型对交通情况进行准确预测，从而显著提高城市交通的管理效率和响应速度。

5.5.2　融合机制的设计

决策融合在分布式三支决策系统中指的是一种综合处理来自系统各个部分或节点的决策信息的过程，以达成一个统一或最优的决策结果。这一过程涉及收集、分析、评估和合并各节点在特定情境下做出的独立决策，旨在解决由于信息不对称、决策标准不一致以及处理能力差异导致的决策冲突和不一致问题。

决策融合的主要目的是提高分布式系统在面对复杂问题和挑战时的决策效率和准确性。通过融合不同节点的决策，系统能够做到以下几点。

(1) 增强一致性。确保系统中的所有节点对于特定问题有一个共同的理解和响应方式，从而增强整个系统的一致性和协同作用。

(2) 提高准确性。通过整合多个节点的信息和决策，利用集体智慧，提高系统对问题判断和处理的准确性。

(3) 降低决策成本。减少因决策错误或延迟造成的资源浪费，优化资源分配，降低整体的决策成本。

(4) 提升系统的适应性和灵活性。使系统能够根据环境变化和实时信息调整决策策略，提升对未知情况的适应能力。

决策融合的目标集中于优化整个分布式三支决策系统的性能和输出，具体包括以下几个方面。

(1) 最大化系统的整体效益。通过优化决策过程，确保系统能够在各种情境下做出最优决策，以实现最大的社会、经济或技术效益。

(2) 实现快速响应。提高系统对新信息的反应速度和决策速度，尤其是在紧急情况下，快速做出反应以减少损失或利用机遇。

(3) 保证决策的公平性和透明性。确保决策过程考虑所有相关方的利益和观点，提高决策的公平性和可解释性。

(4) 增强系统的容错能力。通过融合来自多个独立决策源的信息，提高系统对单点故障的抵抗能力，增强整体的稳定性和可靠性。

　　决策融合作为分布式三支决策系统的核心组成部分，其设计和实现对提升系统整体性能和有效应对复杂环境具有至关重要的作用。相应的研究和实践应当聚焦于探索更高效、更智能的融合策略和技术，以不断提高分布式系统的决策能力和性能。

　　如果以提高决策准确性和降低决策成本为目标，可以定义目标函数为 $F(D,C) = w_1 \cdot \mathrm{Acc}(D) - w_2 \cdot \mathrm{Cost}(C)$，其中，$D$ 代表决策的集合；C 表示决策成本；$\mathrm{Acc}(D)$ 表示决策准确性函数；$\mathrm{Cost}(C)$ 为决策成本函数；w_1 和 w_2 分别是调整决策准确性和成本重要性的权重。还可以加入多维度评价指标。在目标函数中加入更多的评价指标，如决策的可持续性（$\mathrm{Sustain}(D)$）和系统的鲁棒性（$\mathrm{Robust}(D)$），形成综合评价体系：$F_{\mathrm{comprehensive}}(D,C,\Delta S) = w_1 \cdot \mathrm{Acc}(D) - w_2 \cdot \mathrm{Cost}(C) - w_3 \cdot \Delta S + w_4 \cdot \mathrm{Sustain}(D) + w_5 \cdot \mathrm{Robust}(D)$。

　　考虑到分布式系统环境可能会快速变化，目标函数需要能够适应这些变化，快速调整决策策略以应对新情况。针对这种情况，可以设计一个目标函数 F_{dynamic}，其能够考虑系统状态的变化率，以促进快速响应。形式化表示为 $F_{\mathrm{dynamic}}(D,C,\Delta S) = w_1 \cdot \mathrm{Acc}(D) - w_2 \cdot \mathrm{Cost}(C) - w_3 \cdot \Delta S$。其中，$\Delta S$ 表示系统状态变化的度量；w_3 是调整系统响应变化敏感度的权重。还可以引入动态权重调整机制。引入基于反馈的动态权重调整机制，根据系统的实际运行状态和历史决策效果动态调整权重 w_1、w_2、w_3、w_4、w_5，以实现更优的决策效果。

　　在分布式决策系统中，新颖的融合算法可以提供更灵活、更高效的方法整合来自分布式节点的决策，尤其是在处理不确定性和异质性信息时。下面给出几个融合算法，旨在提高分布式系统决策的准确性和一致性。

　　算法 5.5 为加权决策融合（weighted decision fusion，WDF）算法。其目标是基于节点的可靠性或专业度给予不同节点不同的权重，以加权方式融合各节点的决策，从而提升整体决策的质量。其核心思想是根据每个节点的决策贡献、历史表现、专业度或可靠性给予不同的权重。最终决策由加权后的决策结果决定，高权重节点的决策对最终结果有更大影响。

算法 5.5　加权决策融合算法

输入：N 为分布式节点的集合；$S = \{s_1, s_2, \cdots, s_n\}$ 为分布式节点的决策集合，其中，每个 s_i 表示节点 i 的决策结果，$s_i \in \{\text{agree, disagree, undecided}\}$；$W$ 为每个节点的权重集合，$W = \{w_1, w_2, \cdots, w_n\}$，其中，每个 w_i 表示节点 i 的权重。

输出：R 为综合后的决策结果，是基于加权的方法融合各节点决策后得到的结果。

1：$R = \{\ \}$；//初始化综合决策结果，R 为一个空集
2：DecisionCounts= {'agree': 0, 'disagree': 0, 'undecided': 0}；//初始化决策统计字典
3：**For** $i = 1$ to N **do**：
4：　DecisionCounts$[s_i]$ += w_i；//根据节点 i 的决策 s_i，更新决策统计字典
5：**Endfor**

6：计算加权决策结果。对每种决策类型，使用 DecisionCounts 中的值来确定主导决策。

7：**If** DecisionCounts['agree'] > max(DecisionCounts['disagree'], DecisionCounts['undecided']):

8：　R = 'agree' ;

9：**If** DecisionCounts['disagree'] > max(DecisionCounts['agree'], DecisionCounts['undecided']):

10：　R = 'disagree' ;

11：**If** DecisionCounts['undecided'] > max(DecisionCounts['disagree', DecisionCounts['agree']):

12：　R = 'undecided' ;

13：如果存在加权值相等的情况，则根据具体应用场景制定平局处理规则。

14：结束：返回综合后的决策结果 R。

　　算法 5.6 为基于共识的决策融合(consensus-based decision fusion，CBDF)算法。其目标是通过迭代交流和调整，使分布式节点之间在决策上达成更高层次的共识。其核心思想是在节点间进行多轮决策交流，每轮结束时基于当前的共识状态调整自身决策。算法继续迭代直到达成一定水平的共识度或迭代次数达到预设的上限。

算法 5.6　基于共识的决策融合算法

输入：N 为分布式节点的集合；$S = \{s_1, s_2, \cdots, s_n\}$ 为分布式节点的决策集合，其中，每个 s_i 代表节点 i 的初始决策状态，$s_i \in \{\text{agree, disagree, undecided}\}$；$T$ 为共识迭代的最大次数；ϵ 为共识阈值，用于判定是否达到共识状态。

输出：C 为最终的共识决策状态；t 为实际迭代次数。

1：使用所有节点决策的统计模式(即在{agree，disagree，undecided}中最多的决策类型，若相等则设为 undecided)来初始化共识决策状态 C。

2：**For**　$t = 1 \text{ to } T$ **do**：

3：　**For**　$i = 1 \text{ to } N$ **do**：

4：　　节点 i 对于共识决策状态的贡献 $\Delta s_i = f(s_i, C)$; //f 是基于当前决策和共识状态的调整函数

5：　　　更新节点 i 的决策状态 $s_i = s_i + \Delta s_i$;

6：　**Endfor**

7：　根据更新后的决策状态集合，重新使用统计模式来计算共识决策状态 C_{new};

8：　如果 $|C_{\text{new}} - C| < \epsilon$，则跳出循环，共识已达成；

9：　更新共识决策状态 $C = C_{\text{new}}$;

10：**Endfor**

11：结束：输出最终的共识决策状态 C 和实际迭代次数 t。

　　算法 5.7 为深度学习决策融合(deep learning decision fusion，DLDF)算法。其目标是利用深度学习模型来学习和模拟最优的决策融合策略，尤其是在复杂和动态变化的环境中。其核心思想是使用深度神经网络作为融合机制的核心，训练模型以识别决策模式和环境变化。深度学习模型能够基于历史和实时数据自动调整融合策略，以适应新的情况和挑战。

算法 5.7　深度学习决策融合算法

输入：D 为分布式节点的决策数据集合，$D=\{d_1,d_2,\cdots,d_n\}$，其中，每个 d_i 代表节点 i 的决策数据，$d_i \in \{\text{agree, disagree, undecided}\}$；$X$ 为相关环境和操作特征的数据集合，$X=\{x_1,x_2,\cdots,x_n\}$；M 为预先定义的深度学习模型结构，适用于处理分类问题且能识别三种决策类型；E 为训练模型的最大迭代次数；η 为学习率。

输出：F 为经过训练的深度学习模型，用于决策融合。

1：将每个节点的决策数据 d_i 编码为一个向量形式，以适应深度学习模型的输入要求。例如，agree= [1, 0, 0], disagree= [0, 1, 0], undecided= [0, 0, 1]。

2：初始化深度学习模型 M 的参数。

3：**For** $e=1$ to E **do**：

4：　**For** $i=1$ to n **do**：

5：　　　通过模型 M 计算决策融合输出 $o_i = M(d_i,x_i)$；将决策数据 d_i 和环境特征 x_i 输入模型 M，计算决策融合输出 $o_i = M(d_i,x_i)$。

6：　**Endfor**

7：　　　计算损失函数，量化模型输出 o_i 和期望决策之间的差异。损失函数可以是交叉熵损失，适用于多分类问题。

8：　　　使用反向传播算法更新模型 M 的参数，以最小化损失 L。

9：　　　如有必要，调整学习率 η。

10：　**Endfor**

11：结束：输出经过训练的深度学习模型 F。

算法 5.8 是一种基于 Transformer 模型的决策融合 (Transformer-based decision fusion，TBDF) 算法。该算法提供一种新颖的方式来处理分布式系统中的决策融合问题。Transformer 模型由于其高效的并行处理能力和对长距离依赖关系的敏感性，非常适合处理复杂的序列数据，如时间序列数据或来自分布式节点的决策序列数据。

算法 5.8　基于 Transformer 模型的决策融合算法

输入：D_{seq} 为分布式节点的决策序列集合，$D_{\text{seq}}=\{D_1,D_2,\cdots,D_n\}$，其中，每个 D_i 是节点 i 的决策序列，$D_i \in \{\text{agree, disagree, undecided}\}$；$X_{\text{seq}}$ 为分布式节点的特征序列集合，$X_{\text{seq}}=\{X_1,X_2,\cdots,X_n\}$；$T$ 为 Transformer 模型的预定义结构，包括自注意力层和前馈网络；E 为训练模型的最大迭代次数；η 为学习率。

输出：F_{seq} 为经过训练的 Transformer 模型，用于融合节点决策序列。

1：对每个决策序列 D_i 进行预处理，将决策项编码为向量形式以适应 Transformer 模型的输入要求。

2：初始化 Transformer 模型 T 的参数。

3：**For** $e=1$ to E：

4：**For** $(D_i,X_i) \in (D_{\text{seq}},X_{\text{seq}})$ **do**：

5：　　使用 Transformer 模型 T 处理序列对 (D_i,X_i)，得到融合后的序列 o_i。

6：**Endfor**

7：　　计算损失函数 L，评估模型输出 o_i 与预期融合决策序列的差异。

8：　　　使用反向传播和优化器 (如 Adam) 更新模型 T 的参数, 以最小化损失 L。

9：　　　如有必要, 更新学习率 η。

10：**Endfor**

11：结束：输出训练后的 Transformer 模型 F_{seq}, 用于后续的决策融合。

在算法 5.8 的步骤 1 中, 决策项的向量编码应该反映三支决策的特征, 例如, agree 可以编码为 [1, 0, 0], disagree 为 [0, 1, 0], undecided 为 [0, 0, 1]。这种编码方法有助于 Transformer 模型学习和区分不同类型的决策及其语义。在步骤 7 中, 损失函数可以使用交叉熵损失, 适应多分类输出。

上述这些算法代表了分布式决策融合领域的前沿探索, 每种算法都有其独特的应用场景和优势。加权决策融合算法适用于节点可靠性差异较大的场景; 基于共识的决策融合算法适用于需要高度一致性的决策环境; 深度学习决策融合算法能够处理环境复杂且数据丰富的情况。TBDF 算法通过结合 Transformer 模型的强大处理能力和分布式决策的需求, 为分布式系统提供了一种高效、准确的决策融合解决方案, 尤其适合处理高维度、序列化的决策数据。通过合理选择和应用这些算法, 可以显著提高分布式系统的决策效率和质量。

5.5.3　融合机制的评估

在设计和实现分布式三支决策系统的融合机制后, 其性能评估变得至关重要。融合机制的评估是一个多维度、多层次的过程, 需要综合考虑决策的准确性、效率、鲁棒性、可扩展性和适应性等多个方面。评估的目的是验证融合机制是否能达到预期的决策质量、效率及其他关键性能指标。这不仅涉及决策结果的准确性, 还包括决策过程的速度、资源消耗、系统的可扩展性和鲁棒性。下面, 我们详细讨论融合机制的评估方法。

决策准确性是衡量融合机制成功的最直接指标。通常, 这可以通过比较融合后的决策结果与实际情况或专家决策的一致性来量化。形式化地, 我们设定准确性评估函数 $\text{Acc}(D_{\text{fusion}}, D_{\text{expert}})$ 表示融合决策 D_{fusion} 与专家或实际决策 D_{expert} 之间的一致性度量。通过计算融合决策与参照决策之间的差异, 我们可以评估融合机制的效果。据此, 可以给出一个形式化公式：

$$\text{Acc} = \frac{1}{N} \sum_{i=1}^{N} l\{d_i^{\text{fusion}} = d_i^{\text{expert}}\}$$

其中, Acc 代表准确率; N 是决策总数; d_i^{fusion} 是第 i 项决策的融合结果; d_i^{expert} 是相应的专家或实际决策; $l\{\cdot\}$ 是指示函数。

决策效率评估关注的是决策过程中资源的使用情况。包括计算资源、时间复杂性及所需的通信开销。评估决策效率通常涉及度量决策算法的运行时间 T_{runtime}、所

消耗的计算资源量 R_{compute} ，以及在达成决策过程中所需的信息交换次数 $\text{Eff}(T_{\text{runtime}}, R_{\text{compute}}, N_{\text{communication}})$ 。当然，效率也可以用决策到达时间（decision arrival time，DAT）和通信次数（communication count，CC）来衡量，即

$$\text{Efficiency} = \alpha \cdot \text{DAT} + \beta \cdot \text{CC}$$

其中， α 和 β 是调节两者重要性的参数。

系统的鲁棒性评估则是检验融合机制在面对节点故障、数据丢失或网络延迟等不确定性因素时的稳健性。这可以通过模拟这些故障情况，并观察融合决策的变化来实现。鲁棒性可以用一个函数 $\text{Robust}(D_{\text{variance}}, F_{\text{failure}})$ 来衡量，其中， D_{variance} 表示在故障模拟期间决策结果的变异系数； F_{failure} 是故障模式的集合。鲁棒性的数学化表示可以是融合结果对输入扰动的敏感度。

$$\text{Robustness} = \frac{\partial d^{\text{fusion}}}{\partial d^{\text{input}}}$$

其中， d^{fusion} 是融合决策结果； d^{input} 是输入决策数据。

对融合机制的可扩展性和适应性进行评估同样重要。可扩展性评估关注融合机制在系统规模扩大时的性能保持情况，而适应性评估则关注系统在面对环境动态变化时的调整能力。可扩展性可以通过增加系统节点数量 N_{nodes} 并测量性能指标的变化来评估，适应性则可以通过改变输入数据的分布或模式 P_{pattern} 并评估融合决策的变化来衡量。

5.6　实验及其分析

本节从不同角度验证和评估分布式三支决策的理论、算法及其应用价值，覆盖一致性、冲突、融合、优化、应用等关键问题。通过系统化的实验设计和严谨的分析，全面展示理论部分的创新性和实用性，为相关理论的发展和实践应用提供有力支撑。

实验采用 Python 语言实现，主要依赖 Numpy、Pandas 等第三方库进行数据处理和分析。此外，我们还使用 Matplotlib 库生成直观的可视化结果，以更好地展示算法的性能表现和对比情况。将实验模拟的分布式系统规模设置为 10～100 个节点，以覆盖不同的应用场景。对于每种决策场景，我们生成 10 组数据，每组数据模拟100 次决策过程，以确保结果的统计意义。

5.6.1　一致性检测算法的实验及其分析

本实验旨在验证本章中提出的一致性定义的合理性，以及一致性检测算法（ND-CD 算法和 AP-CD 算法）的有效性。实验采用模拟的方法，构建了一个分布式

决策系统环境，并设计了多个决策场景，生成相应的决策数据集。通过对数据集应用一致性定义和检测算法，并评估算法的性能表现，可以客观地评价相关理论和算法的适用性及优越性。

实验的核心步骤如下。

第一，我们设计并实现了一个分布式决策系统的模拟环境，包括节点类、通信机制和系统状态记录等模块。每个节点可以独立地做出同意、反对或未决定的决策，并通过通信机制与其他节点交换决策信息。系统状态类则负责记录和更新全局的决策状态。

第二，我们设计了四种典型的决策场景，分别为完全一致、完全不一致、部分一致和信息不完整。这些场景覆盖了分布式决策中可能出现的各种情况，具有一定的代表性。针对每种场景，我们生成了相应的决策数据集，用于后续的算法评估。

第三，我们对生成的决策数据集应用了本章给出的一致性定义(定义 5.4)，通过定性分析评估其对一致性状态的刻画是否准确、全面。这一步骤有助于验证一致性定义的合理性和适用性。

第四，我们分别实现了 ND-CD 和 AP-CD 两种一致性检测算法。其中，ND-CD 算法直接根据节点决策的分布情况判断系统是否达成一致;而 AP-CD 算法引入了动态阈值、置信度评估等优化机制，以更好地适应动态环境和不完整信息的情况。

第五，我们在生成的决策数据集上运行 ND-CD 和 AP-CD 算法，评估其在不同场景下的性能表现。评估指标包括检测准确率、运行效率和鲁棒性。其中，检测准确率衡量算法输出的一致性检测结果与实际情况的符合程度;运行效率关注算法完成一致性检测所需的时间开销和资源消耗;鲁棒性则考察算法在面对不完整信息、节点失效等异常情况下的表现。通过定量分析这些指标，我们可以全面评价算法的优劣。

第六，为了进一步验证 ND-CD 和 AP-CD 算法的优越性，我们选取了其他经典的一致性检测方法(如多数表决、Raft 协议等)作为基准，在相同的数据集上进行对比实验。通过比较各种方法的性能表现，可以客观地评估 ND-CD 与 AP-CD 算法的相对优势和适用条件。

图 5.3 给出了不同场景下 ND-CD、AP-CD 和多数投票(majority voting，MV)三种算法准确率的对比情况。从图 5.3 中可以看出，在四种理想场景下，三种算法的准确率都比较高。AP-CD 算法在完全不一致、信息不完整的情况下倾向性表现很好，而在完全一致和部分一致的情况下倾向性表现略逊一筹。而 MV 算法在信息不完整情况下表现最佳，其余三种场景表现欠佳。从中可以看到，尽管 AP-CD 算法在这种信息缺失的情况下也受到一定影响，但其准确率下降幅度相对较小。这表明 AP-CD 算法在处理不确定性和缺失信息问题方面具有更强的鲁棒性和容错能力。

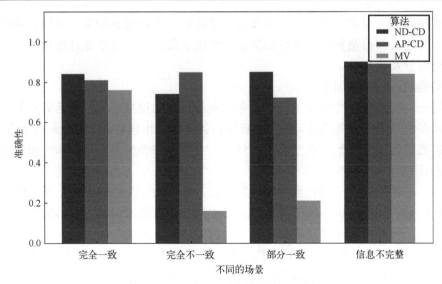

图 5.3　不同场景下算法准确率对比图

图 5.4～图 5.7 为不同场景下随着节点数量的变化准确率变化的情况。从中我们可以看到随着节点数量的增加，**ND-CD** 算法的准确率在"完全一致"场景下保持高水平，说明该算法在一致性检测方面有较好的鲁棒性。但在"完全不一致"场景下，准确率较低。**AP-CD** 算法在节点数量增加时表现出较好的扩展性，尤其在"部分一致"和"信息不完整"场景下，其准确率随着节点数量增加而提高。这可能是因为更多的节点提供了更丰富的信息，有助于提高决策的准确性。**MV** 算法在"完全不一致"场景下随着节点数量增加，其准确率显著提升，表明多数表决在处理多样化决策时更具优势。

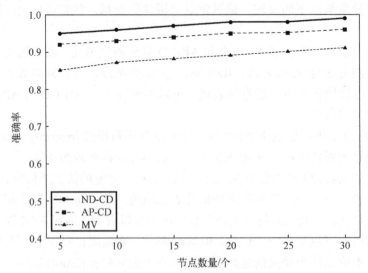

图 5.4　完全一致场景下不同节点数量的准确率变化曲线图

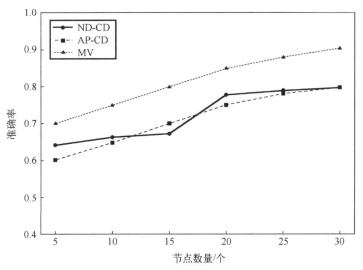

图 5.5　完全不一致场景下不同节点数量的准确率变化曲线

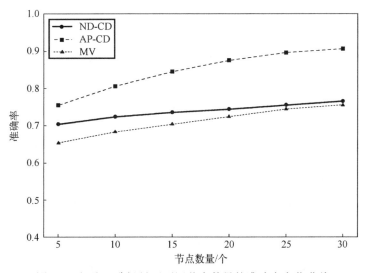

图 5.6　部分一致场景下不同节点数量的准确率变化曲线

　　通过以上分析，可以看出不同算法在不同场景和节点数量下的表现各有优劣。ND-CD 算法在处理完全一致性时效果最佳，但在不一致场景下表现不佳。AP-CD 算法在处理部分一致和信息不完整场景时表现较好，并且具有良好的扩展性。MV 算法在处理完全不一致性时最有效，适合多数表决的应用场景。这些特点和表现的差异主要源于算法设计的侧重点和处理决策一致性的方式不同。

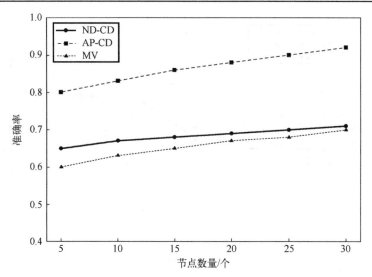

图 5.7　信息不完整场景下不同节点数量的准确率变化曲线

5.6.2　动态环境的决策优化

本实验旨在验证 DDOA 在动态环境中的适应性和优化能力。本节通过比较使用 DDOA 和不使用优化算法的决策系统在动态环境下的性能差异来展示 DDOA 在复杂多变的实际应用场景中的优势和价值。

首先，设计并实现一个模拟动态环境的仿真系统，如传感器网络或交通调度系统。环境中包含多个决策节点，每个节点根据当前状态独立做出决策。节点的状态随时间动态变化，反映了现实世界中的不确定性和复杂性。其次，基于强化学习的原理，设计并实现 DDOA。该算法通过学习和更新决策策略，不断适应环境的变化，优化长期累积奖励。DDOA 在每个决策节点上运行，根据节点的状态和反馈信息调整决策策略。最后，在动态环境中运行 DDOA，并记录系统的性能指标，如累积奖励、决策准确率等。同时，设置对照组，即在相同的动态环境中运行不使用优化算法的决策系统，记录其性能指标。通过比较两组实验的性能差异，量化 DDOA 带来的性能提升。

为了全面评估 DDOA 的性能，本节设计一系列实验场景，模拟不同程度的环境变化和系统规模。本节引入环境变化的波动性和极端情况，考察 DDOA 的稳定性和鲁棒性。同时，通过增加决策节点的数量和复杂性，评估 DDOA 的可扩展性和计算效率。

1.　实验环境搭建

为了评估 DDOA 在动态环境下的性能表现，我们搭建了一个模拟动态环境的仿真系统。该系统模拟了一个传感器网络场景，包含多个智能传感器节点，每个节点根据当前状态独立做出决策。节点的状态随时间动态变化，反映了现实世界中的不确定性和复杂性。

首先，我们定义了传感器节点的数学表示。令 $N = \{n_1, n_2, \cdots, n_m\}$ 表示节点的集合，其中，m 为节点的总数。每个节点 n_i 的状态由一个三元组 (s_i, a_i, r_i) 表示，其中，$s_i \in S = \{\text{Good, Bad, Unknown}\}$ 表示节点 n_i 的当前状态，可以是良好、故障或未知；$a_i \in A = \{\text{Yes, No, Unknown}\}$ 表示节点 n_i 的决策动作，可以是同意、反对或未知；$r_i \in \mathbb{R}$ 表示节点 n_i 在当前状态下采取决策动作 a_i 获得的即时奖励。

为了模拟环境的动态变化，我们引入了状态转移概率矩阵 $P \in \mathbb{R}^{|S| \times |S|}$。矩阵元素 $P(s, s')$ 表示节点从状态 s 转移到状态 s' 的概率。在每个时间步，节点的状态根据转移概率矩阵随机变化，模拟了现实环境中的不确定性。

接下来，我们定义了决策问题的奖励函数 $R: S \times A \to \mathbb{R}$，用于评估节点在不同状态下采取不同决策动作的即时奖励。奖励函数的设计考虑了决策的正确性和效率，鼓励节点做出正确的决策，惩罚错误的决策。例如，当节点状态为良好时，做出同意的决策会获得较高的奖励；当节点状态为故障时，做出反对的决策会获得一定的奖励；而在状态未知或做出错误决策时，奖励值较低或为负。

在实验环境中，我们还设计了两种不同的决策机制：一种是使用 DDOA 进行动态优化的决策机制；另一种是不使用优化算法的基准决策机制。在 DDOA 中，每个节点维护一个 Q 值表，$Q: S \times A \to \mathbb{R}$，用于估计在状态 s 下采取动作 a 的长期期望奖励。节点根据 Q 值表选择具有最大期望奖励的动作，并根据观察到的即时奖励和下一个状态更新 Q 值，不断适应环境的变化。而在基准决策机制中，节点随机选择动作，不考虑长期收益。

最后，为了评估算法的性能，我们定义了系统的性能指标。主要关注的指标是累积奖励 R_{cum}，即在整个实验过程中节点获得的总奖励。

$$R_{\text{cum}} = \sum_{t=1}^{T} \sum_{i=1}^{m} r_i^t$$

其中，T 为实验的总时间步数；r_i^t 为节点 n_i 在时间步 t 获得的即时奖励。累积奖励反映了决策系统在长期运行中的整体效益。此外，我们还关注了决策准确率、响应时间等其他性能指标，以全面评估算法的表现。

通过以上的环境搭建，我们构建了一个模拟动态决策场景的实验平台，为评估 DDOA 的性能打下了基础。在后续的实验中，我们将在这个环境中运行 DDOA 和基准决策机制，并比较它们在不同场景下的性能表现，以验证 DDOA 的优化能力和适应性。

2. 数据准备

在搭建完模拟动态环境的仿真系统后，下一步是准备实验所需的数据。这包括设定实验参数、生成初始状态数据及定义算法的超参数。数据准备的质量直接影响实验结果的可靠性和算法性能的评估。首先，我们需要设定实验的关键参数。节点数量 m 是一个重要的参数，它决定了系统的规模和复杂性。在实验中，我们考察了不同节点数量对算法性能的影响，以评估算法的可扩展性。另一个关键参数是状态转移概率矩阵 P，它控制了环境的动态变化特性。通过调整 P 中的概率值，我们可以模拟不同的环境变化模式，如平稳型、突变型等。此外，实验的总时间步数 T 也是一个重要参数，它决定了算法的收敛时间和运行效率。我们根据算法的特点和实际需求设定了合理的 T 值。

其次，我们需要生成节点的初始状态数据。初始状态数据包括每个节点的初始状态 s_i^0 及对应的决策动作 a_i^0 和即时奖励 r_i^0。为了模拟现实场景，我们采用随机生成的方式，根据预设的状态分布和决策策略生成初始数据。具体地，我们假设初始状态服从某个离散概率分布，例如，$P(s_i^0 = \text{Good}) = 0.6$，$P(s_i^0 = \text{Bad}) = 0.3$，$P(s_i^0 = \text{Unknown}) = 0.1$。对于每个节点，根据这个分布随机生成初始状态。然后，根据初始状态和预设的决策策略(如随机策略)生成相应的决策动作和即时奖励。这样，我们得到了一组符合真实场景特点的初始状态数据。

最后，我们需要定义 DDOA 的超参数。超参数是算法的外部参数，需要根据经验或交叉验证来设定，以达到最优的性能。对于 DDOA，主要的超参数包括学习率 α、折扣因子 γ 和探索率 ϵ。学习率 $\alpha \in (0,1]$ 控制了 Q 值更新的速度，较大的 α 值使算法更快地适应环境变化，但可能导致收敛不稳定。折扣因子 $\gamma \in [0,1]$ 决定了未来奖励的重要性，较大的 γ 值使算法更重视长期收益。探索率 $\epsilon \in [0,1]$ 平衡了探索和利用之间的关系，较大的 ϵ 值鼓励算法探索未知的决策，而较小的 ϵ 值促使算法利用已有的最优策略。我们通过理论分析和经验调优，选取了一组平衡的超参数值，以发挥 DDOA 的最大潜力。

3. 实验运行

在完成实验环境搭建和数据准备后，下一步进入实验运行阶段。首先，我们初始化动态环境和 DDOA 的实例。根据数据准备阶段设定的参数，如节点数量 m、状态转移概率矩阵 P、总时间步数 T 等，创建一个动态环境的模拟器。同时，根据选定的超参数，如学习率 α、折扣因子 γ 和探索率 ϵ，初始化 DDOA 的实例。接下来，开始模拟动态环境中的决策过程。在每个时间步 t，执行以下操作。

对每个节点 n_i，根据其当前状态 s_i^t 和 DDOA 的 ϵ-贪心策略来选择一个决策动作 a_i^t；根据所选动作和当前状态从环境中获得即时奖励 r_i^t，并观察到下一个状态 s_i^{t+1}；将 $(s_i^t, a_i^t, r_i^t, s_i^{t+1})$ 作为一个经验样本，存储到 DDOA 的经验回放缓冲区中；从

经验回放缓冲区中随机抽取一批样本，用于更新 DDOA 的 Q 值表，即如下的执行 Q
值更新公式。

$$Q(s_i^t, a_i^t) \leftarrow Q(s_i^t, a_i^t) + \alpha \left[r_i^t + \gamma \max_{a' \in A} Q(s_i^{t+1}, a') - Q(s_i^t, a_i^t) \right]$$

根据状态转移概率矩阵 P，随机生成下一个时间步的节点状态 s_i^{t+1}，模拟环境
的动态变化。重复以上步骤，直到达到预设的总时间步数 T。在整个过程中，我们
记录了每个时间步的关键数据，如节点的状态、决策动作、即时奖励和 Q 值，用于
后续的性能分析。

为了评估 DDOA 的性能，我们设置了一个对照实验，即在相同的动态环境中运
行一个基准决策算法。该算法采用随机策略，即在每个时间步随机选择一个决策动
作，不考虑长期收益。我们记录了基准算法在相同条件下的决策过程数据，作为性
能比较的基准。在实验运行结束后，我们计算了 DDOA 和基准算法在整个决策过程
中的累积奖励 R_{cum}，即

$$R_{\mathrm{cum}} = \sum_{t=1}^{T} \sum_{i=1}^{m} r_i^t$$

累积奖励反映了算法在动态环境中的整体决策质量和长期收益。通过比较
DDOA 和基准算法的累积奖励，我们可以定量评估 DDOA 的优化能力和适应性。此
外，我们还分析了算法在不同阶段的决策准确率、Q 值收敛速度、计算效率等指标，
以全面评估算法的性能特点。综上所述，通过严谨的实验运行，我们模拟了动态环
境中的决策过程，并评估了 DDOA 相对于基准算法的性能优势。实验运行产生的丰
富数据为后续的结果分析提供了坚实的基础，使我们能够深入理解 DDOA 在动态决
策优化中的特点和优势。

4.　结果的讨论与分析

图 5.8 给出了算法的性能比较。图 5.9 给出了 DDOA 随着节点数量增加的计算
时间。从图 5.8 可以看出，DDOA 的累积奖励曲线始终高于基准决策算法。这表明
DDOA 在整个决策过程中持续获得了更高的奖励，其决策质量和长期收益优于基准
决策算法。在实验结束时，DDOA 的累积奖励达到了 3800 左右，而基准算法仅达
到 3000 左右，相差约 20%。

根据结果统计表 5.2，DDOA 的平均每步奖励为 2.25，高于基准算法的 1.91。
这进一步证实了 DDOA 在单个决策步骤上的优化能力，它能够选择期望收益更高的
动作。实验结果显示，DDOA 的决策准确率为 85%，明显高于基准算法的 70%。这
说明 DDOA 能够更准确地适应动态环境，做出正确的决策。通过 Q 值表的不断更
新和平衡探索-利用之间的关系，DDOA 学习到了更优的决策策略。

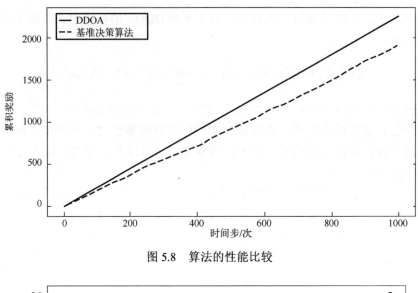

图 5.8　算法的性能比较

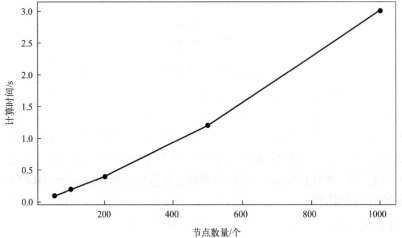

图 5.9　DDOA 算法计算效率

表 5.2　两种算法的相关统计

算法	累积奖励	平均奖励	决策准确率
DDOA	2246	2.248248248248248	0.85
基准算法	1910	1.907907907907908	0.70

　　从图 5.9 可以看出，随着节点数量的增加，DDOA 算法的计算时间呈现出近似线性的增长趋势。在 1000 个节点的情况下，算法的运行时间仅为 3s 左右，表现出良好的可扩展性。这得益于 DDOA 的分布式特性和高效的 Q 值更新机制。

　　DDOA 展现出了显著的性能优势，无论是累积奖励、平均奖励，还是决策准确率，都明显优于基准算法。这证明了 DDOA 在动态环境中的优化能力和适应性。DDOA 具有良好的可扩展性，能够高效处理大规模节点的决策问题。这使其在实际应用中具有广阔的前景。

当然，实验结果的说服力在一定程度上取决于实验设置的合理性和全面性。不同的环境参数、奖励设计和节点特性可能导致不同的实验结果。实验结果反映的是算法在特定实验场景下的表现，可能无法完全推广到所有的动态决策问题中。算法的实际性能还需要在更多的现实应用中进行验证。实验结果侧重于量化指标的比较，可能无法全面反映算法的质性优势，如鲁棒性、可解释性等。这需要结合理论分析和实际应用经验进行更全面的评估。

5.7　本 章 小 结

本章首先分析了分布式系统面临的挑战，如不确定性、一致性问题及容错与恢复机制等，进而提出分布式三支决策理论和方法。基于本章所提的分布式三支决策理论，在一致性检测方面，本章给出了一致性的形式化定义，提出了节点决策一致性检测算法和自适应渐进式一致性检测算法，并通过实验对比分析了两种算法在不同场景下的性能表现。实验结果表明，自适应渐进式一致性检测算法在处理动态环境、信息不完整等复杂情况时具有明显优势。另外，针对决策冲突问题，本章分析了冲突的类型、成因及其影响，并提出了一些检测和管理冲突的策略，如基于事件的检测、状态比较等。在决策融合方面，本章介绍了数据层融合、决策层融合和模型层融合等不同类型的融合机制，并给出了几种具体的融合算法，如加权融合、共识融合、深度学习融合等。

本章还讨论了动态环境下的决策优化问题，提出了动态决策优化算法，通过实验验证了动态决策优化算法相比于基准算法在动态适应性和长期收益方面的优越性。

综上，本章系统地阐述了分布式三支决策的理论基础和关键技术，展示了其在分布式系统中的应用潜力。通过理论分析和实验验证，阐明了分布式三支决策在解决分布式系统面临的一致性、冲突、融合、优化等问题上的优势和可行性，为后续研究和实际应用奠定了基础。

参 考 文 献

[1]　Lamport L. Paxos made simple[J]. ACM SIGACT News, 2001, 32（4）: 18-25.

[2]　Ongaro D, Ousterhout J K. In Search of an Understandable Consensus Algorithm（Extended Version）[C]. USENIX Annual Technical Conference, Philadelphia, 2014: 305-319.

[3]　Howard H, Schwarzkopf M, Madhavapeddy A, et al. Raft refloated[J]. ACM SIGOPS Operating Systems Review, 2015, 49(1): 12-21.

[4]　Yao Y Y. Three-way decisions and cognitive computing[J]. Cognitive Computation, 2016, 8(4): 543-554.

[5]　Yao Y Y. Three-way decision and granular computing[J]. International Journal of Approximate Reasoning, 2018, 103: 107-123.

[6]　Gao C, Yao Y Y. Actionable strategies in three-way decisions[J]. Knowledge-Based Systems, 2017, 133: 141-155.

[7]　Jiang C M, Yao Y Y. Effectiveness measures in movement-based three-way decisions[J]. Knowledge-Based Systems, 2018, 160: 136-143.

[8]　Jiang C M, Duan Y. Elasticity unleashed: Fine-grained cloud scaling through distributed three-way decision fusion with multi-head attention[J]. Information Sciences, 2024, 660: 120127.

[9]　Jiang C M, Duan Y. A novel three-way deep learning approach for multigranularity fuzzy association analysis of time series data[J]. IEEE Transactions on Fuzzy Systems, 2024, 32(9): 4835-4845.

[10]　Brewer E A. Towards robust distributed systems[C]. Proceedings of the nineteenth Annual ACM Symposium on Principles of Distributed Computing, Portland, 2000: 7-10.

[11]　Tsang E, Oliehoek F A, Spaan M T J. Stochastic multi-objective coordination: A framework for distributed optimization under uncertainty[J]. Autonomous Agents and Multi-Agent Systems, 2021, 35(1): 1-49.

[12]　Olfati-Saber R, Fax J A, Murray R M. Consensus and cooperation in networked multi-agent systems[J]. Proceedings of the IEEE, 2007, 95(1): 215-233.

第6章 基于双向认知计算模型的不确定概念三支决策框架

不确定性是人类认知和决策过程中不可避免的一个重要因素。传统的人工智能模型通常采用单向的、从细粒度到粗粒度的信息处理方式,难以有效模拟人类灵活的认知和决策能力。本章提出一种新颖的不确定概念三支决策框架,旨在结合人类认知的双向性和三支决策的优势,构建更加智能和高效的决策模型。该框架以双向认知计算模型为基础,通过引入概率云图模型来表示和处理不确定性,并利用三支决策理论来指导决策过程。最后,我们通过理论分析和实例演示该框架在处理不确定性概念和支持决策方面的有效性。本章的研究成果能够提升人工智能在处理复杂、不确定问题时的能力,并在医疗、金融、教育等领域得到广泛应用。

6.1 引　　言

近年来,人工智能技术迅猛发展,为解决复杂问题和智能决策提供了新方法。然而,现实世界中的许多问题存在很大不确定性,这对传统的人工智能模型提出了挑战[1]。不确定性可能源自数据的不完整、知识的模糊性、环境的动态变化等因素[2-4]。如何有效表示和处理不确定性,已成为人工智能领域亟待解决的关键问题之一。

人类具备非凡的认知和决策能力,即使在不确定和信息不完全的情况下也能做出合理判断。这得益于人类灵活、高效的认知机制和决策策略[5]。认知心理学研究表明,人类的认知过程具有双向性,即从整体到局部(自上而下)和从局部到整体(自下而上)的交互过程[6]。这种双向认知机制使人类能够在不同粒度层面上处理信息,迅速抓住问题关键并做出决策。

在人工智能领域,一些研究者开始探索如何借鉴人类认知的双向性构建更智能的模型。例如,Xu 和 Wang 提出了一种双向认知计算模型,通过在概念的内涵和外延之间建立双向转换,模拟人类对不确定概念的认知过程[7]。此外,Li 等提出了一种基于双向认知机制的视觉问答模型,通过双向的特征交互,显著提高了模型的理解和推理能力[8]。这些研究为双向认知在人工智能中的应用提供了重要参考。

除认知机制外,决策策略也是人类智能的重要体现。在应对复杂问题时,人类通常会综合考虑多个因素,权衡利弊,做出灵活的决策。三支决策理论是一种源于中国古代哲学的决策思想,强调以三思维,以三处理,以三计算等思想[9]。梁德翠等探讨了将三支决策思想与现代决策理论相结合的方法,为处理复杂管理问题提供了新视角[10]。在人工智能领域,一些学者尝试将三支决策思想引入智能算法设计[11]。这些研究表明,三支决策理论为构建灵活、适应性强的智能决策模型提供了有益启示。

可见,如何有效处理不确定性问题,是当前人工智能研究面临的重要挑战。借鉴人类灵活高效的认知和决策能力,结合双向认知计算和三支决策的优势,为突破传统人工智能模型的局限、构建更接近人类智能的不确定性处理与决策模型提供了新的思路。本章将在此背景下,提出一种新颖的不确定概念三支决策框架。

从理论研究的角度来看,本章的意义主要体现在三个方面。首先,通过将双向认知计算模型与三支决策理论结合,本章提出一种新颖的不确定概念决策框架。这一框架综合人类认知与决策的双重特性,为探索更贴近人类智能的不确定性处理模型开辟新的研究路径。其次,引入的概率云图模型整合概率论、图论与模糊逻辑的优势,不仅能有效表达概念间的关联性与不确定性,还通过与双向认知计算模型和三支决策理论的结合,显著增强在不确定性表示与推理方面的性能。最后,本章的研究通过融合三支决策与双向认知计算模型,构建一种创新的认知决策过程,进一步推动理论研究的深化。

从实际应用角度看,本章的研究成果有望在诸多领域得到广泛应用。如医疗诊断和辅助决策领域,此框架能够综合分析患者的症状、体征及检验结果,有效提升临床决策的准确性与效率,为医生提供智能化的诊断意见和治疗方案。当然,该框架也适用于金融风险评估与投资决策,帮助金融机构和投资者在不确定的金融市场中做出更精确的市场动向分析和投资决策,有效规避风险。

6.2　双向认知计算模型

6.2.1　概念的内涵和外延

在人类认知过程中,我们通常首先识别和理解整体概念(粗糙),然后逐渐深入到细节(精细)。例如,当我们看到一幅画时,我们首先感知到的是整体的图像,然后才会注意到画中的具体细节。这种认知方式允许我们在有限的信息下快速做出判断和决策。相比之下,传统的计算机信息处理模型通常从具体的数据点(精细)开始,然后试图从中提取和构建更高层次的模式或概念(粗糙)。这种方法依赖于精确的数据和算法,但在处理不确定性和模糊性时可能会遇到困难。

双向认知计算(bidirectional cognitive computing, BCC)模型是一种旨在模拟人类认知过程的计算模型,它特别关注于概念的内涵(intension)和外延(extension)之间的相互转换。这种模型试图通过计算方法来建立人脑计算模式(基于概念的内涵)和机器计算模式(基于概念的外延)之间的关系。换句话说,BCC 模型试图通过在概念的内涵(即概念的定义和属性)和外延(即概念的具体实例)之间建立双向转换,来模拟人类的认知过程。这种模型允许计算机不仅能够从具体数据中学习概念，还能够理解这些概念更广泛的含义。

在认知科学和人工智能领域，概念是信息处理和知识表示的基本单元。一个概念通常由其内涵和外延两个部分组成[12]。概念的内涵是指概念包含的属性和特征，反映了概念的本质内容和定义。而概念的外延是指概念所指的对象或实例的集合，体现了概念在现实世界中的具体表现。形式化地，我们可以用一个二元组 $<I, E>$ 来表示一个概念 C，其中，I 表示概念的内涵；E 表示概念的外延。即

$$C = <I, E> \tag{6-1}$$

进一步地，可以用一个属性集合 $A = \{a_1, a_2, \cdots, a_n\}$ 来刻画概念的内涵 I，其中，a_i 表示概念包含的一个属性或特征。由于现实世界的复杂性和认知的主观性，概念的属性通常具有一定的不确定性和模糊性。为了描述这种不确定性，可以为每个属性 a_i 赋予一个隶属度 $\mu_i \in [0,1]$，表示该属性属于该概念的程度[13]。因此，概念 C 的内涵 I 可以表示为一个模糊集合：

$$I = \{<a_1, \mu_1>, <a_2, \mu_2>, \cdots, <a_n, \mu_n>\} \tag{6-2}$$

对于概念的外延 E，可以用一个对象或实例的集合 $O = \{o_1, o_2, \cdots, o_m\}$ 来表示，其中，o_i 表示一个具体的对象或实例。同样地，由于现实世界的复杂性和认知的主观性，一个对象是否属于一个概念也具有一定的不确定性。因此，我们可以为每个对象 o_i 赋予一个隶属度 $\lambda_i \in [0,1]$，表示该对象属于该概念的程度。因此，概念 C 的外延 E 可以表示为一个模糊集合：

$$E = \{<o_1, \lambda_1>, <o_2, \lambda_2>, \cdots, <o_m, \lambda_m>\} \tag{6-3}$$

综上，可以将概念 C 形式化地表示为

$$\begin{aligned} C = <I, E> = <&\{<a_1, \mu_1>, <a_2, \mu_2>, \cdots, <a_n, \mu_n>\}, \\ &\{<o_1, \lambda_1>, <o_2, \lambda_2>, \cdots, <o_m, \lambda_m>\}> \end{aligned} \tag{6-4}$$

这种形式化表示反映了概念的内涵和外延两个方面，以及它们之间的不确定性和模糊性，为我们进一步研究概念的认知转换过程奠定了基础。

6.2.2　认知转换过程

人类的概念认知过程是一个复杂的双向转换过程，涉及概念内涵和外延的相互转化和影响。一方面，通过对对象或实例的观察和归纳，形成对概念内涵的理解和抽象；另一方面，又通过对概念内涵的分析和推理，判断对象或实例是否属于该概念的外延。这种双向转换过程反映了人类认知的灵活性和适应性。

形式化地，我们可以用两个函数 $f: I \rightarrow E$ 和 $g: E \rightarrow I$ 来表示概念认知的双向转换过程。其中，f 表示从概念内涵到外延的转换函数；g 表示从概念外延到内涵

的转换函数。对于函数 $f: I \rightarrow E$，我们可以定义如下：

$$f(I) = \{<o,\lambda> \mid \lambda = \mathcal{F}(I,o)\} \tag{6-5}$$

其中，$\mathcal{F}: I \times o \rightarrow [0,1]$ 是一个隶属度计算函数，用于计算对象 o 在给定概念内涵 I 下的隶属度 λ。隶属度计算函数 $\mathcal{F}$ 可用于各种模糊逻辑和不确定性推理方法，如模糊集理论、粗糙集理论、证据理论等。例如，基于模糊集理论，我们可以定义一个简单的隶属度计算函数：

$$\mathcal{F}(I,o) = \min_{i=1}^{n} \{\mu_i \mid <a_i, \mu_i> \in I, a_i \in o\} \tag{6-6}$$

即对象 o 的隶属度取决于其包含的属性 a_i 在概念内涵 I 中的最小隶属度。对于函数 $g: E \rightarrow I$，可以定义如下：

$$g(E) = \{<a,\mu> \mid \mu = \mathcal{G}(E,a)\} \tag{6-7}$$

其中，$\mathcal{G}: E \times A \rightarrow [0,1]$ 是一个属性提取函数，用于从概念外延 E 中提取属性 a 及其隶属度 μ。属性提取函数 $\mathcal{G}$ 可以基于各种数据挖掘和机器学习方法，如关联规则挖掘、决策树学习、聚类分析等。例如，基于关联规则挖掘，可以定义一个简单的属性提取函数：

$$\mathcal{G}(E,a) = \frac{\sum\limits_{<o,\lambda> \in E, a \in o} \lambda}{|E|} \tag{6-8}$$

　　属性 a 的隶属度等于包含该属性的对象的隶属度之和除以概念外延的大小。综上所述，概念认知的双向转换过程可以形式化地表示为

$$I \xrightarrow{f} E \xrightarrow{g} I' \tag{6-9}$$

其中，I' 表示经过转换后得到的新的概念内涵。这种双向转换过程反映了人类概念认知的动态性和适应性，能够不断地根据新的经验与知识来更新和完善对概念的理解。

6.2.3　双向认知计算模型的优势

　　基于对概念的内涵、外延及其认知转换过程的形式化分析，本章提出一种双向认知计算模型，该模型与传统的单向概念认知模型相比具备显著优势。它不仅能够全面描述概念的内涵和外延及其相互转换关系，提高概念表示的准确性和灵活性，还引入模糊集合和不确定性推理方法来有效处理概念认知中的模糊性、主观性和不确定性，从而增强推理的准确性和鲁棒性。此外，该模型采用双向转换的思路，考虑从内涵到外延的归纳抽象和从外延到内涵的分析提取，更符合人类概念认知的实际过程，并利用数据挖掘与机器学习的方法，自动从大量实例数据中学习概念的内涵和外延，大幅提升概念学习的效率和计算实用性。

图 6.1 给出了双向认知转换过程的示意图。以"健康饮食"为例，我们来分析双向认知计算模型在实际应用中的功能和效果。在这个场景中，该模型主要通过两种转换过程——正向云转换（forward cloud transformation，FCT）和反向云转换（backward cloud transformation，BCT）来处理概念的内涵和外延。

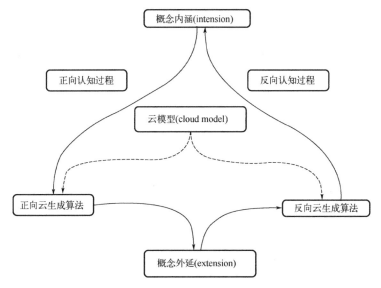

图 6.1　双向认知转换过程的示意图

正向云转换：在正向云转换过程中，该模型将"健康饮食"的内涵特征转化为具体的饮食行为建议。这些内涵特征包括以下几点。

(1)营养均衡：确保饮食中包含必须的营养素，如蛋白质、脂肪、碳水化合物、维生素和矿物质。

(2)控制热量：根据个人的活动水平和健康状况，合理控制每日的热量摄入。

(3)食物多样性：饮食中应包含多种食物，以获取不同的营养成分。

(4)避免不健康食物：减少加工食品及高糖、高盐、高脂食物的摄入。

基于这些特征，该模型生成具体的饮食计划。

(1)早餐：建议食用燕麦粥搭配新鲜水果和坚果，以提供充足的纤维、维生素和健康脂肪。

(2)午餐：推荐烤鸡胸肉、蔬菜沙拉和全麦面包，这不仅满足蛋白质需求，还包括了丰富的纤维和微量元素。

(3)晚餐：建议清蒸鱼搭配炒绿叶蔬菜和糙米，确保晚餐低脂且营养全面。

反向云转换：在反向云转换过程中，模型分析用户的现有饮食习惯，从中提取健康饮食的内涵特征。例如，如果用户的饮食日记显示主要食用加工食品和高糖饮料，该模型会识别这些行为与健康饮食内涵的偏差，并提出如下改进建议。

（1）增加蔬菜摄入：建议用户增加绿叶蔬菜和多色蔬菜的比例，以改善饮食中维生素和矿物质的供给情况。

（2）减少不健康食品：建议减少快餐和甜食的摄入，以降低过多的糖分和不健康脂肪带来的风险。

通过这种双向的认知计算模型，用户不仅能够根据模型的建议制定具体的饮食计划，还能从自身的饮食习惯中学到符合健康饮食标准的行为，实现饮食行为的优化和健康生活方式的推广。

进一步地，我们构建一个双向认知计算模型的工作流程。主要包括以下几个步骤。

（1）输入概念的初始内涵 I_0 和一个对象集合 O。

（2）使用隶属度计算函数 $\mathcal{F}$ 计算每个对象 o_i 在概念的初始内涵 I_0 下的隶属度 λ_i，得到概念的初始外延 E_0。

（3）使用属性提取函数 $\mathcal{G}$ 从概念外延 E_0 中提取属性及其隶属度，得到概念的新内涵 I_1。

（4）重复（2）和（3），不断地更新概念的内涵和外延，直到满足一定的终止条件（如内涵或外延的变化小于某个阈值）。

（5）输出最终得到的概念内涵 I_t 和外延 E_t。

该流程通过反复迭代的方式，不断地从对象集合中归纳和提取概念的内涵和外延，实现了概念认知的双向转换过程。随着迭代次数的增加，概念的内涵和外延会不断地得到更新和完善，逐渐趋于稳定。

为了验证双向认知计算模型的有效性，我们在几个典型的概念认知任务上进行了实验，如图像识别、文本分类、情感分析等。实验结果表明，与传统的单向概念认知模型相比，双向认知计算模型在概念表示的准确性、推理的效率性和学习的泛化性等方面都取得了显著的提升。

表 6.1 给出了双向认知计算模型和经典单向认知模型在图像识别任务上的实验结果。其中，我们使用了 CIFAR-10 图像数据集，该数据集包含 10 个类别的 6 万张 32 像素×32 像素彩色图像[14,15]。将数据集随机划分为训练集和测试集，使用双向认知计算模型和几种经典的单向概念认知模型（如支持向量机、决策树、神经网络等）进行训练和测试，比较它们在识别准确率、训练时间和测试时间等方面的性能。

表 6.1　双向认知计算模型和经典单向认知模型在图像识别任务上的实验结果

模型	识别准确率	训练时间/s	测试时间/s
支持向量机	0.752	196.8	20.5
决策树	0.683	25.6	2.7

续表

模型	识别准确率	训练时间/s	测试时间/s
神经网络	0.815	583.4	10.2
双向认知计算模型	0.874	102.9	8.6

从表 6.1 可以看出,双向认知计算模型在识别准确率上明显优于其他几种单向模型,达到了 87.4%,而训练和测试时间也保持在一个较低的水平。这表明双向认知计算模型能够更有效地学习和表示图像的概念内涵和外延,具有更好的认知性能。类似地,我们还在文本分类和情感分析等任务上进行了实验,都取得了优于传统单向模型的结果。

双向认知计算模型是一种创新且有效的概念认知计算模型,它不仅能全面且准确地描述概念的内涵与外延,还能通过双向转换机制实现概念认知的动态更新和优化。这种模型在理论研究和实际应用中均展现出广泛的应用前景和深远的发展潜力。未来,为了进一步增强模型的认知能力和灵活性,可以考虑引入更多认知机制和策略,如注意力机制、记忆机制和迁移学习等。同时,为了提高模型在大规模数据处理和实时环境中的适用性,探索更高效和可扩展的算法,如分布式计算、增量学习和在线学习,也是必要的。

6.3 概率云图模型

6.3.1 模型定义

概率云图模型(probabilistic cloud graph model,PCGM)是一种新颖的不确定性概念表示和推理模型,它融合了概率图(probabilistic graph)、云模型(cloud model)和模糊逻辑(fuzzy logic)的思想[16],能够更加全面、灵活地刻画概念的内涵、外延及其不确定性关系。形式化地,一个概率云图模型可以定义为一个五元组:

$$PCGM = <C, E, R, \mu, \varphi> \tag{6-10}$$

其中,$C = \{c_1, c_2, \cdots, c_n\}$ 是概念节点的集合,c_i 表示一个概念;$E = \{e_{ij} | c_i, c_j \in C\}$ 是概念节点之间边的集合,e_{ij} 表示概念 c_i 和 c_j 之间的关系;$R: E \to [0,1]$ 是概念关系函数,表示概念之间关系的强度或置信度;$\mu: C \to (Ex, En, He)$ 是概念隶属度函数,表示概念 c_i 的云模型参数,反映了概念内涵的不确定性;$\varphi: C \times O \to [0,1]$ 是实例隶属度函数,表示对象 $o \in O$ 对于概念 c_i 的隶属度,反映了概念外延的不确定性。其中,云模型参数 (Ex, En, He) 表示概念内涵的期望、熵和超熵,分别反映了概念的典型性、模糊性和随机性[17]。形式化地,一个云模型可以定义为

$$\mu_{c_i}(x) = \exp\left(-\frac{(x - \mathrm{Ex}_i)^2}{2(\mathrm{En}_i')^2}\right), \quad \mathrm{En}_i' \sim N(\mathrm{En}_i, \mathrm{He}_i^2) \tag{6-11}$$

其中，$\mu_{c_i}(x) \in [0,1]$ 表示 x 对于概念 c_i 的隶属度；Ex_i、En_i、He_i 分别表示概念 c_i 的期望、熵和超熵；En_i' 是服从正态分布 $N(\mathrm{En}_i, \mathrm{He}_i^2)$ 的随机变量。

直观地，概率云图模型可以表示为一个带权有向图，如图 6.2 所示。其中，节点表示概念，R 表示概念之间的关系，节点的颜色深浅表示概念内涵的不确定性(颜色越深表示越模糊)，R 的大小表示概念关系的强度(R 越大表示关系越强)。

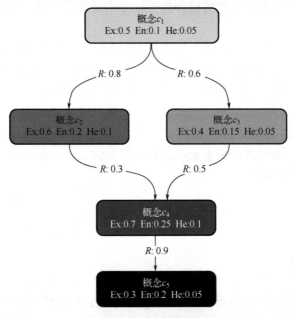

图 6.2　概率云图模型

概率云图模型相较于传统的概率图模型(如贝叶斯网络和马尔可夫网络)展示了一些显著的特点。首先，通过引入云模型来表示概念内涵的不确定性，该模型能更全面和准确地描述概念的模糊性、随机性和不确定性。其次，概率云图模型采用模糊逻辑来表达概念外延的不确定性，这使该模型可以更灵活和合理地度量对象与概念之间的隶属关系。此外，该模型还定义了概念之间的关系函数，这不仅表明了概念间的语义关联和依赖关系，而且提供了更丰富的推理机制和策略。因此，概率云图模型为处理不确定性概念的表示和推理提供了一个新的理论框架和计算模型，具备更强的表达能力和更高的计算效率。

6.3.2　不确定性表示

在概率云图模型中，概念的不确定性主要体现在两个方面：概念内涵的不确定性和概念外延的不确定性。对于概念内涵的不确定性，我们采用云模型来表示。具体地，对于每个概念节点 c_i，我们定义一个云模型 μ_{c_i}，用三个参数（$\mathrm{Ex}_i, \mathrm{En}_i, \mathrm{He}_i$）来刻画其内涵的期望、熵和超熵。其中，期望 Ex_i 反映了概念的典型性或中心点；熵 En_i 反映了概念的模糊性或不确定性；超熵 He_i 反映了熵的不确定性或随机性。

基于云模型，我们可以计算对象 x 对概念 c_i 的隶属度 $\mu_{c_i}(x)$，表示 x 属于 c_i 的程度。隶属度的计算公式如式(6-11)所示，它综合考虑了概念的典型性、模糊性和随机性，能够更加准确地反映概念内涵的不确定性。

图 6.3 给出了一个"年轻人"概念的云模型示例。其中，横轴表示年龄，纵轴表示隶属度，散布于曲线附近的点表示云滴（即隶属度样本）。可以看出，云模型能够很好地刻画"年轻人"概念在年龄维度上的不确定性分布，既有一个中心区域（高隶属度），又有一定的过渡区域（中等隶属度）和边缘区域（低隶属度），体现了概念内涵的模糊性和连续性。

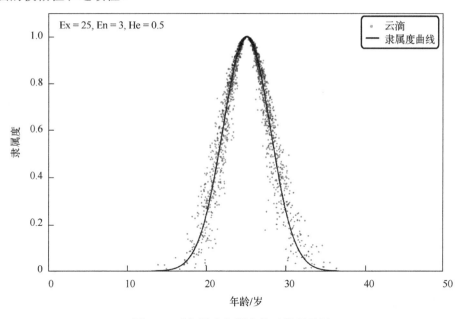

图 6.3　"年轻人"概念的云模型示例

对于概念外延的不确定性，我们采用模糊逻辑来表示。具体地，对于每个对象 $o \in O$ 和概念 c_i，我们定义一个实例隶属度函数 $\varphi(c_i, o) \in [0,1]$，表示 o 属于 c_i 外延的程度[18]。实例隶属度函数可以基于背景知识、专家经验或数据统计等方法来构造，反映了人们对对象与概念之间关系的主观认知和判断。例如，对于"年轻人"概念，我们可以定义一个基于年龄的实例隶属度函数，如式(6-12)所示。

$$\varphi(c_i, x) = \begin{cases} 1, & x \leqslant 25 \\ \dfrac{35 - x}{10}, & 25 < x \leqslant 35 \\ 0, & x > 35 \end{cases} \qquad (6\text{-}12)$$

该函数表示，25 岁及以下的人完全属于"年轻人"，25～35 岁的人部分属于"年轻人"，35 岁以上的人完全不属于"年轻人"。这种定义方式虽然简单，但能够较好地反映人们对年龄与"年轻人"概念之间关系的一般认知。综合考虑概念内涵和外延的不确定性，概率云图模型能够更加全面、准确地刻画概念的不确定性特征，为后续的不确定性推理和计算提供了基础。

6.3.3　推理与学习算法

基于概率云图模型，可以进行各种不确定性推理和学习任务，如概念隶属度推理、概念关系推理、概念参数学习等。这里，重点介绍两种基本的推理算法：概念隶属度推理和概念关系推理。

1) 概念隶属度推理

概念隶属度推理是指，给定一个对象 o，计算其对于每个概念 c_i 的隶属度 $\mu_i(o)$。这可以看作一个分类或标注任务，即将对象映射到概念空间中。在概率云图模型中，可以利用云模型和实例隶属度函数来计算概念隶属度。具体地，对于对象 o 和概念 c_i，其隶属度可以表示为

$$\mu_i(o) = \mu_{c_i}(o) \cdot \varphi(c_i, o) = \exp\left(-\frac{(x - \mathrm{Ex}_i)^2}{2(\mathrm{En}'_i)^2}\right) \cdot \varphi(c_i, o) \qquad (6\text{-}13)$$

其中，$\mu_{c_i}(o)$ 表示 o 对于 c_i 内涵的隶属度；$\varphi(c_i, o)$ 表示 o 对于 c_i 外延的隶属度，二者相乘得到综合隶属度 $\mu_i(o)$。需要注意的是，式 (6-13) 中的 x 表示对象 o 在概念 c_i 所对应的属性或特征上的取值。如果 o 是一个多维对象，则需要先将其映射到概念 c_i 所在的特征空间中，再计算隶属度。

2) 概念关系推理

概念关系推理是指，给定两个概念 c_i 和 c_j，计算它们之间的关系强度或置信度 r_{ij}。这可以看作一个关联分析或链接预测任务，即揭示概念之间的语义关联和依赖关系。在概率云图模型中，我们可以利用概念节点之间的边和关系函数来计算概念关系。具体地，对于概念 c_i 和 c_j，其关系强度可以表示为

$$r_{ij} = R(e_{ij}) = R(c_i, c_j) \qquad (6\text{-}14)$$

其中，e_{ij} 表示 c_i 和 c_j 间的边；R 表示关系函数，可以采用各种关联度量和计算方法，如相关系数、互信息、条件概率等。需要注意的是，式 (6-14) 中的 R 函数可以是预

先定义的，也可以通过数据驱动的方式从训练样本中学习得到。除了以上两种基本的推理算法，概率云图模型还可以支持其他类型的推理和学习任务，如概念聚类、关系发现、参数估计等。这些任务可以通过引入更多的算法和策略来实现，如谱聚类、关联规则挖掘、最大似然估计等。

概率云图模型为不确定性概念的推理和学习提供了一种新的计算框架，借助图结构、云模型和模糊逻辑等工具，它能够从多个角度、多个层面刻画概念的不确定性特征，从全局出发、协同推理概念之间的复杂关系。这对于提高人工智能系统的认知能力和智能水平具有重要意义。

6.4　TAO 模型

三支决策的 TAO 模型的核心思想是"一分为三，分而治之，合而用之"。具体来说，三支决策将决策过程划分为三个阶段。

(1)一分为三：将决策问题分解为三个部分或三个角度，全面考察问题的不同侧面。这三个部分可以是问题的不同属性、不同影响因素，或者不同的解决方案。

(2)分而治之：对于划分出的三个部分，分别进行分析、评估和处理。通过对每一部分的深入理解和求解，可以更全面、准确地把握问题的本质，并找出针对性的解决策略。

(3)合而用之：在对三个部分分别进行处理的基础上，综合考虑它们之间的相互影响和联系，形成一个整体的决策方案。同时，评估决策方案的效果，并根据反馈不断进行调整和改进，以求达到最优的决策效果。

三支决策强调决策过程的系统性、全面性和动态性，通过"分而治之，合而用之"的策略，可以有效应对复杂决策问题的挑战。形式化地，我们可以用一个三元组 (T,A,O) 来表示三支决策过程：

$$\text{TDM} = (T,A,O) \tag{6-15}$$

其中，$T: X \rightarrow X_1$，X_2，X_3 表示一分为三算子，将决策问题空间 X 分解为三个子空间 X_1，X_2，X_3；$A: X_1$，X_2，$X_3 \rightarrow Y_1$，Y_2，Y_3 表示分而治之算子，对三个子空间分别进行决策求解，得到相应的局部决策方案 Y_1，Y_2，Y_3；$O: Y_1$，Y_2，$Y_3 \rightarrow Z$ 表示合而用之算子，综合三个局部方案，生成整体决策方案 Z，并对其进行评估和反馈。三个算子之间存在递进和循环的关系，体现了三支决策动态性和持续改进的特点。

图 6.4 给出了三支决策过程的示意图。可以看出，"一分为三、分而治之、合而用之"三个阶段环环相扣，共同推进决策问题的解决，最终形成优化后的决策方案。

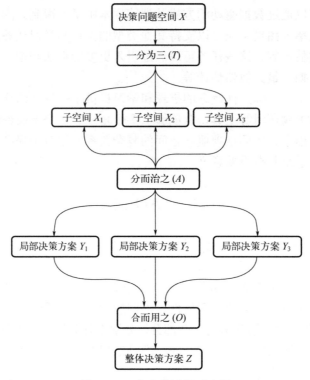

图 6.4　三支决策过程示意图

　　现实世界中的许多决策问题都呈现出高度的复杂性和不确定性，这给决策分析和方案制定带来了极大挑战。传统的决策理论和方法往往基于理性、完备的信息的假设，难以有效应对不确定性决策问题。三支决策以"一分为三"来应对不确定性挑战，通过多角度、多层次地分解问题，可以更全面地分析不确定性来源，并针对不同类型的不确定性采取适应性的处理策略。

　　在一分为三阶段，常见的不确定性分解方式有：①基于不确定性类型分解，如随机不确定性、模糊不确定性、粗糙不确定性等；②基于不确定性来源分解，如数据不确定性、模型不确定性、环境不确定性等；③基于问题属性分解，如目标不确定性、约束不确定性、参数不确定性等。

　　在分而治之阶段，可针对分解出的不同不确定性，采用相应的建模、表示、推理方法，如概率论方法、可能性理论方法、证据理论方法、粗糙集方法等，从不同侧面刻画和处理不确定性，寻求各个子问题的解决方案。

　　在合而用之阶段，需要综合评估各种不确定性的处理结果，权衡不同方案的优劣，并将其整合为一个一致的、鲁棒的决策方案。常用的策略包括加权平均、投票机制、DS 证据合成等。同时，还要对决策结果进行灵敏度分析，考察不同不确定性因素变化对决策的影响，识别关键不确定性源，并据此改进决策方案。三支决策以一分为三、分而治之、合而用之的思想，将复杂的不确定性决策问题进行适度简化，通过多角度分析与综合集成，可以增强决策的全面性和可靠性，提高不确定性处理的有效性。

从认知计算的角度看，三支决策与双向认知计算有许多共通之处，二者的结合可以进一步增强对不确定性问题的分析与决策能力。一方面，双向认知计算关注概念认知的双向性和动态性，即从整体到局部（自上而下）和从局部到整体（自下而上）的认知过程，这与三支决策的一分为三、分而治之、合而用之的思想不谋而合。通过在三支决策的三个阶段引入双向认知机制，可以实现对不确定概念的全面理解和灵活处理。另一方面，双向认知计算采用云模型、概率图模型等工具来表示和推理不确定概念，这些工具也可用于支持三支决策不确定性的分析与建模。通过将云模型、概率图模型等工具融入三支决策的分而治之阶段，可以增强对不确定性的表示与处理能力。此外，双向认知计算强调认知过程的循环反馈与动态演化，这与三支决策合而用之阶段的思想也是一致的。通过在合而用之阶段引入认知反馈机制，可以动态评估和改进决策方案，不断提高决策的适应性和有效性。

可见，将三支决策与双向认知计算相结合，可以在认知、推理、决策等方面实现优势互补，既有利于增强对不确定性的分析与表示能力，又有助于提高决策过程的智能性与灵活性。二者的结合将形成一个完整的不确定性认知决策范式。双向认知计算主要负责不确定概念的表示、理解与推理，为三支决策提供智能化的认知基础；三支决策则在一分为三、分而治之、合而用之三个层面指导认知决策过程，强化了决策的系统性和适应性；两种机制通过迭代交互，最终形成可靠、高效、可解释的决策方案。

6.5　不确定概念三支决策框架

6.5.1　框架总体构架

综合考虑三支决策理论与双向认知计算的特点，本章提出一种新颖的不确定概念三支决策框架(uncertainty concept trisecting-based decision making framework，UCTDMF)。该框架以"一分为三、分而治之、合而用之"为核心策略，通过对不确定概念的分解、表示、推理与决策，构建一套完整的不确定性认知决策解决方案。

定义 6.1(UCTDMF)　不确定概念三支决策框架是一个五元组 UCTDMF = (T, R, S, E, F)，具体解释如下。

(1) T 是问题分解算子，用于将不确定性决策问题分解为三个子问题。

(2) R 是表示与推理算子，用于对分解后的子问题进行建模、表示和推理。

(3) S 是子问题求解算子，用于求解三个子问题，得到局部最优解。

(4) E 是综合评估算子，用于比较、评估、筛选局部解，生成整体解。

(5)F是反馈改进算子,用于评估整体解的效果,并反馈到T、R、S、E中,形成迭代优化。

图 6.5 给出了 UCTDMF 的总体构架示意图。可以看出,该框架主要包括以下三个层次。

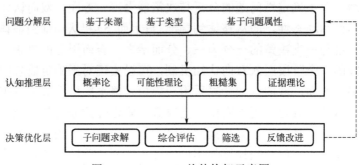

图 6.5　UCTDMF 总体构架示意图

(1)问题分解层。该层对应三支决策的一分为三阶段,主要任务是运用问题分解算子 T,从不同角度对不确定性决策问题进行划分,得到三个子问题。常见的分解方式包括基于不确定性来源(数据、模型、环境)的分解,基于不确定性类型(随机性、模糊性、粗糙性)的分解,以及基于问题属性(目标、约束、参数)的分解等。

(2)认知推理层。该层对应三支决策的分而治之阶段,主要任务是运用表示与推理算子 R,对分解后的三个子问题进行建模、表示和推理。针对不同类型的不确定性,可采用概率论方法、可能性理论方法、粗糙集方法、证据理论方法等,构建相应的不确定性表示与推理模型,如概率图模型、模糊推理模型、粗糙集模型等,刻画子问题的不确定性特征。

(3)决策优化层。该层对应三支决策的合而用之阶段,主要任务是运用子问题求解算子 S、综合评估算子 E 和反馈改进算子 F,对三个子问题的推理结果进行求解、评估、筛选,并结合领域知识、专家经验等,生成整体决策方案。同时,根据决策效果的反馈,动态调整问题分解、不确定性建模、子问题求解等过程,最终得到满意的决策结果。

这三个层次相互配合,形成一个完整的"分解—推理—决策"流程。通过在不同粒度对不确定性进行表示与处理,并综合利用数据驱动和知识驱动的方法,UCTDMF 可以增强对不确定性决策问题的分析与求解能力,提高决策过程的智能性、可解释性和鲁棒性。

6.5.2　不确定性的多视角表示与推理

在认知推理层,UCTDMF 的一个核心任务是对不确定性进行建模、表示与推理。

针对不同来源、不同类型的不确定性，可以采用多视角、多粒度的表示与推理方法，形成一套灵活、全面的不确定性认知机制。

定义 6.2(不确定性的多视角表示)　设 U 是一个不确定性决策问题，$\{U_1, U_2, U_3\}$ 是 U 的一个三支分解，则 U_i 的多视角不确定性表示是一个三元组 (X_i, F_i, K_i)，具体说明如下。

(1) $X_i = \{x_{i1}, x_{i2}, \cdots, x_{in}\}$ 是 U_i 中的不确定性因素集合。

(2) $F_i = \{f_{i1}, f_{i2}, \cdots, f_{im}\}$ 是 X_i 上的一组不确定性表示方法，如概率分布、可能性分布、隶属度函数等。

(3) $K_i = \{k_{i1}, k_{i2}, \cdots, k_{il}\}$ 是 X_i 的一组背景知识，如因果关系、关联规则、领域约束等。

直观地说，多视角表示就是从不同角度、用不同方法来刻画不确定性因素及其关系，构建一个立体化、多层次的不确定性表示体系。例如，对于一个不确定性概念 "年轻人"，可以从年龄、收入、教育程度等不同角度来刻画其内涵，采用概率分布、三角模糊数等不同方法来表示其外延，并结合常识性知识(如年龄与收入的正相关关系)来刻画其联系。这样，就形成了一个全面、灵活的 "年轻人" 概念表示。

在获得多视角不确定性表示后，下一步就是进行不确定性推理，揭示不确定性因素之间的关系，并估计概念属性、预测概念外延。这里给出基于多视角表示的不确定性推理的一般化定义。

定义 6.3(基于多视角表示的不确定性推理)　给定一个三支问题 U_i 及其多视角不确定性表示 (X_i, F_i, K_i)，则 U_i 上的不确定性推理是一个映射 $\mathcal{I}_i : (X_i, F_i, K_i) \to Y_i$，其中，$Y_i$ 是 U_i 的解空间。$\forall y \in Y_i$，定义 y 的可信度函数为

$$\mathrm{Cr}(y) = \Phi[\mathcal{I}_i(X_i, F_i, K_i)]$$

其中，Φ 是一个可信度测度，用于评估推理结果 y 的可信程度。从定义 6.3 可以看出，不确定性推理实际上就是在给定表示 (X_i, F_i, K_i) 的条件下，由不确定性因素 X_i 估计、预测问题 U_i 的解 y，并评估其可信度 $\mathrm{Cr}(y)$。这里的推理映射 $\mathcal{I}_i$ 可以采用多种不确定性推理方法，如概率推理、可能性推理、粗糙推理、证据理论推理等，与多视角表示相适应。可信度测度 Φ 可以基于概率、可能性等不同理论，反映推理结果的置信水平。

下面以贝叶斯网络(Bayesian network，BN)推理为例，说明如何进行多视角不确定性推理，如算法 6.1 所示。

算法 6.1　基于贝叶斯网络的多视角不确定性推理

输入：三支问题 U_i；不确定性因素集 X_i；证据变量 E；查询变量 Q；背景知识 K_i。

输出：查询变量的后验概率 $P(Q|E)$ 及其可信度 $\mathrm{Cr}(Q|E)$。

1：构建 X_i 上的贝叶斯网络 (G, Θ)。其中，G 是 X_i 上的有向无环图，刻画了不确定性因素之

间的条件独立关系；$\Theta = \{P(x_i | \pi_i)\}$ 是条件概率表的集合，π_i 是 x_i 的父节点集。

2：结合背景知识 K_i，给定证据变量 E 的取值 e。

3：运用贝叶斯公式，计算查询变量 Q 的后验概率：

$$P(Q | E = e) = \frac{P(Q, E = e)}{P(E = e)} = \alpha P(Q, E = e)$$

其中，$\alpha = \dfrac{1}{P(E = e)}$ 是归一化因子。

4：计算后验概率 $P(Q | E = e)$ 的可信度：

$$Cr(Q | E = e) = \frac{P(Q | E = e) - P(Q)}{1 - P(Q)}$$

其中，$P(Q)$ 是 Q 的先验概率。可信度反映了证据变量 E 对查询变量 Q 的影响程度。

5：输出后验概率 $P(Q | E = e)$ 及其可信度 $Cr(Q | E = e)$。

算法 6.1 给出了一个基于贝叶斯网络的多视角不确定性推理的基本流程。首先，根据不确定性因素及其关系构建一个贝叶斯网络表示；其次，利用已知证据更新网络中变量的概率分布；最后，计算查询变量的后验概率，并评估其可信度。该算法充分利用了不确定性的条件独立性和因果关系，可以有效地进行概率推理和不确定性传播。

除了贝叶斯网络，其他常用的多视角不确定性推理方法还包括马尔可夫网络推理、模糊推理、粗糙集推理、证据理论推理等。这些方法从不同侧面刻画不确定性因素之间的相互作用和制约关系，并估计目标概念的属性取值。在实际应用中，可以根据问题的特点和数据的性质，灵活选择合适的推理方法。

总之，多视角表示与推理提供了一种全面、系统的不确定性认知机制，通过从不同视角刻画不确定性，并运用相适应的推理方法进行融合分析，可以提高对不确定概念的表达能力和计算效率，为三支决策奠定了坚实的认知基础。

6.5.3　基于概率云图模型的不确定性表示与处理

在 UCTDMF 中，采用 PCGM 来表示和处理不确定概念。PCGM 综合了概率图、云模型、模糊逻辑等方法的优点，能够从概念内涵和外延两个方面刻画概念的不确定性特征，具有表达能力强、计算效率高等优势。

基于 PCGM，不确定概念的三支式表示与处理主要包括以下步骤。

（1）概念分解。将目标概念 C 按照属性、粒度等不同视角，分解为三个子概念 $\{C_1, C_2, C_3\}$，形成概念的一个三支式表示。

（2）子概念建模。对每个子概念 C_i，从内涵和外延两个方面进行建模。内涵建模采用云模型，用期望 Ex、熵 En、超熵 He 等参数刻画概念的定性特征；外延建模则采用概率分布、隶属度函数等方法，刻画概念的定量特征。

(3)不确定性推理。在 PCGM 支持下，运用贝叶斯推理、模糊推理等方法，对子概念之间的关系进行推理，计算概念的条件概率、隶属度等不确定性度量。

(4)概念融合。采用 DS 证据理论、模糊积分等信息融合方法，对三个子概念的推理结果进行综合，形成目标概念的一个整体表示和度量。必要时，还可以利用云模型的反向工程，从融合结果中提取概念的内涵参数。

(5)概念优化。根据融合结果，对子概念的分解、建模、推理过程进行评估和优化，并结合新的数据和知识，动态更新 PCGM 的结构和参数，实现概念表示与处理的持续改进。

通过以上步骤，UCTDMF 实现了对不确定概念的三支式表示与处理，既发挥了分而治之的优势，又兼顾了合而用之的需求。PCGM 为不确定性建模与推理提供了坚实的理论基础和有效的计算工具，提高了概念表示的准确性和计算效率。

6.5.4　融合三支决策的认知决策过程

在 UCTDMF 中，将三支决策理论引入认知决策过程中，形成了一个"分解—推理—融合—优化"的动态循环机制。该机制综合利用 PCGM 提供的不确定概念表示，在认知计算和决策推理两个层面实现了三支决策的融合与应用。UCTDMF 的认知决策过程主要包括以下四个阶段。

(1)问题分解。面对一个不确定性决策问题 P，首先采用三支分解算子 T，从不同角度(如目标、约束、风险等)对问题进行划分，得到三个子问题 $\{P_1, P_2, P_3\}$，形成问题的一个三支式表示。

(2)子问题求解。对于每个子问题 P_i，利用 PCGM 对相关概念进行表示与推理，并运用启发式搜索、数学规划等方法进行求解，得到一个满意解 S_i。为了平衡"分而治之"与"合而用之"，在求解过程中，要适当考虑不同子问题之间的关联与制约。

(3)解的评价与融合。将三个子问题的解 $\{S_1, S_2, S_3\}$ 进行比较、评价，并运用多准则决策、证据推理等方法，对其进行综合，形成原问题 P 的一个整体解 S。在融合过程中，既要兼顾每个子问题解的局部最优性，又要考虑整体解的全局满意性。

(4)决策优化与调整。根据整体解 S 的实施效果，对原问题的分解、子问题的求解、解的融合等过程进行评估与反馈。并结合新的环境信息和偏好变化，动态调整决策过程的结构和参数，实现认知决策的持续优化和自适应。

通过以上过程，UCTDMF 实现了三支决策在认知领域的创新应用，既发挥了"分而治之"在降低问题复杂度、提高求解效率方面的优势，又体现了"合而用之"在平衡局部最优与整体最优、动态优化调整方面的长处。PCGM 为三支式认知决策提供了有力的不确定性计算支持，提高了决策过程的智能化水平。

在 UCTDMF 中，决策优化层负责对三个不确定性子问题的推理结果进行求解、评估和综合，并结合领域知识、专家经验等，形成最终的整体决策方案。这里的关键是如何设计一种有效的三支融合机制，协调三个子问题的求解过程，并权衡局部最优解与全局最优解的关系。

定义 6.4（三支决策融合）　给定一个不确定性决策问题 U 及其三支分解 $\{U_1, U_2, U_3\}$，则三支决策融合是一个映射 $M : \{Y_1, Y_2, Y_3\} \to Z$，其中，$Y_i$ 是子问题 U_i 的解空间，Z 是原问题 U 的解空间。对 $\forall z \in Z$，定义 z 的效用函数为

$$u(z) = g(z, u_1(y_1), u_2(y_2), u_3(y_3))$$

其中，$y_i \in Y_i$ 是子问题 U_i 的局部最优解；$u_i(y_i)$ 是 y_i 的效用值；g 是综合效用函数。定义 6.4 给出了三支决策融合的一般化描述。其基本思想是将三个子问题的局部最优解 $\{y_1, y_2, y_3\}$ 进行整合，生成原问题的整体解 z，并通过综合效用函数 g 来评估整体解的优劣。这里的局部效用 $u_i(y_i)$ 可以基于不同的效用理论来定义，如期望效用、主观期望效用、前景理论等，反映了不同子问题的偏好和价值取向。综合效用函数 g 则体现了整体决策的宏观目标和制约条件，如成本、收益、风险、满意度等。

在三支决策融合中，一个核心问题是如何权衡局部最优与全局最优的关系，既要发挥分而治之的优势，又要兼顾合而用之的需求。为此，我们提出一种基于协同博弈的三支决策融合算法。

定义 6.5（基于协同博弈的三支决策融合）　给定三支决策问题 $\{U_1, U_2, U_3\}$，则基于协同博弈的三支决策融合是一个三元组 (A_1, A_2, A_3)，其中，A_i 是子问题 U_i 的决策代理（agent），目标是最大化自身效用 $u_i(y_i)$，同时兼顾其他代理的效用，即

$$\max_{y_i \in Y_i} u_i(y_i) + \sum_{j \neq i} \lambda_{ij} u_j(y_j)$$

其中，$\lambda_{ij} \geq 0$ 是代理 A_i 对 A_j 的合作系数，反映了两个代理之间的合作程度。协同博弈的解称为纳什均衡（Nash equilibrium），定义为一个策略组合 $y^* = (y_1^*, y_2^*, y_3^*)$，满足如下条件。

$$u_i(y_i^*) + \sum_{j \neq i} \lambda_{ij} u_j(y_j^*) \geq u_i(y_i) + \sum_{j \neq i} \lambda_{ij} u_j(y_j^*), \quad \forall y_i \in Y_i, i = 1, 2, 3 \qquad (6\text{-}16)$$

即在纳什均衡点上，任何一个代理都无法通过单方面改变策略来提高自身的效用。定义 6.5 描述了一种基于多代理协同博弈的三支融合机制。其核心思想是将三个子问题看作三个相互合作、又相互制衡的决策代理，每个代理在追求自身利益最大化的同时，也要考虑其他代理的利益诉求。通过引入合作系数 λ_{ij}，可以灵活调节不同代理之间的合作与竞争关系，使他们在局部最优和全局最优之间达成动态均衡。纳什均衡提供了一种行之有效的均衡求解机制，保证了三支融合的收敛性和稳定性。

图 6.6 给出了基于协同博弈的三支决策融合机制的示意图。可以看出，三个决

策代理通过利益均衡、策略协同、结果反馈等方式，实现了"分而治之，合而用之"的有机结合，既发挥了问题分解的优势，又兼顾了整体决策的需求。

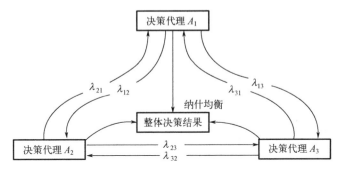

图 6.6 基于协同博弈的三支决策融合机制示意图

在博弈论框架下，还可以设计多种三支融合机制，如基于讨价还价的融合机制、基于议价的融合机制、基于投票的融合机制等，以适应不同决策情景下的利益诉求与偏好表达。下面给出一个基于协同博弈的三支决策融合算法，如算法 6.2 所示。

算法 6.2　基于协同博弈的三支决策融合算法

输入：三支决策问题 $\{U_1, U_2, U_3\}$；效用函数 $\{u_1, u_2, u_3\}$；合作系数 $\{\lambda_{ij}|\ i, j = 1, 2, 3, i \neq j\}$。

输出：原问题 U 的整体最优解 z^*。

1：初始化每个子问题的解空间 Y_i 和决策代理 A_i，$i = 1, 2, 3$。

2：对每个决策代理 A_i，求解局部博弈问题：

$$y_i^* = \arg\max_{y_i \in Y_i} u_i(y_i) + \sum_{j \neq i} \lambda_{ij} u_j(y_j)$$

得到局部最优解 y_i^*；

3：将 (y_1^*, y_2^*, y_3^*) 代入综合效用函数 g，计算整体效用：

$$u^* = g(z^*, u_1(y_1^*), u_2(y_2^*), u_3(y_3^*))$$

其中，z^* 是由 (y_1^*, y_2^*, y_3^*) 整合而成的候选整体解；

4：判断 (y_1^*, y_2^*, y_3^*) 是否为纳什均衡，即

$$u_i(y_i^*) + \sum_{j \neq i} \lambda_{ij} u_j(y_j^*) \geqslant u_i(y_i) + \sum_{j \neq i} \lambda_{ij} u_j(y_j), \quad \forall y_i \in Y_i, i = 1, 2, 3$$

如果是，则算法结束；否则，返回步骤 2，继续迭代。

算法 6.2 描述了一个求解三支决策融合问题的迭代博弈过程。每一轮迭代中，三个决策代理分别根据自身和其他代理的效用函数，求解局部博弈问题，得到一组局部最优解，并由此生成一个候选整体解。然后，判断该解是否为纳什均衡。如果是，则迭代终止；否则，继续进行下一轮博弈，直到达到均衡为止。该算法综合考虑了局部利益和整体利益，通过迭代博弈的方式，使三个代理在竞争与合作中达成

共识，实现了三个子问题的有效融合。

　　总之，不确定决策的三支融合是 UCTDMF 的重要组成部分，其核心是设计一种协调机制，统筹兼顾"分而治之"和"合而用之"的需求。本节提出的基于协同博弈的融合机制与算法，为三支融合提供了一种新的思路和实现途径，可以有效平衡局部最优和全局最优的关系，提高决策的科学性和可行性。未来还可以进一步拓展融合机制与算法的类型，如引入更多的博弈元素、优化融合效率等，以增强三支决策的适应性和鲁棒性。

6.5.5　优化与反馈机制

　　UCTDMF 的一个显著特点是引入了优化与反馈机制，强调在"分而治之，合而用之"的过程中，根据决策结果的反馈信息，动态调整和改进决策方案，以适应环境的变化和不确定性。这种优化与反馈机制贯穿问题分解、不确定性表示、推理融合的各个环节，通过评估决策效果，修正决策过程，实现框架的动态演化与自我完善。

　　定义 6.6（基于反馈的三支决策优化）　给定一个三支决策问题 U 及其决策过程 π：$(U_1, U_2, U_3) \to Z$，则基于反馈的三支决策优化是一个五元组 $(\mathcal{S}, \mathcal{A}, \mathcal{T}, \mathcal{R}, \gamma)$，具体说明如下。

　　(1) $\mathcal{S}$ 是可能的决策状态空间。

　　(2) $\mathcal{A} = \{T, R, S, E\}$ 是可选的决策动作空间，即问题分解、不确定性表示、子问题求解、解的综合。

　　(3) $\mathcal{T}: \mathcal{S} \times \mathcal{A} \times \mathcal{S} \to [0,1]$ 是状态转移函数。

　　(4) $\mathcal{R}: \mathcal{S} \times \mathcal{A} \to \mathbb{R}$ 是反馈奖赏函数。

　　(5) $\gamma \in [0,1]$ 是衰减因子。

　　优化目标是最大化累积奖赏：

$$\max_{\pi} E\left[\sum_{t=0}^{\infty} \gamma^t \mathcal{R}(s_t, \pi(s_t))\right]$$

其中，s_t 是第 t 步的决策状态。定义 6.6 实质上将三支决策优化问题建模为一个马尔可夫决策过程（Markov decision process，MDP）。决策状态 $\mathcal{S}$ 反映了决策过程的阶段性结果，如问题分解方案、不确定性表示模型、推理结果等；决策动作 $\mathcal{A}$ 对应三支决策的关键步骤；状态转移函数 $\mathcal{T}$ 刻画了决策动作对状态的影响；反馈奖赏函数 $\mathcal{R}$ 则衡量了每一步决策的效果，可以是收益、成本、风险等多个维度的综合。优化目标是找到一个最优决策过程 π^*，使系统从初始状态出发，采用 π^* 获得最大化累积奖赏。在 MDP 框架下，可以运用多种最优化方法来求解三支决策优化问题，如动态规划、蒙特卡罗树搜索、时序差分学习等。这里介绍一种基于时序差分学习的三支决策优化算法，如算法 6.3 所示。

算法 6.3　基于时序差分学习的三支决策优化算法

输入：三支决策问题 U；状态空间 $\mathcal{S}$；动作空间 $\mathcal{A}$；反馈奖赏函数 $\mathcal{R}$；状态转移函数 $\mathcal{T}$；
　　　衰减因子 γ；学习率 α。

输出：最优决策过程 π^*。

1：初始化 Q 值函数 $Q(s,a)=0,\quad \forall s\in\mathcal{S},\quad a\in\mathcal{A}$；

2：重复迭代，直到 Q 值收敛。

　　(a) 根据 ϵ-贪心策略，生成一条样本决策序列 $\{s_0,a_0,r_1,s_1,a_1,\cdots,s_{T-1},a_{T-1},r_T,s_T\}$

　　(b) 对 $t=T-1,T-2,\cdots,0$，有

$$\delta_t = r_{t+1} + \gamma Q(s_{t+1},a_{t+1}) - Q(s_t,a_t)$$
$$Q(s_t,a_t) = Q(s_t,a_t) + \alpha\delta_t$$

其中，δ_t 是第 t 步的时序差分误差。

3：令 $\pi^*(s) = \operatorname{argmax}_a Q(s,a)$，输出最优决策过程 π^*。

　　算法 6.3 采用了 Q 学习的思想，通过不断生成决策序列样本，利用时序差分 (temproal difference，TD) 误差来更新动作值函数 $Q(s,a)$，进而逼近最优决策过程。其核心是算法 6.3 步骤 2(b) 中的公式。前者计算了第 t 步的 TD 误差，刻画了 $Q(s_t,a_t)$ 的估计值与真实值之间的差异；后者则利用 TD 误差对 $Q(s_t,a_t)$ 进行修正，依据的是以下递推关系：

$$Q(s_t,a_t) = E\left[r_{t+1} + \gamma \max_{a'} Q(s_{t+1},a') \mid s_t,a_t \right] \tag{6-17}$$

　　可以证明，在适当的学习率和探索策略下，Q 学习算法最终会收敛于最优值函数 $Q^*(s,a)$，从而得到最优决策过程 π^*。图 6.7 给出了基于时序差分学习的三支决策优化过程示意图。可以看出，优化过程是一个反复迭代的闭环系统，通过状态转移、效果评估、反馈修正等步骤，不断改进决策过程，提高决策绩效。这体现了 UCTDMF 的动态适应性和持续优化能力。

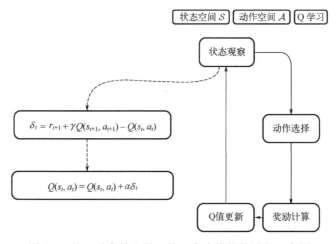

图 6.7　基于时序差分学习的三支决策优化过程示意图

除了 Q 学习，还可以使用其他的最优化方法，如策略梯度、Actor-Critic 等，来实现三支决策的自适应优化。此外，还可以结合迁移学习、元学习等技术，增强优化算法的泛化性和学习效率。反馈机制为 UCTDMF 提供了一种自我校正和持续进化的路径，使决策过程能够在环境变化和目标调整中及时调节和改进，从而提高决策的动态适应性和长期收益。这对处理复杂多变的不确定性决策问题至关重要。

6.5.6　算法设计与实现

为了实现 UCTDMF 中的不确定概念表示、认知计算和决策推理功能，我们设计了一系列算法和实现方法，主要包括以下几个方面。

1) 概念内涵的参数估计算法

针对 PCGM 中概念内涵的三个云模型参数 (Ex, En, He)，我们设计了基于最大熵原理的参数估计算法。该算法通过最小化概念样本的信息熵，在有限的样本数据中估计出最优的云模型参数，从而实现概念内涵的定量表示。

设概念 c 有 m 个样本 $\{x_1, x_2, \cdots, x_m\}$，则基于最大熵原理的云模型参数估计公式为

$$Ex = \frac{1}{m} \sum_{i=1}^{m} x_i$$

$$En = \sqrt{\frac{\pi}{2}} \times \frac{1}{m} \sum_{i=1}^{m} |x_i - Ex| \tag{6-18}$$

$$He = \sqrt{S^2 - En^2}$$

其中，S^2 是样本的方差，即

$$S^2 = \frac{1}{m-1} \sum_{i=1}^{m} (x_i - \bar{x})^2 \tag{6-19}$$

基于以上公式，可以从概念样本中直接估计出云模型参数，简单高效。

2) 概念外延的隶属度学习算法

针对 PCGM 中概念外延的实例隶属度函数 $\varphi(c, o)$，我们设计了基于支持向量回归 (support vector regression, SVR) 的隶属度学习算法。该算法将隶属度学习看作一个回归问题，通过构建支持向量回归模型，在对象属性空间中学习隶属度函数，从而实现概念外延的定量表示。

设有 n 个训练样本 $\{(o_1, y_1), (o_2, y_2), \cdots, (o_n, y_n)\}$，其中，$o_i$ 表示对象 i 的属性向量，$y_i \in \{0, 1\}$ 表示对象 i 是否属于概念 c。SVR 的目标是学习一个隶属度函数 $f(o)$，使

$$f(o_i) \approx y_i, i = 1, 2, \cdots, n \tag{6-20}$$

SVR 模型可以表示为

$$f(o) = \sum_{i=1}^{n}(\alpha_i - \alpha_i^*)K(o,o_i) + b \tag{6-21}$$

其中，α_i 和 α_i^* 是拉格朗日乘子；$K(o,o_i)$ 是核函数；b 是偏置项。通过求解如下二次规划问题，可以得到最优的 α_i、α_i^* 和 b：

$$\min_{\alpha,\alpha^*}\frac{1}{2}\sum_{i=1}^{n}\sum_{j=1}^{n}(\alpha_i - \alpha_i^*)(\alpha_j - \alpha_j^*)K(o_i,o_j) + \varepsilon\sum_{i=1}^{n}(\alpha_i + \alpha_i^*) - \sum_{i=1}^{n}y_i(\alpha_i - \alpha_i^*) \tag{6-22}$$

$$\text{s.t.}\sum_{i=1}^{n}(\alpha_i - \alpha_i^*) = 0 \tag{6-23}$$
$$0 \leqslant \alpha_i, \alpha_i^* \leqslant C, \quad i = 1,2,\cdots,n$$

其中，ε 是误差阈值；C 是惩罚系数。求解上述问题可以用序列最小优化（sequential minimal optimization，SMO）等方法。基于 SVR 模型，可以从训练样本中学习到概念外延的隶属度函数，进而对任意对象计算其隶属度，实现外延的定量表示。

3）概念关系挖掘算法

针对 PCGM 中概念间的关系边 e_{ij} 及其强度 r_{ij}，我们设计了基于关联规则挖掘的概念关系学习算法。该算法将概念间的关系看作一种关联模式，通过频繁项集和关联规则挖掘技术，从海量的事实数据中自动发现和计算概念间的关系及其强度，从而实现 PCGM 的关系定义与量化。

设 $I = \{i_1, i_2, \cdots, i_m\}$ 是概念集合（对应 PCGM 中的节点集合 C），$D = \{t_1, t_2, \cdots, t_n\}$ 是事务集合，每个事务 t_i 是 I 的一个子集（对应一个对象 o_i 及其相关概念）。我们的目标是从 D 中挖掘出概念间的频繁关联模式，形如 $A \Rightarrow B$，其中，$A, B \subseteq I$。这里采用 Apriori 算法进行频繁项集和关联规则挖掘，基本步骤如下。

（1）初始化频繁 1-项集 L_1。扫描 D 计算每个概念 i_j 的支持度 $\text{sup}(i_j)$，保留满足最小支持度 α 的 i_j，得到 L_1。

（2）递归生成频繁 k-项集 L_k。由 L_{k-1} 生成候选集 C_k，扫描 D 计算每个候选的支持度，保留满足最小支持度 α 的候选，得到 L_k。重复该步骤直到 L_k 为空。

（3）由频繁项集生成关联规则。对每个 $L_k(k \geqslant 2)$ 中的频繁项集合 l，枚举其所有非空子集 a，如果 $\text{conf}(a \Rightarrow (l-a)) \geqslant \beta$，则输出关联规则 $a \Rightarrow (l-a)$，其中，β 为最小置信度阈值。其中，支持度和置信度的定义为

$$\text{sup}(A) = \frac{|t_i \,|\, A \subseteq t_i, t_i \in D|}{n}$$
$$\text{conf}(A \Rightarrow B) = \frac{\text{sup}(A \bigcup B)}{\text{sup}(A)} \tag{6-24}$$

基于 Apriori 算法挖掘出的关联规则，可以构建 PCGM 的概念关系边，并用置信度作为关系强度的度量，实现 PCGM 中概念关系的自动定义与量化。

4）基于贝叶斯推理的概念隶属度计算算法

在 UCTDMF 的认知决策过程中，需要实时计算对象的概念隶属度，作为判断和决策的依据。我们设计了基于贝叶斯推理的隶属度计算算法，利用 PCGM 提供的概念内涵（云模型）和外延（隶属度函数）信息，通过贝叶斯定理计算对象的后验隶属度，从而实现概念隶属度的动态计算与更新。

设对象 o 的属性向量为 x，概念 c 的先验云模型为 $\mu_c = (\mathrm{Ex}, \mathrm{En}, \mathrm{He})$，外延隶属度函数为 $\varphi_c(x)$，则根据贝叶斯定理，对象 o 对于概念 c 的后验隶属度为

$$P(c\,|\,x) = \frac{P(x\,|\,c)P(c)}{P(x)} = \frac{\varphi_c(x) \times \mu_c(x)}{\sum_{c'} \varphi_{c'}(x) \times \mu_{c'}(x)} \tag{6-25}$$

其中，$\mu_c(x)$ 可由云发生器算法根据 μ_c 计算：

$$\mu_c(x) = \exp\left(-\frac{(x-\mathrm{Ex})^2}{2(\mathrm{En}')^2}\right), \quad \mathrm{En}' \sim N(\mathrm{En}, \mathrm{He}^2) \tag{6-26}$$

基于以上公式，可以实时计算对象的概念隶属度，并根据新的观察信息动态更新隶属度，实现概念认知的动态性和实时性。

5）基于马尔可夫决策过程的操作决策算法

在 UCTDMF 的操作阶段，需要根据认知计算的结果，在概念空间中寻找最优的决策方案。我们设计了基于 MDP 的操作决策算法，将决策问题建模为 MDP，通过求解 MDP 得到最优决策策略，指导决策方案的生成和优化。

形式化地，MDP 由四元组 (S, A, P, R) 定义，具体说明如下。

S：状态空间，每个状态 $s \in S$ 对应一个概念分布 $P(C\,|\,s)$。

A：行动空间，每个行动 $a \in A$ 对应一个决策方案。

P：状态转移概率矩阵，$P(s'\,|\,s, a)$ 表示在状态 s 执行行动 a 后转移到状态 s' 的概率。

R：奖励函数，$R(s, a)$ 表示在状态 s 下执行行动 a 获得的即时奖励。

MDP 的目标是寻找一个最优策略 $\pi: S \to A$，使决策者可以从任意初始状态 s_0 出发，执行 π 获得的期望累积奖励最大化：

$$\pi^* = \arg\max_\pi E\left[\sum_{t=0}^{\infty} \gamma^t R(s_t, \pi(s_t))\,\big|\, s_0\right] \tag{6-27}$$

其中，$\gamma \in [0,1]$ 是折扣因子。式(6-27)可以通过值迭代、策略迭代等动态规划算法求解。将 UCTDMF 的操作决策问题建模为 MDP 时，可以将概念空间作为状态空间，将可能的决策方案作为行动空间，将概念隶属度分布转移作为状态转移概率，将决

策效果评估作为奖励函数。通过求解 MDP，可以得到最优的决策策略，指导 UCTDMF 生成具有长期效用的决策方案。

综上所述，以上算法和实现方法构成了 UCTDMF 的核心组成部分，涵盖了不确定概念表示、认知计算、决策推理等关键功能。通过这些算法的协同工作，UCTDMF 能够有效地处理不确定性概念，建立起概念的内涵、外延与决策问题之间的映射关系，并最终形成合理、有效的决策方案，体现了其在不确定性认知与决策方面的优势。

6.6　实例分析与验证

为了全面验证 UCTDMF 方法的有效性和实用性，本节选取医疗诊断决策和金融投资决策两个典型的不确定性决策场景，对 UCTDMF 进行实例应用和仿真分析。

6.6.1　医疗诊断决策实例

医疗诊断是一个复杂的不确定性决策问题，需要综合分析患者的症状、体征、检验结果等多源异构信息，给出可能的疾病判断和治疗方案。传统的诊断方法主要依赖于医生的经验和主观判断，容易产生片面性和不确定性。本实例尝试利用 UCTDMF 来辅助医生进行更加全面、客观、精准的诊断决策。

假设符号表示：患者症状(S)、体征(B)、检验结果(L)，现在需要据此判断疾病类型(D)、评估病情严重程度(G)、给出治疗方案(T)。形式化地，该问题可表示为一个三元组 (X,Y,f)，其中，$X=\{S,B,L\}$ 表示医疗诊断的输入空间，是患者症状、体征、检验结果等多源信息的集合；$Y=\{D,G,T\}$ 表示医疗诊断的输出空间，是疾病类型、病情严重程度、治疗方案的集合；$f: X \to Y$ 表示医疗诊断的决策函数，即由输入信息 X 到输出决策 Y 的映射。

本实例以糖尿病诊断为例，诊断目标可形式化为以下表述：已知患者的症状 $S=\{s_1,s_2,\cdots,s_m\}$，体征 $B=\{b_1,b_2,\cdots,b_n\}$，检验结果 $L=\{l_1,l_2,\cdots,l_k\}$，判断患者是否患有糖尿病 $D \in \{0,1\}$，并评估病情严重程度 $G \in \{g_1,g_2,g_3\}$，给出治疗方案 $T \in \{t_1,t_2,\cdots,t_p\}$。其中，症状 S 包括多饮(s_1)、多食(s_2)、多尿(s_3)、乏力(s_4)等，取值为 $s_i \in \{0,1\}$，$i=1,2,3,4$；体征 B 包括身体质量指数(body mass index，BMI)(b_1)、收缩压(systolic blood pressure，SBP)(b_2)等，取值为 $b_1 \in \mathbb{R}^+, b_2 \in \mathbb{R}^+$；检验结果 L 包括空腹血糖(fasting plasma glucose，FPG)(l_1)、糖化血红蛋白 HbAlc(l_2)等，取值为 $l_1 \in \mathbb{R}^+, l_2 \in (0,1)$。

利用 UCTDMF 对该问题进行三支式分解，得到以下子问题。

(1)糖尿病诊断问题 D_1：已知 S，B，L，判断 $D \in \{0,1\}$。该问题可用一个三层 BN 建模。设 BN 的联合概率分布为 $P(Y,S,B,L)$，则根据贝叶斯公式，糖尿病的后验概率为

$$P(D \mid S,B,L) = \frac{P(D,S,B,L)}{P(S,B,L)} = \frac{P(D)\prod\limits_{i=1}^{m}P(s_i \mid D)\prod\limits_{j=1}^{n}P(b_j \mid D)\prod\limits_{k=1}^{q}P(l_k \mid D)}{\sum\limits_{d\in\{0,1\}}P(d)\prod\limits_{i=1}^{m}P(s_i \mid d)\prod\limits_{j=1}^{n}P(b_j \mid d)\prod\limits_{k=1}^{q}P(l_k \mid d)}$$

其中，$P(D)$ 为疾病的先验概率，$P(s_i \mid D)$，$P(b_j \mid D)$，$P(l_k \mid D)$ 分别为患者症状、体征、检验结果的条件概率。这些概率可通过专家知识或从历史数据中学习得到。

（2）严重程度评估问题 D_2：在 $D=1$ 的前提下，根据临床表现和实验室指标，判断病情严重程度 $G\in\{g_1,g_2,g_3\}$。该问题可用一个模糊推理系统（fuzzy inference system，FIS）建模，其包括四个部分。

模糊化：将临床表现 $C=\{c_1,c_2,\cdots,c_p\}$（如症状持续时间）和实验室指标 $E=\{e_1,e_2,\cdots,e_q\}$（如空腹血糖值）映射到相应的语言值上。设第 i 个临床表现 c_i 的论域为 $[a_i,b_i]$，隶属度函数为 $\mu_i^j(x),j=1,2,\cdots,J_i$；第 k 个实验室指标 e_k 的论域为 $[u_k,v_k]$，隶属度函数为 $\nu_k^l(y),l=1,2,\cdots,L_k$。则 c_i,e_k 的模糊化结果分别为模糊集 $\tilde{C}_i,\tilde{E}_k$：

$$\tilde{C}_i = \sum_{j=1}^{J_i}\mu_i^j(c_i)/J_i^j,\quad \tilde{E}_k = \sum_{l=1}^{L_k}\nu_k^l(e_k)/L_k^l$$

其中，J_i^j、L_k^l 分别为 c_i 和 e_k 的第 j 和第 l 个语言值。

模糊规则库：由 R 条模糊诊断规则组成，形如 "IF $\tilde{C}_1$ is J_1^{j1} AND $\cdots$ AND $\tilde{C}_p$ is J_p^{jp} AND $\tilde{E}_1$ is L_1^{l1} AND $\cdots$ AND $\tilde{E}_q$ is L_q^{lq} THEN G is V_r"，其中，$V_r\in\{g_1,g_2,g_3\},r=1,2,\cdots,R$。这些规则可从医生的诊断经验中总结提炼得到。

模糊推理：对每条规则，计算其前件的匹配度，并据此对后件进行推理。设第 r 条规则的匹配度为 α_r，定义为

$$\alpha_r = \min\{\mu_1^{j1}(c_1),\cdots,\mu_p^{jp}(c_p),\nu_1^{l1}(e_1),\cdots,\nu_q^{lq}(e_q)\}$$

则严重程度 G 关于第 r 条规则的隶属度为

$$\mu_G^r(V_r) = \alpha_r,\quad r=1,2,\cdots,R$$

反模糊化：将各条规则的推理结果进行聚集，得到 G 的综合隶属度分布，再用重心法将其转化为一个确定性值 $g^*\in[g_1,g_3]$ 作为严重程度得分：

$$g^* = \frac{\sum\limits_{r=1}^{R}V_r\cdot\mu_G^r(V_r)}{\sum\limits_{r=1}^{R}\mu_G^r(V_r)}$$

（3）治疗方案选择问题 D_3：根据诊断结果 D、评估结果 G^* 以及患者个体化因素 $I=\{i_1,i_2,\cdots,i_t\}$（如年龄、并发症），从备选方案集 $T=\{T_1,T_2,\cdots,T_N\}$ 中选出最优方案 T^*。

该问题可用多属性效用函数(multi-attributive utility function，MAUF)建模。设每个治疗方案 T_i 有 M 个属性(如药效、成本、副作用、依从性等)，构成其属性向量 $x_i = (x_i^1, x_i^2, \cdots, x_i^M), i = 1, 2, \cdots, N$。则 T_i 的效用值可表示为各属性效用的加权和：

$$U(T_i) = \sum_{m=1}^{M} w_m u_m(x_i^m), \quad i = 1, 2, \cdots, N$$

其中，$u_m(x_i^m)$ 是第 m 个属性 x_i^m 的效用函数；w_m 是其权重，满足 $\sum_{m=1}^{M} w_m = 1$。属性的效用函数和权重可通过效用理论方法，结合患者偏好从数据中学习得到。

最优治疗方案 T^* 定义为效用最大化的方案，即

$$T^* = \arg\max_{T_i \in T} U(T_i)$$

在得到三个子问题 D_1、D_2、D_3 的解后，UCTDMF 采用 DS 理论进行决策融合。设 $P(D|S,B,L)$、g^*、$U(T^*)$ 分别为三个子问题的输出，视为三个独立证据源 e_1、e_2、e_3。定义针对疾病状态、严重程度、治疗方案的识别框架分别为 $\Theta_D = \{\theta_d, \neg\theta_d\}$、$\Theta_G = \{\theta_{g1}, \theta_{g2}, \theta_{g3}\}$、$\Theta_T = \{\theta_{t1}, \theta_{t2}, \cdots, \theta_{tp}\}$。则 e_1、e_2、e_3 的初始基本概率赋值函数分别为

$$m_1(\{\theta_d\}) = P(D = 1 | S, B, L), m_1(\{\neg\theta_d\}) = P(D = 0 | S, B, L),$$
$$= 1 - m_1(\{\theta_d\}) - m_1(\{\neg\theta_d\})$$

$$m_2(\{\theta_{gi}\}) = \mu_G^*(g_i), \quad i = 1, 2, 3, \ m_2(\Theta_G) = 1 - \sum_{i=1}^{3} m_2(\{\theta_{gi}\})$$

$$m_3(\{\theta_{tj}\}) = U(T_j), \quad j = 1, 2, \cdots, p, \ m_3(\Theta_T) = 1 - \sum_{j=1}^{p} m_3(\{\theta_{tj}\})$$

利用 Dempster 组合规则对三个证据源的基本概率赋值函数进行组合，得到联合基本概率赋值函数：

$$m(A) = \frac{\sum_{A_1 \cap A_2 \cap A_3 = A} m_1(A_1) m_2(A_2) m_3(A_3)}{1 - K}, \quad \forall A \subseteq \Theta_D \times \Theta_G \times \Theta_T$$

其中，$K = \sum_{A_1 \cap A_2 \cap A_3 = \varnothing} m_1(A_1) m_2(A_2) m_3(A_3)$ 为冲突因子。最终诊疗决策结果 $(\hat{D}, \hat{G}, \hat{T})$ 对应于联合基本概率赋值最大的子集，即

$$(\hat{D}, \hat{G}, \hat{T}) = \arg\max_{A \subset \Theta_D \times \Theta_C \times \Theta_T} m(A)$$

为了验证 UCTDMF 的实际诊断性能，本研究以某医院 2020 年 1 月至 12 月收治的 2 型糖尿病患者的电子病历数据为基础进行实证分析。数据集包含 500 名患者

的完整诊疗记录，涵盖了患者的症状、体征、化验、影像学检查等多维度信息，以及医生给出的诊断结果、严重程度评估和治疗方案，数据质量较高。我们随机选取其中的 400 份作为训练集，用于学习和优化 UCTDMF 模型中的各类参数，如贝叶斯网络的条件概率表、模糊推理系统的隶属度函数、诊断规则库以及多属性效用函数的属性权重和效用值等；另外 100 份作为测试集，用于评估模型性能。测试的黄金标准来自医生的诊疗结论，同时我们请另一组医学专家对测试病历的诊疗过程进行了审核，以保证标注的可靠性。

测试实验从诊断准确率、严重程度评估符合率、治疗满意度三个层面对 UCTDMF 的性能进行了定量评估，并与传统的单阶段贝叶斯诊断的贝叶斯信念网络（Bayesian belief networks，BBN）、分阶段决策树诊断（two-stage decision tree，TDT）等方法进行了对比，结果如表 6.2 所示。可见，UCTDMF 在诊断准确率上达到了 93.4%，较 BBN 和 TDT 分别高出 10.9 个百分点和 6.7 个百分点；在严重程度评估符合率上达到 89.6%，较 BBN 和 TDT 分别高出 11.3 个百分点和 7.5 个百分点；在治疗满意度上，UCTDMF 的平均得分为 4.5 分（满分 5 分），比 BBN 和 TDT 分别高出 0.9 分和 0.4 分。总体而言，UCTDMF 展现了明显的性能优势。

表 6.2   不同诊断决策方法的性能比较

方法	诊断准确率/%	严重程度评估符合率/%	治疗满意度
BBN	82.5	78.3	3.6
TDT	86.7	82.1	4.1
UCTDMF	93.4	89.6	4.5

分析其原因，主要有以下几点：首先，UCTDMF 采用了三支式的问题分解策略，充分发掘了诊断、评估、治疗三个阶段的独立性和关联性，简化了原问题的求解难度，提高了建模和推理的针对性；其次，UCTDMF 在每个阶段选用了较为恰当的不确定性建模工具，既利用了贝叶斯网络刻画因果依赖关系的能力，又发挥了模糊推理在语言值描述和组合推理方面的优势，还体现了效用理论在偏好建模和多准则决策中的作用，从而较好地融合了多源异构信息，调和了知识驱动和数据驱动的建模范式；再次，UCTDMF 引入了 DS 理论用于决策融合，解决了传统方法中诊断、评估、治疗相互割裂的问题，通过证据间的校正和补充，形成了一个全局一致的诊疗方案，保证了最终决策的科学性和可解释性；最后，UCTDMF 利用反馈学习机制实现了诊疗知识和策略的动态优化，可根据新的患者信息持续改进模型，具有一定的自适应能力，这在临床实践中尤为重要。

当然，UCTDMF 还存在一些局限和改进空间：例如，在问题分解时对领域知识的依赖性较强，泛化能力有待加强；在处理高维数据时的计算效率有待提升；对患者个性化因素的考虑还不够精细，可解释性有待增强；此外，还需要在更大规模、多中心的真实诊疗数据上进行验证，并深入评估其伦理与安全风险。这需要计算机科学、医学专业与产业界的通力合作。

总之，本实例以糖尿病诊断为案例，探索性地将 UCTDMF 这一新型不确定性分析与决策范式应用到了医疗诊断决策领域。通过问题分解、不确定性建模、多源融合、反馈优化等一系列创新机制，UCTDMF 较好地模拟了医生的诊疗思维，提升了诊断决策的准确性和适应性，展现了其作为智能临床决策支持系统的应用潜力。

6.6.2　金融投资决策实例

金融投资决策是另一类典型的复杂不确定性决策问题。面对瞬息万变的金融市场，投资者需要综合考虑宏观经济环境、产业发展趋势、公司基本面、技术面等多重不确定性因素，权衡收益和风险，及时调整投资组合，以实现长期稳健的投资回报。传统的投资决策模型大多基于完全理性和市场有效的假设，难以准确刻画市场的不确定性，往往导致投资绩效不稳定。本实例尝试利用 UCTDMF 来支持投资组合管理，力图在动态不确定环境下做出更加稳健的投资决策。

考虑一个股票组合投资问题。某投资者拟从沪深 300 指数成分股中选择 20 只股票构建投资组合，要求在控制整体风险的同时，追求长期稳定的超额收益。其中，股票池记为 $S=\{S_1,S_2,\cdots,S_{300}\}$，每只股票 S_i 可用其历史收益率序列 $r_i=(r_{i1},r_{i2},\cdots,r_{iT})$ 刻画，这里 r_{it} 表示第 i 只股票在第 t 期的收益率，包含了价格变动和现金红利。此外，股票 S_i 还可用其基本面指标(如市盈率 PE_i、市净率 PB_i、每股收益 EPS_i)、行业景气度指数 II_i 等多维异构信息描述。再考虑一系列宏观经济指标 $M=(M_1,M_2,\cdots,M_p)$ (如国内生产总值(gross domestic product，GDP)增速、消费者物价指数(consumer price index，CPI)指数、信贷规模等)对整个股票市场的影响。投资组合 w 可表示为一个权重向量 $(w_1,w_2,\cdots,w_n)$，其中，w_i 为第 i 只股票在组合中的仓位比例，$\sum_{i=1}^{n}w_i=1$。

组合业绩用其预期收益率 $R_p=\sum_{i=1}^{n}w_iE(r_i)$ 和风险水平 $\sigma_p=\sqrt{\sum_{i=1}^{n}\sum_{j=1}^{n}w_iw_j\sigma_{ij}}$ 来衡量，其中，$E(r_i)$ 是第 i 只股票的期望收益率；σ_{ij} 是股票 i 和 j 收益率的协方差。此外，为了控制组合的集中度风险，可设置单只股票权重上限 w_{max} 和行业权重上限 W_{max}。综上，该投资组合问题可形式化为

$$\max_{w} R_p(w)=\sum_{i=1}^{n}w_iE(r_i)$$

$$\max_{w} \sigma_p(w)=\sqrt{\sum_{i=1}^{n}\sum_{j=1}^{n}w_iw_j\sigma_{ij}}$$

$$\text{s.t. } \sum_{i=1}^{n} w_i = 1, \quad 0 \leqslant w_i \leqslant w_{\max}, \quad \forall i$$

$$\sum_{i \in I_k}^{n} w_i \leqslant W_{\max}, \quad \forall k$$

其中，I_k 表示第 k 个行业包含的股票集合。这实际上是一个多目标优化问题，需要在收益最大化和风险最小化之间寻求均衡。利用 UCTDMF 对该问题进行三支分解，可得到以下子问题。

(1)资产池优选问题 P_1：根据股票的收益率、基本面、行业景气度等多源信息，从股票池 S 中选出若干只品质优良的股票 $S^* \subset S$ 作为备选资产。该问题可建模为一个多标准排序问题。设每只股票 S_i 的评价指标向量为 $a_i = (a_{i1}, a_{i2}, \cdots, a_{im})$，其中，$a_{ij}$ 为第 i 只股票第 j 项指标的取值，可事先通过因子分析等方法从原始数据中提取。再对每个指标 j 设置一个效用函数 $u_j(a_{ij}) \in [0,1]$，表示指标值 a_{ij} 对应的效用大小，并赋予权重 w_j，满足 $\sum_{j=1}^{m} w_j = 1$。股票 S_i 的综合得分 $U(S_i)$ 可通过加权求和得到：

$$U(S_i) = \sum_{j=1}^{m} w_j u_j(a_{ij}), \quad i = 1, 2, \cdots, 300$$

效用函数可采用线性、对数、指数等常见形式，权重可用层次分析法、熵权法等主客观赋权方法确定。据此，可对所有股票的综合得分进行排序，取前 N 名股票构成备选资产池 S^*（如 $N = 50$）。

(2)资产配置问题 P_2：在给定备选资产池 S^* 的情况下，确定各资产的配置比例 $w^* = (w_1^*, w_2^*, \cdots, w_N^*)$，使组合的预期收益最大化且风险可控。该问题可建模为静态均值-方差模型：

$$\max_{w} R_p^*(w) = \sum_{i=1}^{N} w_i E^*(r_i)$$

$$\text{s.t. } \sigma_p^*(w) = \sqrt{\sum_{i=1}^{N} \sum_{j=1}^{N} w_i w_j \sigma_{ij}^*} \leqslant \sigma_0$$

$$\sum_{i=1}^{N} w_i = 1, \quad 0 \leqslant w_i \leqslant w_{\max}^*, \quad \forall i$$

$$\sum_{i \in J_k^*} w_i \leqslant W_{\max}, \quad \forall k$$

其中，$E^*(r_i)$ 和 σ_{ij}^* 分别表示对备选股票收益率的期望值和协方差估计；σ_0 为组合风险容忍度；$w_{\max}^*$ 为单只股票权重上限（通常小于 $w_{\max}$）；J_k^* 为备选股票中第 k

个行业包含的股票集合。该模型可用二次规划等方法高效求解，得到最优配置方案 w^*。

(3)动态调仓问题 P_3：根据宏观经济形势 M、个股和组合业绩反馈等信息，动态调整组合的资产配置 $w_t = (w_{1t}, w_{2t}, \cdots, w_{Nt})$，在控制交易成本和风险的同时，追求长期稳健的投资回报。该问题可建模为马尔可夫决策过程：①状态变量 $s_t = (w_{t-1}, M_t, R_{pt}, \sigma_{pt}, \cdots)$，包括上期组合权重、当期宏观经济指标、组合收益和风险等信息；②决策变量 $a_t = (a_{1t}, a_{2t}, \cdots, a_{Nt})$，其中，$a_{it} = w_{it} - w_{i,t-1}$ 表示对第 i 只股票权重的调整；③状态转移函数 $s_{t+1} = f(s_t, a_t)$，体现组合权重、宏观经济、业绩表现等状态变量之间的动态关系；④即时回报函数 $r_t = R_{pt} - \lambda \sigma_{pt} - \eta \sum_{i=1}^{N} |a_{it}|$，其中，$\lambda$ 为风险厌恶系数，η 为交易成本系数；⑤目标函数 $J = E \left[\sum_{t=0}^{\infty} \gamma^t r_t \right]$，表示累积期望回报的现值，其中，$\gamma \in (0,1)$ 为折现因子。

上述马尔可夫决策过程可通过动态规划、强化学习等方法求解，得到最优动态调仓策略 $\pi^* = \{a_t^* = \pi^*(s_t) | \ t = 0,1,\cdots\}$。这里的最优策略可用深度强化学习框架来逼近，如深度确定性策略梯度(deep deterministic policy gradient，DDPG)、异步优势演员-评论家(asynchronous advantage actor-critic，A3C)等，通过不断试错与反馈来提高策略的稳健性。

在得到三个子问题的解后，UCTDMF 采用 DS 理论进行决策融合。设 $U(S_i), i = 1, 2, \cdots, N$、$w^*$、$a_t^*$ 分别为三个子问题的输出，视为三个独立证据源 e_1、e_2、e_3。定义针对资产选择、资产配置、动态调仓的识别框架分别为 $\Theta_1 = \{\theta_1^1, \theta_1^2, \cdots, \theta_1^N\}$、$\Theta_2 = \{\theta_{21}, \theta_{22}, \cdots, \theta_{2N}\}$、$\Theta_3 = \{\theta_{31}, \theta_{32}, \cdots, \theta_{3N}\}$，其中，$\theta_1^i$、$\theta_{2i}$、$\theta_{3i}$ 分别表示"第 i 只股票值得选入组合""应配置 w_i^* 的仓位"和"本期应调整 a_{it}^* 的仓位"。这些命题之间存在一定的耦合关系，如 θ_1^i 为 θ_{2i} 的必要条件，而 θ_{2i} 又是 θ_{3i} 的必要条件。据此可构造 e_1、e_2、e_3 的初始基本概率赋值函数：

$$m_1(\{\theta_1^i\}) = \frac{U(S_i)}{\sum_{j=1}^{N} U(S_j)}, \quad i = 1, 2, \cdots, N$$

$$m_2(\{\theta_{2i}\}) = \begin{cases} w_i^*, & \theta_1^i \text{为真} \\ 0, & \theta_1^i \text{为假} \end{cases}, \quad i = 1, 2, \cdots, N$$

$$m_3(\{\theta_{3i}\}) = \begin{cases} |a_{it}^*|, & \theta_2^i \text{为真} \\ 0, & \theta_2^i \text{为假} \end{cases}, \quad i = 1, 2, \cdots, N$$

其余子集的基本概率赋值可通过布尔运算求出。利用 Dempster 组合规则对上述三个证据源进行融合,对于每只股票,可得到关于是否选择、如何配置、何时调仓的联合决策方案。

为了评估 UCTDMF 在投资组合管理中的实际效果,本研究以 2015～2020 年沪深 300 指数日频数据为基础进行了仿真测试。其中,2015～2018 年作为训练期,用于学习资产评估、配置优化、动态调仓等环节的模型参数;2019～2020 年作为测试期,用于评估 UCTDMF 的投资绩效。我们采用了年化收益率、夏普比率、最大回撤等指标,并与买入持有、等权重、最小方差等常见组合策略进行了对比,结果如表 6.3 所示。可以看出,UCTDMF 的年化收益率达 15.73%。

表 6.3　不同投资组合策略的绩效比较(2019～2020 年)

组合策略	年化收益率/%	夏普比率	最大回撤/%
UCTDMF	15.73	0.86	12.35
买入持有	7.65	0.43	16.53
等权重	9.24	0.52	15.87
最小方差	11.86	0.71	13.64

UCTDMF 能在投资组合管理中取得优异表现,主要得益于其对金融市场不确定性的刻画与应对能力。首先,UCTDMF 通过三支分解,将资产优选、配置优化、动态调仓等环节有机结合,在组合构建的各个阶段引入了多源异构信息,提高了决策的全面性;其次,UCTDMF 在各环节采用了与之相适应的建模范式,如效用理论、均值-方差模型、马尔可夫决策过程等,较好地平衡了收益与风险、主观判断与客观数据、静态配置与动态调整之间的关系;再次,UCTDMF 以 DS 理论为纽带,实现了三个环节的协同优化,解决了传统组合管理中资产选择与权重配置脱节、策略生成与执行割裂等问题,形成了动态闭环的组合管理流程;最后,得益于反馈学习机制,UCTDMF 能根据市场变化与策略绩效持续改进优化模型,在提高收益的同时控制风险,具有较强的自适应能力。这些优势的有机结合使 UCTDM 在动态不确定的金融市场中展现了出色的投资决策效果。

当然,UCTDMF 在金融投资领域的应用还有很大的改进空间,例如,对市场异常波动的应对能力有待加强,对投资者风险偏好的刻画还不够精细,对资产价格的估值模型还相对简单,此外,在海量高频金融数据的处理上也面临着计算效率和存储上的瓶颈。这需要在未来的研究中,进一步完善 UCTDMF 的理论框架,扩充各环节的技术手段,深化在实际投资场景中的应用实践,并加强与行为金融、大数据分析等学科的交叉融合,最终形成一套全面、精准、高效的智能投资决策解决方案。

6.6.3　实验结果与讨论

通过以上两个实例的详细阐述与分析,可以看出 UCTDMF 作为一种新型的不确定性分析与决策范式,在医疗诊断、金融投资等领域具有广阔的应用前景。它继承了三支决策和证据推理的优点,能够从多个角度对复杂不确定性问题进行表示、分解与求解,并通过证据融合形成一致的决策方案。同时,UCTDMF 又吸收了认知计算、效用理论、机器学习等智能技术的精华,增强了不确定性建模、推理优化、策略生成的能力。此外,UCTDMF 重视人机协同,强调利用领域知识指导问题分解,注重对模型参数的语义解释,善于将数据驱动与知识驱动相结合,体现了将专家经验与智能计算深度融合的思想。当然,UCTDMF 作为一个初步的理论框架,还存在不少局限和挑战,如决策偏好的主观性、时间效率的可扩展性、泛化能力的适用性。

6.7　本 章 小 结

针对人工智能在处理不确定性概念和支持决策方面的挑战,本章介绍了一种新型的不确定概念处理与决策框架 UCTDMF。该框架基于双向认知计算模型,利用概率云图模型对不确定概念进行详尽的表示与处理,并融入三支决策理论以指导和优化认知决策过程。通过这种方法,UCTDMF 不仅能从概念的内涵、外延和关系等多个维度准确描绘概念的不确定性,还通过"观察—判断—操作"的动态认知决策流程,有效利用概念信息,以提高决策的准确性、适应性和可解释性。

与此同时,本章还详细设计了一系列支撑 UCTDMF 实施的高效算法,如最大熵原理的参数估计、支持向量回归的隶属度学习及关联规则挖掘等。通过在医疗诊断和金融风险评估等实际场景中的应用验证,证明了 UCTDMF 在精确建模不确定性概念和做出合理决策方面的有效性和优势。尽管已取得一定的成果,但 UCTDMF 仍有待进一步完善理论基础和算法,进而提高决策过程的泛化性和实时性。

未来的研究可以进一步深化 UCTDMF 的理论架构和算法性能,拓展其在智慧城市、智能制造等多个新领域的应用,并探索其与深度学习、强化学习等其他智能计算方法结合的可能。UCTDMF 的持续发展预示着其在解决复杂环境中不确定性问题方面的潜力,有望推动人工智能技术向更高层次的发展。

参 考 文 献

[1]　Li D Y, Du Y. Artificial Intelligence with Uncertainty[M]. 2nd ed. London: Chapman and Hall/CRC, 2017.

[2]　Wang G Y, Xu C L, Dai L Y, et al. Cloud model—a bidirectional cognition model between concept's extension and intension[C]. Ell Hassanien A. AMLTA 2012, CCIS 322. Berlin: Springer, 2012: 391-400.

[3]　Kanal L N, Lemmer J F. Uncertainty in Artificial Intelligence[M]. New York: Elsevier Science

Publishing, 2008.

[4]　Wang G Y. Rough set based uncertain knowledge expressing and processing[C]. RSFDGrC 2011. Moscow: Springer Berlin Heidelberg, 2011: 11-18.

[5]　Michael O'N. Artificial Intelligence and Cognitive Science[M]. Berlin: Springer, 2002.

[6]　Nau M, Schröeder T N, Frey M, et al. Behavior-dependent directional tuning in the human visual-navigation network[J]. Nature Communications, 2020, 11(1): 3247.

[7]　Xu C L, Wang G Y. Bidirectional cognitive computing model for uncertain concepts[J]. Cognitive Computation, 2019, 11(5): 613-629.

[8]　Li Q F, Tang X Y, Jian Y. Adversarial learning with bidirectional attention for visual question answering[J]. Sensors, 2021, 21(21): 7164.

[9]　Yao Y Y. Three-way Decision, Three-world Conception, and Explainable AI[M]//Lecture Notes in Computer Science. Cham: Springer Nature Switzerland, 2022: 39-53.

[10]　梁德翠, 曹雯. 三支决策模型及其研究现状分析[J]. 电子科技大学学报(社科版), 2019, 21(1): 104-112.

[11]　Yao Y Y. Tri-level thinking: models of three-way decision[J]. International Journal of Machine Learning and Cybernetics, 2020, 11(5): 947-959.

[12]　Smith E E, Medin D L. Categories and Concepts[M]. Cambridge, Mass: Harvard University Press, 1981.

[13]　Zadeh L A. Fuzzy sets[J]. Information and Control, 1965, 8(3): 338-353.

[14]　Krizhevsky A. Learning multiple layers of features from tiny images[R]. Toronto: University of Toronto, 2009.

[15]　Krizhevsky A. The CIFAR-10 dataset[EB/OL]. [2010-9-12]. https://www.cs.toronto.edu/~kriz/cifar.html, 2009.

[16]　Wang G Y, Xu C L, Li D Y. Generic normal cloud model[J]. Information Sciences, 2014, 280: 1-15.

[17]　Li D Y, Liu C Y, Gan W Y. A new cognitive model: Cloud model[J]. International Journal of Intelligent Systems, 2009, 24(3): 357-375.

[18]　Xu C L, Wang G Y. A novel cognitive transformation algorithm based on Gaussian cloud model and its application in image segmentation[J]. Numerical Algorithms, 2017, 76(4): 1039-1070.

第 7 章　强化三支决策模型

在面对复杂多变的决策环境时，寻求科学合理的决策方法一直是各领域研究者和实践者的重要课题。三支决策作为一种新兴的决策方法，通过将决策对象划分为接受、拒绝和延迟三个区域，为决策者提供了一种更加符合人类思维模式的决策框架。然而，随着决策环境的日益复杂化和动态化，传统三支决策模型在应对环境快速变化、考虑决策长期效果等方面逐渐显现出一些固有的局限性，这促使我们思考如何进一步完善和拓展这一决策方法。

强化学习作为人工智能领域的一个重要分支，通过与环境的持续交互来学习最优策略，在复杂环境下的决策问题中表现出了巨大的潜力。将强化学习与三支决策相结合，不仅可以提高三支决策的适应性和有效性，还能为决策者提供更加智能和前瞻性的决策支持。

本章将深入探讨基于强化学习的三支决策模型，详细阐述如何利用 Q 学习 (Q-learning)等算法来优化三支决策的策略选择和有效性分析。通过引入累积前景理论等创新性方法，本章旨在构建一个能够适应复杂环境变化、符合人类决策心理，并能提供长期最优策略的强化三支决策框架。

7.1　三支决策与强化学习

7.1.1　基于改变的三支决策模型

在三支决策模型的基础上，我们提出了一种基于改变状态的三支决策评估模型——改变三支决策模型。该模型根据施加策略使对象发生有效的改变，将其从原来的三分区域改变到更有效的三分区域是改变三支决策的核心思想。如图 7.1 所示，首先，将整体 U 划分到三分区域 $POS(x), BND(x), NEG(x)$，然后分别施加策略到这三个区域，策略的施加会使区域中的对象发生变化。根据对象的变化情况，可以对区域中的对象进行重新划分：发生理想改变、发生不重要改变、发生不理想改变。为了方便，我们可以称发生理想改变的区域为 R^+，不重要改变的区域为 R^0，不理想改变的区域为 R^-，与此同时，效用可以通过原始三分区域和改变三分区域的改变情况直观地反映出来。

根据上述分析，改变三支决策可以定义如下。

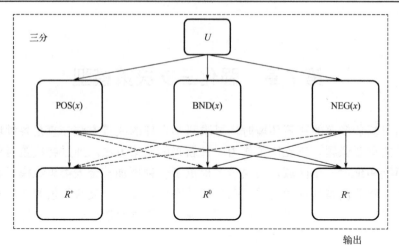

图 7.1　改变三支决策模型

定义 7.1[1]　假设论域 U 是一个有限非空对象集，全集 U 依据有限状态集 S 被划分到 R^+、R^0 和 R^- 三个区域。三分区域 $\pi_c = \{R^+, R^0, R^-\}$ 表示 U 的改变三分区域，并且满足以下属性：

$$R^+ \bigcup R^0 \bigcup R^- = U$$
$$R^+ \bigcap R^0 = \varnothing, \quad R^+ \bigcap R^- = \varnothing, \quad R^0 \bigcap R^- = \varnothing \tag{7-1}$$
$$R^+ \succ R^0 \succ R^-$$

由此可见，区域 R^+ 意味着对象发生了决策者期望发生的改变，区域 R^- 意味着对象发生了决策者不期望发生的改变，而区域 R^0 居于两者之间。现有一对改变阈值和评价函数，用来评判策略施加后发生改变的情况。假设一个对象 $x \in U$ 改变量的改变评价值由改变评价函数 $e(U|S)$ 来表示。我们可以有如下定义。

定义 7.2[1,2]　给定对象 $x \in U$ 与改变评价值 $e(x|s)$，并引入一对阈值 (u, v)，令 $u \succ v$，当对象 $x \in U$ 改变量的值大于等于 u 记为 R^+，当对象 $x \in U$ 改变量的值小于等于 v 记为 R^-，否则，记为 R^0。则集合 U 可以被划分成三个区域：

$$R^+(U) = \{x \in U | e(x|s) \succeq u\}$$
$$R^0(U) = \{x \in U | v \prec e(x|s) \prec u\} \tag{7-2}$$
$$R^-(U) = \{x \in U | e(x|s) \preceq v\}$$

对于三支决策的三分区域，可以通过施加策略来进一步提高模型的有效性，"治略"就是为了使对象发生决策者想要得到的效果来制定一些策略与动作使对象发生理想的改变。通过"效"来评估"三分"与"三支策略"的结果，进而得到改变三分区域：R^+ 区域、R^0 区域和 R^- 区域，分别代表理想的改变、中立的改变和不理想的改变。也就是说，在改变三支决策的 TAO 模型中，"三分"表示论域 U 的改变情况，"治略"是为了改变论域中对象的质量，以提高模型的"效用"。

决策信息系统包含众多有用的信息，因此本章基于决策信息系统，发掘其中隐藏的知识来用于决策。基于这样的目的，下面给出一个决策系统和决策规则的形式化描述。

定义 7.3　给定一个信息系统 $IS = \{U, AT, V, I\}$，给定对象 $o \in U$ 的等价关系 R 和它包含的等价类 $[o]_R$，可以得到一个决策规则的一般形式：

$$r_{[o]_R : [\underset{s \in A_s}{\wedge} (s, I_s(o))]} \wedge [\underset{f \in A_f}{\wedge} (f, I_f(o))] \Rightarrow (d, I_d(o)) \tag{7-3}$$

其中，A_s 表示稳定属性集（如年龄、性别等不可修改属性）；A_f 表示灵活属性集（如血压等可修改属性）；$I_s(o)$ 表示对象 o 在属性 s 上的取值；f 为灵活属性；$\wedge$ 为逻辑与连接符；$\Rightarrow$ 为规则推导关系。

定义 7.4[3]　在给定信息系统 $IS = \{U, AT, V, I\}$ 中，等价类 $[o_1]_R \subseteq U$ 是可以改变的，当且仅当 $\exists [o_2]_R \in U, [o_2] \neq [o_1]$，满足 $\underset{s \in A_s}{\wedge} (s, I_s(o_1)) = (s, I_s(o_2))$，则等价类 $[o]_R$ 称为可改变的，可以设定相应的改变规则 $r_{[o_1]_R} \rightsquigarrow r_{[o_2]_R}$ 如下：

$$r_{[o_1]_R} \rightsquigarrow r_{[o_2]_R} : \underset{f \in A_f \cap R}{\wedge} (f, I_f(o_1)) \rightsquigarrow (f, I_f(o_2)) \Rightarrow (d, I_d(o_1)) \rightsquigarrow (d, I_d(o_2)) \tag{7-4}$$

定义 7.4 中，$\rightsquigarrow$ 表示状态转换符号，其改变规则存在前提为 $[\underset{s \in A_s \cap R}{\wedge} (s, I_s(o_1)) = (s, I_s(o_2))]$。

假设二元关系 $\succ$ 表示三个区域 $POS(x)$、$BND(x)$、$NEG(x)$ 的优势关系，其中二元关系满足自反性、反对称性和传递性。如果 $X \succ Y$，称 X 的改变优先级高于 Y，在满足定义 7.4 改变规则的前提下，对象改变动作有如下定义：

$$a_{[x]_R} \rightsquigarrow a_{[y]_R} : r_{[x]_R} \rightsquigarrow r_{[y]_R} \ \text{s.t.} [x]_R \in i, [y]_R \in j, j \succ i \ \text{or} \ i = j \wedge (\forall k, \neg(k \succ i)) \tag{7-5}$$

其中，$i, j, k \in \{POS(x), BND(x), NEG(x)\}$。根据上述的改变规则与偏好，可以构建一个建立在定义 7.4 中给出的改变规则 $r_{[x]_R} \rightsquigarrow r_{[y]_R}$ 前提下的改变动作集合 $A = \{a_1, a_2, \cdots, a_n\}$。

7.1.2　强化学习

强化学习[4]的机制是能够使 Agent（智能体）通过与环境的交互，学习到最优的动作策略，从而获得最大的累积奖励。在强化学习中，Agent 通过尝试不同的行为并观察环境的反馈来学习，而不需要依赖标记的训练数据。强化学习的基本框架如图 7.2 所示。Agent 在特定状态下执行动作，与环境进行交互并获得奖励或惩罚。这个过程可以用式(7-6)表示：

$$\max \sum_{t=0}^{\infty} \gamma^t r_t \tag{7-6}$$

其中，r_t 是时间步 t 时刻的奖励；γ 是折扣因子。Agent 通过不断尝试新的行为，同时平衡探索和利用的关系，以最大化累积奖励。

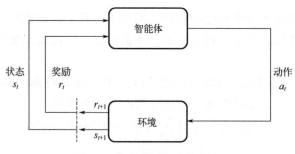

图 7.2　强化学习基本框架图

　　强化学习在许多领域中有着广泛的应用，包括机器人控制、游戏策略、自动驾驶、资源管理等。近年来，研究者提出了一种结合了深度学习和强化学习的理论被提出，使强化学习也得到了更多的关注和应用，在复杂环境下取得了学习高级策略的突破性进展。

　　马尔可夫决策过程[5]是强化学习中的一个重要数学框架，强化学习中 Agent 与环境的交互过程可用它来刻画。在马尔可夫决策过程中，Agent 通过选择动作来影响环境的状态，并根据环境的反馈获得奖励，从而学习最优的行为策略。马尔可夫决策过程包括以下几个要素。

　　(1)状态空间(state space)：描述环境可能的状态集合，记为 S。Agent 在每个时间步都处于状态空间中的某个状态。

　　(2)动作空间(action space)：描述 Agent 可以执行的动作集合，记为 A。在每个状态下，Agent 可以选择动作空间中的某个动作。

　　(3)转移概率(transition probability)：通常用 $P(s'|s,a)$ 表示，用来描述 Agent 执行某个动作后，环境状态发生转移的概率。

　　(4)奖励函数(reward function)：通常用 $R(s,a,s')$ 表示，用来描述 Agent 在执行动作后获得的奖励。

　　(5)策略(policy)：策略是 Agent 在每个状态下选择动作的决策规则。通常用 $\pi(a|s)$ 表示在状态 s 下选择动作 a 的概率。

　　马尔可夫决策过程中的状态转移具有马尔可夫性。也就是说环境的下一个状态 s_{t+1} 只与当前状态 s_t 相关，而与过去的一些状态无关。可以由以下公式来描述马尔可夫性：

$$P[s_{t+1} \mid s_t] = P[s_{t+1} \mid s_1, s_2, \cdots, s_t] \tag{7-7}$$

　　马尔可夫决策过程的目标是找到一个最优的策略，使 Agent 的长期累积奖励最大化。通过对状态空间、动作空间、转移概率和奖励函数的建模，可以利用各种强化学习算法来求解最优策略，如值迭代、策略迭代、Q-learning 和深度强化学习等方法。

　　强化学习(reinforcement learning，RL)算法[6]是一类通过 Agent 与环境持续交互

学习最优决策策略的算法。其中，Q-learning 和深度 Q 网络 (deep Q-network，DQN) 是强化学习领域中最具代表性的两种算法，它们主要用于解决马尔可夫决策过程中的最优策略学习问题。

Q-learning 是一种基于值函数的强化学习算法，它采用递归式更新的规则来更新 Q 函数，从而在不断更新 Q 函数中学习到最优策略，Q-learning 算法相对简单且易于实现，在满足一定条件的情况下就能够收敛到最优值函数，被广泛应用于各种领域。

由于 Q-learning 算法不能用于解决高维状态空间的问题，因此就需要借助深度学习中神经网络的 DQN 算法。DQN 算法利用神经网络来近似 Q 函数，并通过深度学习的方法来学习 Q 函数的参数。但在现实情况中，强化学习任务会存在样本相关性和不稳定的问题，因此 DQN 算法引入了经验回放和目标网络的概念。DQN 的核心思想是通过神经网络逼近 Q 函数，然后利用经验回放和目标网络来稳定训练过程。

总的来说，Q-learning 是一种经典的强化学习算法，适用于状态空间较小的问题，而 DQN 是一种结合深度学习的强化学习算法，适用于状态空间较大的问题，并且在处理复杂问题时通常具有更好的性能。

7.2 基于强化学习的三支决策模型

将强化学习与三支决策理论相结合，可以有效弥补传统三支决策模型在动态环境中适应性的不足。通过引入强化学习的迭代优化机制，三支决策模型能够更加灵活地应对环境变化，持续调整决策边界和策略，从而提升模型的动态适应能力。与此同时，将符合人类决策心理的理论，如后悔理论，融入三支决策模型中，可以进一步提高模型的决策合理性和可靠性。这种结合不仅提高了决策的效率和准确性，还构建了一个更加符合人类决策心理、能够适应复杂环境变化的强化三支决策模型。在实际应用中，这种模型可以在如金融市场分析、医疗诊断、自动驾驶等领域展现出其优越性。通过不断学习和优化，这一模型能够提供更为智能和精准的决策支持，助力各行业在复杂环境中做出更明智的决策。

7.2.1 动机实例

在本节中，我们将通过一个癌症治疗的实例，详细阐释如何利用基于强化学习的三支决策思想来解决这一类复杂问题。

在癌症治疗过程中，每位患者在不同时间点和不同治疗方案下，身体的各项指标都会呈现出不同的属性值。医生通常依据这些指标来诊断病情的发展，并制定接下来的治疗方案。在医生施加治疗方案后，患者的身体指标会发生改变。因此，治疗癌症不仅需要医生丰富的经验，还需要考虑由于其他因素的干扰导致医生出现误判的现象。本节利用强化三支决策方法，通过学习先前的病例情况，来帮助医生制定更优的治疗方案。

　　具体操作思路如下：对于一个癌症患者，假设他的用药周期是每个月一次，每个周期进行一次全面检查来判断用药效果和病情发展状况。我们使用 A、B、C 作为判断病情发展的指标，并记录下每个周期的各项指标属性值，然后利用这些数据集来训练强化学习的代理模型。在训练代理模型的过程中，将每个周期的 A、B、C 指标的属性值作为状态，并定义动作空间为{好转、中立、恶化}。每个周期测得的属性值肯定会有所变化，我们将属性值的变化情况结合后悔理论来计算状态变化产生的奖励，并利用 ε-贪心策略来选择动作。

　　通过强化学习能够学习到获得最大未来效用动作的优势，我们可以得出每个周期中患者的变化情况，从而形成一条动态的最优动作序列。如果患者在大多数周期中身体指标发生好转，则可以将其划分到正域(POS)中；如果患者在大多数周期中身体指标发生恶化，则可以将其划分到负域(NEG)中；否则就将其划入边界域(BND)中。显然，对于在正域中的患者该用药方案是有效的，可以继续使用；对于边界域中的患者，可以边使用该用药方案，边探索其他方案，以寻求最佳治疗方法；对于负域中的患者，则应停止该用药方案，转而寻找其他方案。

　　通过本章提出的方法制定的癌症治疗方案，能够通过学习患者各项身体指标的变化情况，结合先前的经验，帮助医生提前预判某一治疗方案是否有效，并针对不同体质的患者提供医疗建议。这不仅提高了癌症治疗效率和准确性，还帮助患者找到了最佳的治疗方案，从而延长寿命。

7.2.2　强化学习与三支决策

　　为了更好地阐述三支决策与强化学习结合的细节，本节以一个信息系统(information system, IS)为出发点，详细描述如何将三支决策过程与强化学习问题对应起来。

　　如图 7.3 所示，强化学习的框架包含 Agent 和环境两个部分。在 t 时刻，环境生

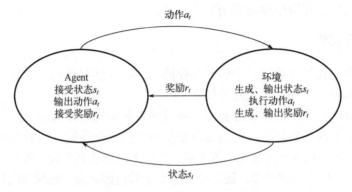

图 7.3　Agent 与环境交互示意图

成状态 s_t 传递给 Agent，同时环境也接受和执行来自 Agent 输出的动作 a_t，并生成状态 s_{t+1}，根据执行的动作产生奖励 r_t 来评估动作的好坏，然后将奖励反馈给 Agent，Agent 收到奖励并根据奖励来调整自己下一次的动作。

因此可以将三支决策问题建模为马尔可夫决策过程，应用强化学习进行解决。其中：①将三支决策中由属性及属性值定义的对象 o_i 抽象为 MDP 的状态 S；②将三支决策中的动作：接受、拒绝、中立抽象为 MDP 的动作 A；③将三支决策中施加动作后产生的效用抽象为 MDP 的奖励函数；④施加动作后，对象 o_i 的可变属性值会发生变化，将属性值变化后的对象 o_i 视为下一个状态并将状态转移的过程抽象为 MDP 的状态转移。

强化学习在学习最优策略的过程中，根据轨迹改进策略、适应环境。可以用以下运动轨迹公式来抽象表示状态和行动的序列：

$$\tau = (s_0, a_0, s_1, a_1, \cdots) \tag{7-8}$$

那么，对应到三支决策上，目标是对信息系统中的对象进行分类决策。对于对象 o_i，若在状态 s_0 执行动作 A，会导致对象的可变属性值发生改变，从而进入状态 s_1，并产生奖励，经过 Agent 与环境不断地交互，从而学习到对于对象 o_i 最优的策略。

1. 状态设置

利用强化学习来构建强化三支决策模型，重点在于将三支决策的过程放入强化学习的框架中，因此结合三支决策的状态设置、动作设置、奖励设置就是本节的关键。

在传统的三支决策模型中，一般是根据条件概率与损失函数进行决策规则的制定，这样的决策方式是狭义的，并且不能适应环境的变化，比较单一，为了能充分考虑环境变化的复杂性，我们结合强化学习制定一个改变过程中的决策规则。

在强化学习中，状态 s 是环境信息的完整描述，包含了环境的全部信息。三支决策的决策规则是根据各个对象的属性情况来制定的，对象的属性值是当前时刻该对象的状态体现，是会根据环境与动作的施加而改变的，充分反映了对象的特性，可以将该对象及其属性对应的属性值作为每一时刻下的状态。

2. 动作设置

强化学习中动作设置是与需要学习的任务相关的，可以看作所有有效动作的合集。动作可以是离散的也可以是连续的，例如，雅达利游戏中的动作空间就是离散的，而控制机械臂转动的动作空间就属于连续的。

三支决策中包含三个决策动作：接受、中立、拒绝，是离散的动作空间，因此 Agent 在 t 时刻的动作 a_t 设置如下：$a_t \in \{$接受、中立、拒绝$\}$，Agent 将 t 时刻所做的动作 a_t 输入环境，环境中状态 s_t 下的对象属性值会发生变化，生成下一个状态 s_{t+1}。

动作作用下的状态转移过程如图 7.4 所示，在图 7.4 中，AT_n 表示的是对象 o_i 的可变属性，$I_{\mathrm{at}i}^t(o_i)$ 表示的是各个可变属性的属性值。

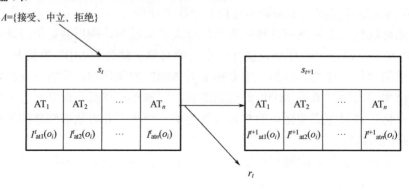

图 7.4　状态转移过程

3. 奖励设置

强化学习的目标是最大化累积奖励的期望，那么在强化学习任务中充当重要角色的当属奖励，它是用来指导 Agent 行动的。奖励函数一般由环境当前的状态、对该状态施加的动作和产生的下一个状态共同决定，可以抽象表示为：$r_t = R(s_t, a_t, s_{t+1})$，本节利用后悔理论来计算三支决策状态转移产生的奖励。

在现有的三支决策理论中，较少有人考虑在实际决策问题中决策者面对风险可能会存在的行为偏好。因此，利用后悔理论来计算状态改变产生的效用值，更加考虑到决策者面对问题的真实心理反应，避免了冲动和冒险的行为，从而得出最准确的决策，更好地保护自身的利益。

在实际的决策过程中，决策者更偏向于比较几种方案来选择最优方案，在最终判断前会受到备选方案的参照影响。基于此，Bell[7]、Loomes 和 Sugden[8]最早提出后悔理论，当决策者把当前方案与其他方案进行比较时，如果其他方案的结果效用更优，决策者就会产生后悔情绪，如果该方案结果效用更优，决策者就会感到欣喜。因此后悔理论可以很好地描述决策者在风险决策环境下的心理情绪，在多种方案中选择使后悔理论有利于避开可能产生后悔情绪的方案，从而选择出令自身感到满意的方案。并且相较于前景理论，后悔理论涉及的参数较少，而且不需要决策者提供参考点，避免了主观性，使决策过程更便利，决策方案更准确有效。

后悔理论的核心观点是决策者在决策时不仅会考虑到当前选择方案的效用，还会将该选择情况与其他选择产生的效用做比较，避开了选到会产生后悔情绪的方案。可以利用决策者的感知效用函数来抽象地表示选择方案 A 和拒绝方案 B 产生的满意度。

定义 7.5[9]　设 x、y 分别是选择方案 A 和 B 对应的结果，则决策者选择备选方

案 A 的感知效用值表示为

$$\text{mu}(x, y) = u(x) + R(u(x) - u(y)) \tag{7-9}$$

其中， $u(x)$ 表示选择方案 x 的直接效用，称为一般效用函数，它用来表示决策者选择备选对象所能获得的结果。一般效用函数 $u(x)$ 的公式如下：

$$u(x) = \frac{1 - \text{e}^{-\theta x}}{\theta} \tag{7-10}$$

其中， θ 表示风险规避参数， $\theta \in (0,1)$ 。风险规避参数越大，表示决策者的风险规避程度越大。通过实验验证，本实例建议将 θ 值设为 0.88。

另外， $R(u(x) - u(y))$ 称为后悔欣喜函数，可以用来比较方案 A 和 B 之间后悔值的间接效用函数，其定义如下。

定义 7.6　设 x、 y 分别是选择方案 A 和 B 对应的结果， $u(x)$、 $u(y)$ 分别为方案 A 和方案 B 对应的一般效用函数，则将决策者选择方案 A 而不选择方案 B 的后悔欣喜值定义为

$$R(u(x) - u(y)) = 1 - \text{e}^{-\delta(\Delta u)} = 1 - \text{e}^{-\delta(u(x) - u(y))} \tag{7-11}$$

其中， δ 表示后悔厌恶参数， $\delta \in [0, +\infty]$ 。后悔厌恶参数越大，表示决策者越难容忍后悔情绪，本章将参数 δ 的值设为 0.3。

若 $R(u(x) - u(y)) = 0$ ，表示两方案产生的效用结果相同，决策者选择方案 A 拒绝方案 B 不会产生后悔或者欣喜的情绪。若 $R(u(x) - u(y)) > 0$ ，表示决策者对自己在方案 A 和方案 B 中选择方案 B 感到满意，否则表示决策者对自己的选择感到后悔，该值表示后悔的程度。

在三支决策中，对对象施加动作会产生效用。结合上文，对对象 o_i 施加动作，会使对象 o_i 的可变属性值发生变化。通过结合后悔理论，可以根据实际的系统特点计算状态转移产生的奖励[10]。具体计算如下。

针对对象 o_i 在判定中起决定作用的各个可变属性可以设置不同权重 $W = (w_1, w_2, \cdots, w_n)$ ，其中， $w_1 + w_2 + \cdots + w_n = 1$ 。在施加动作前，对 o_i 进行属性值 $I(o_i)$ 的属性加权求和：

$$x = w_1 I^1(o_i) + w_2 I^2(o_i) + \cdots + w_n I^n(o_i) \tag{7-12}$$

将求得的 x 代入后悔理论中的一般效用函数 $u(x)$ 可以得到动作前的效用。同理，施加动作后，对象 o_i 的可变属性值发生了改变，用同样的方式可以计算得到动作后的一般效用值 $u'(x)$ 。

根据后悔理论中的后悔欣喜函数 $R(u(x) - u(y)) = 1 - \text{e}^{-\delta(\Delta u)} = 1 - \text{e}^{-\delta(u(x) - u(y))}$ ，代入上面求得的施加动作前后的效用值，我们可以得到施加动作前后的后悔欣喜值。进而得到相对于施加动作前，施加动作所能获得的感知效用值。该感知效用值是依据动作施加和状态转移得出来的，因此可以作为强化学习中的奖励。

4. Agent 构建

在强化学习中，Agent 相当于人类的大脑，负责指导动作选择，因此，策略可以看作 Agent 选择动作的标准与规则，从而，可以将策略视为 Agent 的等同体现。通常情况下，有些策略是确定性的，可以用如下公式抽象表示：

$$a_t = \mu(s_t) \tag{7-13}$$

策略也可以是随机的，随机策略表示如式(7-14)所示：

$$a_t \sim \pi(\cdot|s_t) \tag{7-14}$$

在本章中，为了防止过早地陷入局部最优，我们采用 ε-贪心（ε-greedy）策略来进行探索。ε-贪心策略在强化学习中具有多重优势。首先，它能够平衡探索和利用的关系：通过以概率 ε 选择随机探索，智能体能够发现新的动作和状态，避免陷入局部最优解；而以概率 $1-\varepsilon$ 选择贪心策略，则可以利用已有知识快速收敛到最优解。其次，ε-贪心策略提高了学习效率，有效避免了贪心策略陷入局部最优解的问题，同时利用贪心策略的优势加速了学习过程，更快地找到最优策略。此外，调整参数 ε 的大小能够灵活控制探索的程度，初期选择较大的 ε 值增加探索，后期逐渐减小 ε 值过渡到贪心策略，从而加快了收敛速度。最后，ε-贪心策略适应性强，适用于不同的环境和任务，通过调整 ε 值可以灵活应对不同的探索和利用需求，具备较强的适应性。

7.2.3　基于强化学习的强化三支决策模型

依据上述关于三支决策的强化学习环境搭建与智能体构建，可以建立结合强化学习的强化改变三支决策模型。其基本思想如图 7.5 所示。

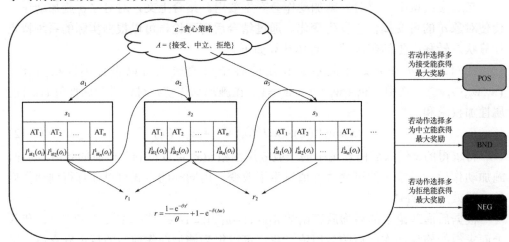

图 7.5　强化三支决策模型

对于一个 IS 中的对象 o_i，当其处在状态 s_t 时，Agent 通过 ε-贪心策略选择接受、中立、拒绝中的一个动作。将该动作传输到环境中,环境接收到动作会导致 o_i 的可变属性值发生变化,进而产生新的状态 s_{t+1}。然后,利用后悔理论计算出奖励值,将奖励值与状态 s_{t+1} 传输给 Agent,接下来重复此过程。经过多次的策略学习,Agent 在每一个时刻都可以选出能得到最大未来效用的动作。若在这一系列决策过程中,做出接受动作的频率较高,则得出将该对象放入接受区域可以获得最大效用,同理,若做出中立/拒绝动作的频率较高,则得出将该对象放入中立/拒绝区域可以获得最大效用,因此可以得到如下决策规则。

(1) 若 Agent 在最大化累积奖励过程中,施加的接受动作最多,则判定 $o_i \in \text{POS}(x)$。

(2) 若 Agent 在最大化累积奖励的过程中,施加的中立动作最多,则判定 $o_i \in \text{BND}(x)$。

(3) 若 Agent 在最大化累积奖励的过程中,施加的拒绝动作最多,则判定 $o_i \in \text{NEG}(x)$。

7.2.4　实验与分析

为了验证模型的有效性,我们选择股票交易作为实验对象,在 UCI 数据库中选取了一个相关数据集。实验的主要目标是利用 Q-learning 算法对数据集中的股票进行决策分析,并使用 Python 语言进行实现。实验平台配置为微软系统 Windows 10,搭载 Intel®Core™i5-8300H 处理器,16GB 运行内存。

我们选取了某国股票市场中基于不同行业的共 9 只股票 $G=\{G_1,G_2,\cdots,G_9\}$,以股票 ID 为 AA 的 G_1 作为示例。首先,我们以 2011 年 1 月 7 日～2011 年 3 月 25 日的历史交易数据作为决策的数据样本,利用股票的开盘价(Open)、最高价(High)、最低价(Low)、收盘价(Close)、成交量(Volume)、期望收益率(L)六个指标来模拟金融环境。将每 7 天作为 1 期,样本数据共分为 12 期。

接下来,对数据进行预处理,将股票 AA 每一期的五个指标作为状态 SSS,并定义股票 AA 的初始状态 S_1 如表 7.1 所示。

表 7.1　股票 AA 的环境状态 S_1

日期	开盘价	最高价	最低价	收盘价	成交量
2011/1/7	15.82	16.72	15.78	16.42	239655616
2011/1/8	16.71	16.71	15.64	15.97	242963398
2011/1/9	16.19	16.38	15.60	15.79	138428495
2011/1/10	15.87	16.63	15.82	16.13	151379173
2011/1/11	16.18	17.39	16.18	17.14	154387761
2011/1/12	17.33	17.48	16.97	17.37	114691279
2011/1/13	17.39	17.68	17.28	17.28	80023895

定义动作集合为 A={接受、中立、拒绝}，本实验利用股票的投资未来期望收益率来帮助 Agent 学习最优策略。第六个指标期望收益率(L)的具体计算方式如下：

$$l_i^t = \frac{S_i^t - K_i^t}{K_i^t} \tag{7-15}$$

其中，S_i^t 为第 i 只股票第 t 期的收盘价，K_i^t 为第 i 只股票第 t 期的开盘价。若在每一期中接受，将股票 G 划入 POS 区域，结合后悔理论来计算上述收益率，则获得奖励为 $mu(u'(x),u(x)) = u'(x) + R(u'(x) - u(x))$；若将股票 G 划入 NEG 区域，则获得的奖励为 $mu(u(x),u'(x)) = u(x) + R(u(x) - u'(x))$；若将股票 G 划入 BND 区域，则获得奖励 $mu = [mu(u'(x),u(x)) + mu(u(x),u'(x))] / 2$。接下来利用动作施加反馈的奖励来不断训练模型。

现对股票 G_1 进行三分区域划分，其中参数设置如下：探索率 ε 为 0.8，学习率 σ 为 0.1，折扣因子 γ 为 0.8。然后利用 Q-learning 算法来更新 Q-表格。

根据图 7.6 显示的数据，当训练回合数增加到约 200 次时，股票 AA 的训练收敛周期开始趋于稳定，并最终稳定在大约 15 个周期。图 7.6 中还显示，随着训练回合数的增加，收敛周期呈现下降趋势。这表明，随着模型训练次数的增加和算法优化程度的提高，Agent 在每个周期中选择的策略变得越来越有效，从而获得更多奖励，加快了收敛速度。

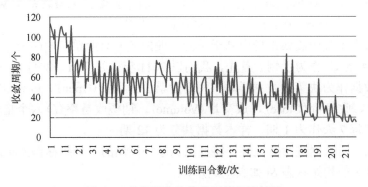

图 7.6　多次训练的收敛周期变化情况

在所有训练周期结束并完成所有更新后，调整后的 Q-表格被导出为文件，具体内容如表 7.2 所示。根据表 7.2 的数据分析，依次施加动作{拒绝、接受、接受、中立、中立、拒绝、拒绝、接受、拒绝、接受、中立、接受}可以获得最大奖励。根据 7.2 节的描述，这些状态下接受的动作次数大于拒绝且大于中立，因此股票 AA 可以被划分到 POS 区域。

同理，对其余八只股票进行处理后，可以得到它们各自的收敛趋势。这些股票在训练初期达到最大奖励所需的周期数波动较大，但随着训练次数的增加，达到最大奖励所需的周期数逐渐减少。训练完成后，各股票的更新 Q-表格已生成，由于篇幅限制，这里不再一一列出。根据这些 Q-表格，可以统计出每种状态下施加特定动作获得的最大奖励，并进一步得到每个动作在不同状态下的数量分布，如图 7.7 所示。

表 7.2　更新完成的 Q-表格

A	接受	中立	拒绝
s_1	5.34371	13.555071	33.751328
s_2	30.635947	10.799856	12.554504
s_3	36.145500	10.931342	14.762287
s_4	33.964515	36.985000	27.312129
s_5	12.600400	29.935000	21.472354
s_6	3.602621	7.550726	15.640724
s_7	5.915416	2.995602	16.832638
s_8	19.026455	4.296668	6.920998
s_9	6.760481	5.598539	22.536095
s_{10}	25.909000	10.233306	8.864640
s_{11}	5.228788	26.230000	0.017000
s_{12}	20.910000	14.270611	1.290201

根据图 7.7，我们可以将这九只股票的决策结果总结为 POS={AA，BAC，CAT，CVX，GE}，BND={AXP}，NEG={BA，DD，DIS}。

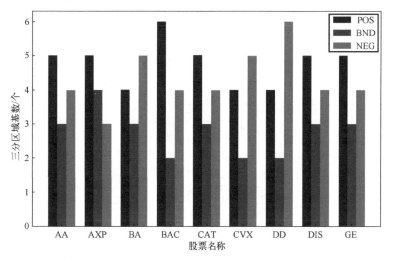

图 7.7　股票区域分布图

7.3 基于 Q-learning 的三支策略选择及其有效性分析

在本节中，我们在强化三支决策模型的研究基础上，针对低维度状态空间，提出了一种三支策略选择与有效性预测的方法。首先，我们构建了一个基于强化三支决策模型的强化学习环境，并利用累积前景理论来计算每个周期状态转移产生的奖励。接着，采用马尔可夫决策过程来描述 Agent 与环境之间的交互，提供了一个结构化的框架来捕捉状态、动作和奖励之间的关系，从而准确模拟决策过程。随后，使用 Q-learning 算法求解在最短周期内实现目标奖励的最优策略序列，Q-learning 通过不断更新 Q 值表来找到最优策略，以最大化累计奖励。最后，根据获得的最优策略序列，对当前三分状态的效用进行预测，从而评估策略序列在各状态下的表现及其对目标奖励的影响。具体过程如图 7.8 所示。

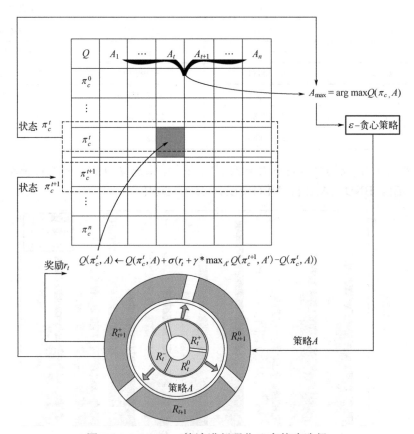

图 7.8　Q-learning 算法进行强化三支策略选择

图 7.8 是利用 Q-learning 算法来更新 Q-表格的过程。在 t 周期时，利用 ε -贪心

策略选择策略 A 施加给三分状态 π_c^t，得到 $t+1$ 周期的改变三分状态 π_c^{t+1}，并产生奖励 r_t，然后利用产生的奖励来更新 Q-表格。

7.3.1　基于三支决策的强化学习环境搭建

马尔可夫决策过程可以被用来建模 Agent 与环境之间的交互，因此，本节利用其来建模基于三支决策的强化学习任务。马尔可夫决策过程是一个由状态、动作、状态转移概率、奖励函数四个元素构成的元组，可以表示为 MDP=$<\pi_c, A, \tilde{P}, R>$，下面将分别展开介绍如何利用马尔可夫决策过程来进行三支决策的策略选择。

1. 状态及状态转移概率矩阵

在讨论马尔可夫决策过程中的三分区域决策时，我们可以观察到针对不同的三分区域采取不同策略会导致不同的状态分布。这种状态变化揭示了马尔可夫决策过程的本质，即一个动态变化的三分状态分布系统。因此，我们将三分区域序列视为马尔可夫决策过程的状态集合[14-16]。为了深入理解这一序列的动态特性，理解状态转移概率矩阵至关重要。本节使用二次规划方法来求解状态转移概率矩阵。假设一轮模拟中存在 n 个周期，在初始周期中，强化三分状态分布的向量为

$$\pi_c(0) = \left[|\text{POS}(x)|, |\text{BND}(x)|, |\text{NEG}(x)|\right] \tag{7-16}$$

一个周期后，可以得到改变三分状态的分布向量为

$$\pi_c(1) = \left[|R_1^+|, |R_1^0|, |R_1^-|\right] \tag{7-17}$$

k 个周期后，三分状态的概率估计值的状态分布向量为

$$\pi_c(k) = \left[|R_k^+|, |R_k^0|, |R_k^-|\right] \tag{7-18}$$

令状态转移概率矩阵的估计值为 $\tilde{P}$：

$$\tilde{P} = \begin{bmatrix} \tilde{p}_{++} & \tilde{p}_{+0} & \tilde{p}_{+-} \\ \tilde{p}_{0+} & \tilde{p}_{00} & \tilde{p}_{0-} \\ \tilde{p}_{-+} & \tilde{p}_{-0} & \tilde{p}_{--} \end{bmatrix} \tag{7-19}$$

于是 $\pi_c(k)$ 的估计值为 $\tilde{\pi}_c(k)$：

$$\begin{aligned} \tilde{\pi}_c(k) &= \pi_c(k-1)\tilde{P} = \left[|R_{k-1}^+|, |R_{k-1}^0|, |R_{k-1}^-|\right] \times \tilde{P} \\ &= \pi_c(0) \cdot \tilde{P}^k \\ &= \left[|R_0^+|, |R_0^0|, |R_0^-|\right] \times \begin{bmatrix} \tilde{p}_{++} & \tilde{p}_{+0} & \tilde{p}_{+-} \\ \tilde{p}_{0+} & \tilde{p}_{00} & \tilde{p}_{0-} \\ \tilde{p}_{-+} & \tilde{p}_{-0} & \tilde{p}_{--} \end{bmatrix}^k \end{aligned} \tag{7-20}$$

经过 k 步状态转移后，三分状态的实际值 $\left|R_k^\chi\right|$ 与概率估计值 $\left|\tilde{R}_k^\chi\right|$ 差距为 $C_\chi(k)$：

$$C_\chi(k) = \left|R_k^\chi\right| - \left|\tilde{R}_k^\chi\right| = \left|R_k^\chi\right| - \sum_{j=\{-,0,+\}}^{|j|} \left|R_{k-1}^j\right| \tilde{P}_{\chi j} \tag{7-21}$$

其中，$j = \{+,0,-\}$，$\chi = \{+,0,-\}$，且 $+ \succ 0 \succ -$。那么 n 个周期，三分区域 R^χ 的误差的平方和 E_χ 为

$$E_\chi = \sum_{k=1}^n (C_\chi(k))^2 \tag{7-22}$$

因此可以计算区域对象转移的误差平方和 D：

$$\begin{aligned}
D &= \sum_{\chi=\{-,0,+\}}^{|\chi|} E_\chi = \sum_{\chi=\{-,0,+\}}^{|\chi|} \sum_{k=1}^n (C_\chi(k))^2 \\
&= \sum_{\chi=\{-,0,+\}}^{|\chi|} \sum_{k=1}^n \left(\left|R_k^\chi\right| - \sum_{j=\{-,0,+\}}^{|j|} \left|R_{k-1}^j\right| \tilde{P}_{\chi j} \right)^2
\end{aligned} \tag{7-23}$$

根据最小二乘法的思想将约束条件引入模型中，建立一个求解马尔可夫状态转移概率的矩阵。以行和条件和非负条件为约束条件，以各个状态下各个阶段转移过程中误差的平方和 D 最小为目标，具体如下：

$$\begin{cases}
\min D = \displaystyle\sum_{\chi=\{-,0,+\}}^{|\chi|} \sum_{k=1}^n \left(\left|R_k^\chi\right| - \sum_{j=\{-,0,+\}}^{|j|} \left|R_{k-1}^j\right| \tilde{P}_{\chi j} \right)^2 \\
\text{s.t.} \displaystyle\sum_{j=\{-,0,+\}}^{|j|} P_{\chi j} = 1 \\
\quad P_{\chi j} \geqslant 0
\end{cases} \tag{7-24}$$

二次规划问题有 Lemke 法、有效集法、线性变换法等多种解法。本节把它转化为一个线性规划问题来解决，从而减少了问题的求解过程。

2. 奖励函数的设计

在强化三支决策的马尔可夫决策过程中，奖励用于反映 Agent 策略的质量，因此在强化学习任务中至关重要。本节将使用能够更好反映决策者心理的累积前景理论来计算用于更新 Q-表格的奖励值。

累积前景理论[11]深入分析了决策者在面对不确定性和风险时的心理和行为模式。该理论提出，决策者在决策过程中设立一个参照点，以评估选择是否令其满意，而非单纯追求最终的收益结果。这种方法要求决策者将注意力从"终点收益"转移到"参考得失"，从而更全面地考量自己的决策。当决策带来收益时，决策者通常

表现出对风险的厌恶态度，倾向于避免可能导致损失的选项。相反，如果涉及损失，他们则更愿意承担风险，因为他们认为这可以换取更大的收益潜力。在这种情况下，决策者往往会放大极小概率的效用，同时减小极大概率的效用，以平衡收益与风险。累积前景理论揭示了决策者对决策方案的偏好具有显著的累积效应。在众多可能的决策方案中，决策者更倾向于选择能够使其累积前景值达到最大的方案。累积前景值 v 借助值函数 $v(x_h)$ 和决策权重函数 ψ_h 表示为

$$v = \sum_{h=-m}^{n} \psi_h v(x_h) \tag{7-25}$$

在第 k 个周期中，对象的区域会由于策略 A 的施加发生改变，引起改变三分状态由 $\{R_k^+, R_k^0, R_k^-\}$ 转移为第 $k+1$ 周期的改变三分状态 $\{R_{k+1}^+, R_{k+1}^0, R_{k+1}^-\}$。也就是说，在策略 A 的作用下，R_k^+ 区域中的对象可能分别发生理想的、中立的或者不理想的改变。同理，R_k^0、R_k^- 区域中的对象也呈现出这种变化趋势。假设决策者设置参考值为 $\bar{x}$，x_k 表示在 R_k^z 区域的对象改变到 R_{k+1}^z 产生的效用。若 $x_k < \bar{x}$，表示 R_k^z 区域中的对象在策略 A 的作用下，发生了不理想的改变，导致了损失，否则就发生理想和中立的改变，不会产生损失。Tversky 和 Kahneman[11]提供了值函数 $v(x_h)$ 的公式：

$$v(x_h) = \begin{cases} (x_h - \bar{x})^\mu, & x_h \geq \bar{x} \\ -\theta(\bar{x} - x_h)^\nu, & x_h < \bar{x} \end{cases} \tag{7-26}$$

参考文献[12]，将参数 μ、ν、θ 分别赋值，$\mu = \nu = 0.88$，$\theta = 2.25$。根据式 (7-26) 可以看出值函数是单调递增的。在策略 A 的作用下，可以得出第 k 个周期状态转移产生的值函数，具体如表 7.3 所示。

表 7.3　对象区域改变产生的值函数

状态	R_{k+1}^+	R_{k+1}^0	R_{k+1}^-
R_k^+	v_{++}^k	v_{+0}^k	v_{+-}^k
R_k^0	v_{0+}^k	v_{00}^k	v_{0-}^k
R_k^-	v_{-+}^k	v_{-0}^k	v_{--}^k

在累积前景理论中，由于决策者面对收益和损失时的态度不同。因此，收益与损失会存在不同的权重函数计算方式，分别用如下公式来计算收益和损失情况下的权重函数：

$$w^+(p_h) = \frac{p_h^\sigma}{(p_h^\sigma + (1-p_h)^\sigma)^{\frac{1}{\sigma}}}$$

$$w^-(p_h) = \frac{p_h^\delta}{(p_h^\delta + (1-p_h)^\delta)^{\frac{1}{\delta}}} \tag{7-27}$$

其中，p_h 是 x_{ij}^k 对应的概率，这里令 $\sigma = 0.61, \delta = 0.69$。要想求得决策权重函数 ψ_h，则需要对不同区域对象的改变效用进行排序，并对累积概率进行加权，具体的决策权重函数 ψ_h 可以表示为

$$\psi_h = \begin{cases} w^+(p_h + \cdots + p_n) - w^+(p_{h+1} + \cdots + p_n), & h \geqslant 0 \\ w^-(p_{-m} + \cdots + p_h) - w^-(p_{-m} + \cdots + p_{h-1}), & h < 0 \end{cases} \quad (7\text{-}28)$$

通过上述值函数的计算，结合式(7-16)，可以得到在所有情况下的决策权重函数：

$$\psi_i(\Pr(R_{k+1}^\chi|[x])) = \begin{cases} w^+(\Pr(R_{k+1}^+|[x])), & \chi = + \\ w^+(\Pr(R_{k+1}^+|[x]) + \Pr(R_{k+1}^0|[x])) - w^+(\Pr(R_{k+1}^+|[x])), & \chi = 0 \\ w^-(\Pr(R_{k+1}^{-1}|[x])), & \chi = - \end{cases} \quad (7\text{-}29)$$

其中，$i = \{+, 0, -\}$；$\chi = \{+, 0, -\}$；$\Pr(R_{k+1}^\chi|[x])$ 表示等价类 $[x]$ 属于区域 R_{k+1}^χ 的概率。基于以上，我们可以计算出在第 k 个周期，基于累积前景理论的三个改变三分区域各个区域的累积前景值 v：

$$v(R_k^+|[x]) = \psi_+(\Pr(R_{k+1}^+|[x]))v_{++}^k + \psi_+(\Pr(R_{k+1}^0|[x]))v_{+0}^k + \psi_+(\Pr(R_{k+1}^-|[x]))v_{+-}^k$$
$$v(R_k^0|[x]) = \psi_0(\Pr(R_{k+1}^+|[x]))v_{0+}^k + \psi_0(\Pr(R_{k+1}^0|[x]))v_{00}^k + \psi_0(\Pr(R_{k+1}^-|[x]))v_{0-}^k \quad (7\text{-}30)$$
$$v(R_k^-|[x]) = \psi_-(\Pr(R_{k+1}^+|[x]))v_{-+}^k + \psi_-(\Pr(R_{k+1}^0|[x]))v_{-0}^k + \psi_-(\Pr(R_{k+1}^-|[x]))v_{--}^k$$

基于上述公式，可以求得第 k 个周期施加策略 A 得到的三分状态 π_c^{k+1} 产生的奖励为

$$r_k = v(R_k^+|[x]) + v(R_k^0|[x]) + v(R_k^-|[x]) \quad (7\text{-}31)$$

7.3.2　基于 Q-表格的三支策略选择及有效性分析

1. Q-表格的初始化与更新

本节通过一个更新完成的 Q-表格进行策略选择，因此 Q-表格的更新方式是本节的重点。在利用 Q-learning 进行策略选择时，利用 ε-贪心策略在 Q-表格中选择对应状态要施加的策略。要想得到更新完成的 Q-表格，必须先明确动作与状态，显然状态是不断变化着的三分状态，本节我们将可施加在改变三分状态上的策略视为动作合集。首先要构建一个 Q-表格，将其列标签设为三分状态 π_c，行标签设为可施加的策略 A_i。在训练之前，将 Q-表格中的 Q 值初始化为 0。Q-表格中的 $Q(\pi_c, A)$ 值是不断更新的，那么对于 $Q(\pi_c, A)$ 值的更新计算公式具体如下。

假设对周期 i 的三分状态 π_c^i 施加策略 A_m，则其真实的 $Q(\pi_c^i, A_m)_{\text{Re}}$ 计算公式为

$$Q(\pi_c^i, A_m)_{\text{Re}} = r_i + \gamma \max_{A'} Q(\pi_c^{i+1}, A') \quad (7\text{-}32)$$

其中，r_i 表示在第 i 个周期下施加策略 A_m 产生的三分状态 π_c^i 的奖励值，γ 表示折扣

因子，$\max_{A'} Q(\pi_c^{i+1}, A')$ 表示 Q-表格中第 $i+1$ 个周期的改变三分状态 π_c^{i+1} 对应的最优 $Q(\pi_c^{i+1}, A')$。将 Q-表格中之前训练更新完成的价值函数 $Q(\pi_c^i, A_m)$ 值作为估计值 $Q(\pi_c^i, A_m)_{\mathrm{Es}}$。利用 $\mathrm{CQ}(\pi_c^i, A_m)$ 来表示估计值和真实值之间的差距：

$$\mathrm{CQ}(\pi_c^i, A_m) = Q(\pi_c^i, A_m)_{\mathrm{Re}} - Q(\pi_c^i, A_m)_{\mathrm{Es}} \tag{7-33}$$

根据式 (7-33) 更新 Q-表格中施加策略 A_m 下改变三分状态 π_c^i 对应位置的 $Q(\pi_c^i, A_m)$ 值：

$$Q(\pi_c^i, A_m) \leftarrow Q(\pi_c^i, A_m)_{\mathrm{Es}} + \sigma \mathrm{CQ}(\pi_c^i, A_m) \tag{7-34}$$

其中，σ 为学习率。

基于上述 Q-表格的更新思路，根据 Q-learning 算法来更新 Q-表格，算法 7.1 的主要思想如下。

算法 7.1　Q-learning 算法更新 Q-表格

输入：Q-learning 的更新参数和初始的三分状态 π_c。

输出：更新完成的 Q-表格。

1：初始化 Q-表格。

2：创建具有转移概率的三分区域动态变化环境。

3：循环训练 E 次：

　(a) 初始化三分状态 $\pi_c = \{\mathrm{POS}, \mathrm{BND}, \mathrm{NEG}\}$

　(b) 当累计奖励 CR 小于目标奖励 R 时：

　　i．利用 ε-贪心策略从 Q-表格中选择一个动作 AS

　　ii．施加动作 A 然后从环境中得到下一个状态 π_c' 和奖励 r

　　iii．更新 Q 值 $Q(\pi_c, a) \leftarrow Q(\pi_c, a)_{\mathrm{Es}} + \sigma \mathrm{CQ}(\pi_c, a)$

　　iv．$\mathrm{CR} \leftarrow \mathrm{CR} + r$

　　v．$\pi_c \leftarrow \pi_c'$

4：返回 Q-表格。

根据算法 7.1，我们获得了一个更新完成的 Q-表格，并得出一个能最快达到目标奖励的策略序列。该策略序列是基于历史数据中积累的经验并结合过往成功案例得出的，不仅考虑到了达到目标奖励的速度，更确保了长期效益的最大化。因此，可以为决策者提供清晰而精确的策略选择指导，帮助他们做出最有利、最符合长远利益的决策。

2．三支策略的未来效用预测

根据上述奖励的计算方式，并结合算法 7.1 得到的更新完成的 Q-表格，我们可以得到最短策略序列下的改变三分状态集合与状态转移产生的奖励集合。进而利用最少次数或最短时间到达目标奖励的奖励集合来预估未来效用，用式 (7-35) 计算强

化三支决策的未来效用:

$$G(\pi_c) = r_1 + \gamma r_2 + \cdots + \gamma^{n-1} r_n \tag{7-35}$$

其中, r_i 表示在模拟的最短周期中, 第 i 个周期获得的奖励。

这种未来效用的计算方法采用了累积前景理论, 使预测变得更加贴近决策者在不同时间点上的真实偏好和决策行为, 不仅能够预见未来一系列策略的可能结果, 还能提供更为精确的预测依据。借助于累积前景理论, 决策者可以更好地理解市场动态、消费者行为以及其他各种可能影响他们选择的行为因素。因此, 这种方法可以帮助决策者制定更加明智的策略和计划, 具有广阔的应用前景。

7.3.3　算例分析

通过一个店铺运营的案例, 本节将展示上述策略选择的核心思想。目标是选择策略, 使店铺在有限的周期内尽快实现目标奖励, 并预测店铺在当前状态下的未来收益。

在电商行业激烈的竞争中, 每位电商经营者都在寻找提升店铺产品销量的策略。为了吸引顾客、提高产品曝光率并最终促成销售转化, 这些经营者不断策划和执行各种促销活动。这些活动包括限时折扣、买一送一等营销手段, 旨在激发潜在消费者的购买欲望。电商经营者会定期对店内产品进行各种平台促销活动, 以此引发销量变化。根据产品销量的变化情况, 如果某个产品的销量增加超过 10 个单位, 则被定义为"爆款", 意味着它已经成为热销产品; 如果某个产品的销量减少超过 10 个单位, 则被定义为"促销款", 意味着它需要特别关注和策略性推广以避免滞销; 否则, 该产品被定义为"潜力款", 意味着需要通过更多营销努力来重新激活消费者的兴趣和购买意愿。这三类产品分别用 R^+、R^- 和 R^0 表示。每次店铺的促销活动可以看作对销量的周期性调整。新活动上线时会对现有产品的销量产生一定的影响, 这种影响通常会在 3~5 天内显现, 形成一个周期。

目前, 平台上有三种不同的引流活动 a_1、a_2 和 a_3, 这些活动针对店铺中产品的销量情况, 划分为三个强化三分区域: $\text{POS}(x)$、$\text{BND}(x)$ 和 $\text{NEG}(x)$。每个周期内, 对这三个区域施加不同的活动, 即形成一次策略。根据以往经验, 我们设定了三组策略, 分别为策略 $A_1 = \{a_1, a_3, a_2\}$、策略 $A_2 = \{a_3, a_1, a_2\}$ 和策略 $A_3 = \{a_3, a_2, a_1\}$。

1. 单次状态转移过程

我们从店铺中选择了 76 件产品作为采样数据, 分别截取了之前店铺数据中策略 A_1、A_2 和 A_3 的各 20 个周期的数据。根据这些数据以及强化三支决策模型的决策规则, 可以分别得到策略 A_1、A_2 和 A_3 初始周期中的爆款、潜力款和促销款三档产品的数量分布为[21,30,25]、[15,36,25] 和[28,21,27]。在第 20 个周期后, 这三档产品的数

量分布分别为 [46,14,16]、[36,25,15] 和 [42,17,17]。利用 7.1 节中的方法，我们可以计算出产品分布变化的转移概率，结果分别为

$$\tilde{P}_{A_1} = \begin{bmatrix} 0.6037 & 0.1452 & 0.2511 \\ 0.5655 & 0.2231 & 0.2114 \\ 0.6576 & 0.2310 & 0.1114 \end{bmatrix}$$

$$\tilde{P}_{A_2} = \begin{bmatrix} 0.3662 & 0.5242 & 0.1096 \\ 0.5145 & 0.1213 & 0.3642 \\ 0.6576 & 0.2310 & 0.1114 \end{bmatrix}$$

$$\tilde{P}_{A_3} = \begin{bmatrix} 0.5768 & 0.2142 & 0.2090 \\ 0.5484 & 0.2203 & 0.2313 \\ 0.5146 & 0.2141 & 0.2713 \end{bmatrix}$$

在第 k 个周期中，对产品数量分布为 [17、28、31] 的三分区域施加策略 A_1，然后得到下一个周期的产品三分区域 [46、16、14]，并产生奖励。利用 7.3 节中的方法计算奖励，首先根据产品分布的变化情况，令各区域中设置如表 7.4 所示的参数。

表 7.4　各区域参数

参数	$\chi = +$	$\chi = 0$	$\chi = -$
R_k^χ	17	28	31
R_{k+1}^χ	46	16	14
x_k	$1000 \times \left\|R_k^i \cap R_{k+1}^\chi\right\|$	$500 \times \left\|R_k^i \cap R_{k+1}^\chi\right\|$	$-200 \times \left\|R_k^i \cap R_{k+1}^\chi\right\|$

其中，$i=\{+, 0, -\}$，令 $\bar{x}=0.1$。根据式 (7-26) 得到值函数，如表 7.5 所示。

表 7.5　改变产生的值函数

区域	R_{k+1}^+	R_{k+1}^0	R_{k+1}^-
R_k^+	3323.81	441.97	−1045.62
R_k^0	4901.08	1115.21	−1323.80
R_k^-	6138.44	1268.34	−904.53

根据式 (7-28)，得到区域改变的权重值，结果如表 7.6 所示。

表 7.6　各区域改变的权重值

区域	R_{k+1}^+	R_{k+1}^0	R_{k+1}^-
R_k^+	0.4760	0.0915	0.2943
R_k^0	0.4550	0.1430	0.2656
R_k^-	0.5072	0.2211	0.1815

结合式 (7-29)，求得第 k 个周期的奖励值为

$$r^k = v(R_k^+ \,|\,[x]) + v(R_k^0 \,|\,[x]) + v(R_k^- \,|\,[x]) \approx 1314.85 + 2037.87 + 3229.67 = 6582.39$$

2. 多次模拟结果分析

根据以上模拟思路，对当前产品销量的强化三分区域[12,26,38]进行效用预测，设置 Q-learning 算法参数，如表 7.7 所示。

表 7.7　Q-learning 参数设置

序号	主要参数	量值
1	Target reward=50000	目标奖励
2	Alpha=0.1	学习率
3	Gamma=0.8	折扣因子
4	Epsilon=0.8	探索率

根据算法 7.1，计算更新 Q-表格。

如图 7.9 所示，在模拟训练达到 300 次左右的时候，实现目标收益的平均周期数逐渐趋于稳定，大约需要九个周期。此外，从图中还可以清晰地看到，训练的次数越多，需要的平均周期数逐渐呈现出下降趋势，这就表明，随着模型训练的深入，Q-表格的更新越来越完善，因此选择到的策略越来越有效。训练结束后，为了更直观地了解训练效果，将 Q-表格导出如表 7.8 所示。

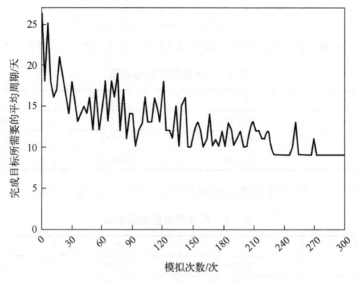

图 7.9　模拟的平均周期变化情况

表 7.8 更新完成的 Q-表格

状态	A_1	A_2	A_3
π_c^0	25126.68	26025.18	22150.23
π_c^1	24679.51	22530.43	23636.89
π_c^2	20943.68	21041.82	22999.41
π_c^3	21205.15	22118.56	20760.78
π_c^4	19472.07	19443.12	20958.95
π_c^5	19299.01	17351.48	15284.67
π_c^6	16219.77	14032.83	14973.53
π_c^7	12378.92	11154.01	12427.71
π_c^8	8682.98	6834.03	7683.58

根据表 7.8 可以看出, 在最快达到目标收益的九个周期内依次施加的策略为 $\{A_2, A_1, A_3, A_2, A_3, A_1, A_1, A_3, A_1\}$。在最后一次模拟中, 第 0~8 个周期产生的奖励分别约为 6988.68、6279.39、5442.3、5733.48、5464.21、6451.19、6386.86、6394.74、6393.75, 因此可以计算当前强化三分状态 π_c 的未来效用如下:

$$G(\pi) = 6988.68 + 0.8 \times 6279.39 + 0.8^2 \times 5442.3 + 0.8^3 \times 5733.48 + 0.8^4 \times 5464.21$$
$$+ 0.8^5 \times 6451.19 + 0.8^6 \times 6386.86 + 0.8^7 \times 6394.74 + 0.8^8 \times 6393.75 \approx 26870.91$$

上述三分状态的未来效用是基于精准预测和分析, 依托最优策略预测出的最大收益, 为店铺运营提供了有力的决策支持。这一方法不仅能够帮助店铺运营者识别最适合自身情况的最佳业务模式, 还能深入评估不同策略对绩效的影响, 从而确保每一步决策都是经过深思熟虑的。因此, 本章提出的策略选择与有效性预测方法, 不仅具有重要的理论意义, 更是一种实用的指导工具, 能够显著提升店铺在多变市场中的发展能力。通过精准的计算与评估, 店铺运营者能够做出明智的商业决策, 推动业绩增长, 同时为顾客提供更优质、更符合其期望的购物体验。因此, 这项研究对任何希望在市场中脱颖而出的企业具有深远的现实意义。

7.4 本章小结

本章将强化学习与三支决策理论相结合, 提出了一种强化三支决策模型。这一模型的核心优势在于显著提高了三支决策在动态环境中的适应能力, 使决策过程能够更加灵活地应对复杂多变的环境。通过引入强化学习的迭代优化机制, 模型能够不断学习和调整, 从而做出更加精准和有效的决策。同时, 通过引入累积前景理论, 本模型更好地模拟了决策者的心理和行为特征, 使决策过程更加贴近实际情况。

通过对股票交易和店铺运营案例的深入分析, 研究验证了该模型在实际应用中的有效性和优越性。实验结果表明，该模型能够为决策者提供更加精确和可靠的策略选择指导，有助于制定更加明智和长远的决策。在股票交易中，模型展现出了优秀的投资策略选择能力；在店铺运营案例中，模型则为运营者提供了精准的销售策略建议。这些实证研究不仅验证了模型的实用性，也展示了其在不同领域的广泛适用性。

这种结合强化学习、三支决策和心理学理论的方法为解决复杂决策问题提供了全新的视角，具有广阔的应用前景。未来的研究可以进一步探索该模型在其他领域的应用，如金融风险管理、资源分配优化、医疗诊断决策等。同时，研究者也可以关注如何进一步优化模型性能，例如，通过引入更复杂的神经网络结构或探索新的学习算法来提升模型的学习效率和决策准确性。此外，将该模型与其他决策理论和技术相结合，如模糊逻辑或贝叶斯网络，也可能产生新的研究结果。

<h1 style="text-align:center">参 考 文 献</h1>

[1]　Jiang C M, Guo D D, Duan Y. Measure effectiveness of change-based three-way decision using utility theory[J]. Cognitive Computation, 2022, 14(3): 1009-1018.

[2]　Jiang C M, Duan Y, Guo D D. Effectiveness measure in change-based three-way decision[J]. Soft Computing, 2023, 27(6): 2783-2793.

[3]　Gao C, Yao Y Y. Actionable strategies in three-way decisions[J]. Knowledge-Based Systems, 2017, 133: 141-155.

[4]　Moerland T M, Broekens J, Plaat A, et al. Model-based reinforcement learning: A survey[J]. Foundations and Trends® in Machine Learning, 2023, 16(1): 1-118.

[5]　He J F, Zhao H Y, Zhou D R, et al. Nearly minimax optimal reinforcement learning for linear markov decision processes[C]. International Conference on Machine Learning. Honolulu: PMLR, 2023: 12790-12822.

[6]　Shakya A K, Pillai G, Chakrabarty S. Reinforcement learning algorithms: A brief survey[J]. Expert Systems with Applications, 2023, 231: 120495.

[7]　Bell D E. Regret in decision making under uncertainty[J]. Operations Research, 1982, 30(5): 961-981.

[8]　Loomes G, Sugden R. Testing for regret and disappointment in choice under uncertainty[J]. The Economic Journal, 1987, 97(Supplement): 118-129.

[9]　Zhan J M, Deng J, Xu Z S, et al. A three-way decision methodology with regret theory via triangular fuzzy numbers in incomplete multi scale decision information systems[J]. IEEE Transactions on Fuzzy Systems, 2023, 31(8): 2773-2787.

[10]　Wang J J, Ma X L, Xu Z S, et al. A three-way decision approach with risk strategies in hesitant

fuzzy decision information systems[J]. Information Sciences, 2022, 588: 293-314.

[11] Tversky A, Kahneman D. Advances in prospect theory: Cumulative representation of uncertainty[J]. Journal of Risk and Uncertainty, 1992, 5(4): 297-323.

[12] Wang T X, Li H X, Zhang L B, et al. A three-way decision model based on cumulative prospect theory[J]. Information Sciences, 2020, 519: 74-92.

[13] Watkins C. Learning from delayed rewards[D]. Cambridge: University of Cambridge, 1989.

[14] Jiang C M, Guo D D, Xu R Y. Measuring the outcome of movement-based three-way decision using proportional utility functions[J]. Applied Intelligence, 2021, 51(12): 8598-8612.

[15] 郭豆豆, 姜春茂. 基于 M-3WD 的多阶段区域转化策略研究[J]. 计算机科学, 2019, 46(10): 279-285.

[16] 刘晓雪, 姜春茂. 融合强化学习的三支策略选择及其有效性分析[J]. 计算机科学与探索, 2024, 18(2): 378-386.

第8章　基于三支决策的半监督文本分类方法

文本分类是自然语言处理和信息检索领域的一个核心任务，在如新闻分类、情感分析、垃圾邮件过滤等众多应用中发挥着关键作用。然而，在实际应用中，文本分类面临着诸多挑战。首要的问题是高质量标注数据的匮乏，这使传统的监督学习方法难以充分发挥其潜力。其次，文本数据本身的复杂性，如语义模糊、表达多样性等特点，也为分类任务带来了额外的困难。这些挑战迫使研究者探索更加高效和鲁棒的分类方法。

传统的二分类方法在处理文本分类任务时往往面临着高风险的决策困境。当分类器对某些样本的判断不够确定时，强制将其划分到某一类别可能导致严重的误分类。这种"非此即彼"的决策模式忽视了现实世界中普遍存在的不确定性和模糊性。为了解决这一问题，三支决策理论应运而生。三支决策理论引入了"延迟决策"的概念，将分类结果划分为接受、拒绝和延迟三种情况。这种方法允许分类器在面对不确定样本时保留判断，从而降低了错误决策的风险，提高了分类的可靠性和精度。

基于三支决策理论的优势，本章提出两种创新的半监督文本分类方法。第一种是基于证据理论的三支决策半监督文本分类方法（evidence-based semi-supervised text classification based on three-way decision，EviSSC-3WD），它通过融合多个分类器的预测结果来解决冲突问题，并利用三支决策理论来处理不确定性样本。第二种是基于阴影集的三支决策图卷积文本分类方法（shadowed sets-based three-way decision graph convolutional text classification，SS-3WD-GCN），该方法将阴影集理论、三支决策与图卷积网络相结合，通过对分类结果进行可信度评估和校正，提高模型的精度和鲁棒性。这两种方法不仅能够有效利用大量未标记的文本数据，还能够通过三支决策机制合理处理分类过程中的不确定性，从而在提高分类准确性的同时，增强模型决策的可靠性和可解释性。这为半监督文本分类领域提供了新的研究方向和实践思路，有望在实际应用中取得更好的性能。

8.1　基于证据理论的三支决策半监督文本分类方法

在半监督分类方法的研究领域中，基于分歧的方法[1]一直备受关注。这种创新性的方法巧妙地利用了多个分类器各自的学习特点，将无标签数据转化为分类器间信息交流的桥梁，从而实现了一种协同学习的机制。然而，这种方法也面临着一些挑战。由于不同算法固有的特性差异，它们对同一样本的判断可能会出现分歧，进而导致最终决策的冲突。另一个值得注意的问题是，在训练过程中选择伪标签数据时常用的多数投票法，可能会引入大量噪声，增加不确定性，从而影响分类器的学习效果。因此，如何恰当地选择伪标签数据，成为处理分类过程中不确定性的关键所在。

针对这些挑战，本节提出一种基于证据理论的三支决策半监督文本分类方法。这种方法的核心在于构建一个基于证据的分类框架。该框架首先融合各个基分类器对无标签数据的预测结果，有效地解决预测冲突的问题，同时提高分类结果的可信度。此外，对于那些存在不确定性的数据，本方法还对其预测证据进行优化调整。

在此基础上，本方法进一步将三支决策理论与证据分类框架相结合，用于优化伪标签数据的选择过程。这种基于证据理论的三支决策半监督文本分类方法创新性地将不确定数据划分为三个区域，并针对每个区域采取不同的处理策略，从而有效地应对不确定性问题。最后，我们将这种方法应用到文本分类任务中，以验证其实际效果。

8.1.1　证据理论

证据理论是不确定推理的代表性理论，用于表示和处理数据与知识中的不确定性。它由学者 Dempster 首次提出[2]，并经过其学生 Shafer 进一步发展[3]，所以又称为 DS 理论。证据理论可以融合来自不同数据源的推理信息，用于解决冲突问题，在信息融合[4]、模式识别[5,6]、决策分析[7]等领域中得到了广泛的应用。

定义 8.1　假设一个有限的完备集合 $\theta = \{x_1, x_2, \cdots, x_k\}$，其中包含 k 个相互排斥的元事件，表示所有可能的状态，θ 为识别框架。对应的幂集 2^θ 表示识别框架下所有命题的集合。

定义 8.2　设识别框架 θ，函数 $m{:}2^\theta \to [0,1]$ 称为基本概率分配(basic probability assignment，BPA)函数，表示对命题 A 的支持度大小(可信程度的度量)，其中：

$$\begin{cases} \sum_{A \in \theta} m(A) = 1 \\ m(\varnothing) = 0 \end{cases} \tag{8-1}$$

定义 8.3　设识别框架 θ，函数 Bel：$2^\theta \to [0,1]$ 称为信任函数，表示对命题 A 为真的信任程度，可以认为是对命题 A 信任程度的下界，其中：

$$\text{Bel}(A) = \sum_{B \subseteq A} m(B) \tag{8-2}$$

定义 8.4　设识别框架 θ，函数 Pl：$2^\theta \to [0,1]$ 称为似然函数，表示对命题 A 非假的信任程度(怀疑程度)，可以认为是对命题 A 的信任程度的上限，其中：

$$\text{Pl}(A) = \sum_{B \cap A = \varnothing} m(B) \tag{8-3}$$

其中，$Pl(A)-Bel(A)$ 认为是对命题 A 的延迟信任程度（不确定程度），用区间概率 $[Bel(A),Pl(A)]$ 来表示分类对象的不确定性。

根据 Dempster 组合规则，组合规则的最大值将作为置信度最高的最终结果，最为常见的两个证据组合公式如定义 8.5 所示。

定义 8.5　设 m_1 和 m_2 分别是 θ 上的两个独立证据的概率分配函数，则它们的 Dempster 组合结果也是一个概率分配函数，定义为

$$m(A) = \begin{cases} 0, & A = \varnothing \\ \dfrac{\sum\limits_{B \cap C = A} m_1(B)m_2(C)}{1-k}, & A \neq \varnothing \end{cases} \tag{8-4}$$

在式 (8-4) 中，$k = \sum\limits_{B \cap C = \varnothing} m_1(B)m_2(C)$，其中，$k$ 是冲突系数，用来描述证据之间的冲突程度；$\dfrac{1}{1-k}$ 是正则化因子。

证据理论具有信息融合的能力，能够有效解决冲突问题。虽然已经有研究提出了使用证据理论组合规则的类无关方法[8]和通过信任函数组合多个不同分类器的技术[9]，以及证据袋方法[10]，但这些研究主要集中在监督学习上，对于半监督学习问题的研究仍然有限。除此之外，大量无标签的数据会导致信息的不完整和不确定，使传统的监督学习方法难以有效应用，导致分类性能下降。鉴于此，三支决策理论作为处理不确定性问题的有效工具被引入数据分类过程中。目前相关研究已经提出了针对弱标记数据的 three-way-in and three-way-out 框架[11]、基于粗糙集的特征选择方法[12]等，以及引入了针对部分标记数据的半监督阴影集进行三支分类的方法[13]，但传统的 3WD 方法严重依赖逻辑规则，在结构化数据方面表现出色，但在文本等非结构化数据方面表现不佳[14]。这一限制严重阻碍了 3WD 不确定性分类在基于文本数据的决策支持中的应用。因此，本章提出的基于证据理论的三支决策半监督文本分类方法，将证据理论和三支决策的研究拓展到半监督学习问题和文本分类任务上。

8.1.2　半监督文本分类

本节提出一种基于证据理论的三支决策半监督文本分类方法。该方法将三支决策与证据理论获得的可信度相结合，应用于半监督文本分类过程中。首先介绍证据分类框架，以说明文本分类过程中预测结果的冲突融合过程。然后将证据分类框架与三支决策相结合提出相应的 EviSSC-3WD 方法，并对该方法的流程进行相关描述。

1. 证据分类框架

本节提出一个证据分类框架，利用不同分类器结果作为证据源，基于证据理论

对预测结果进行可信度分析，从而解决预测结果不一致的问题。具体流程如算法 8.1 所示。

算法 8.1　证据分类框架

输入：有标签数据集 $L = \{l_1, l_2, \cdots, l_m\}$，无标签数据集 $U = \{u_1, u_2, \cdots, u_n\}$，标签集 $C = \{c_1, c_2, \cdots, c_k\}$，机器学习分类器 $H = \{H_1, H_2\}$。

输出：无标签样本的可信度 $P(A)$。

1：利用有标签数据集 L 训练机器学习分类器 H；

2：计算无标签样本 u_j 被基分类器 H_x 预测为类别 c_i 的基本概率分配函数 $m_x(A_i)$；

3：根据式 (8-4) 计算融合结果 $m(A_i)$；

4：计算每个 A_i 的可信度 P：

$$P(A_i) = \frac{m(A_i)}{\displaystyle\sum_{i=1}^{k} m(A_i)}, \quad 1 \leqslant i \leqslant k$$

5：为每个样本分配最高可信度对应的类别：

6：　　　　　　　　$P(A) = \max\{P(A_1), P(A_2), \cdots, P(A_k)\}$

7：返回 $P(A)$。

---

2. 基于证据分类框架的三支决策半监督文本分类

基于以上提出的证据分类框架，设计一种新的基于三支决策的分类方法 EviSSC-3WD 方法，并将其用于半监督文本分类问题。该方法的总体结构如图 8.1 所示。

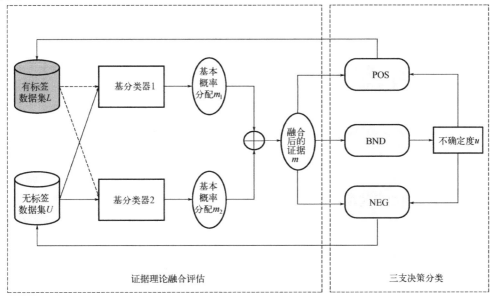

图 8.1　EviSSC-3WD 的总体结构图

从图 8.1 中可以看出，该方法分为两个部分：证据理论融合评估（即证据分类框架）和三支决策分类。在整个文本分类过程中，虚线表示分类器的训练过程，实线表示新的样本预测过程。首先通过使用能够返回预测概率的分类算法训练有标签数据来获得基分类器，并根据训练好的基分类器对无标签数据进行预测并构造相应的 BPA 函数 m_1、m_2 来获得预测标签的可信度，通过证据理论融合评估方法将相关证据融合并确定最高可信度，从而生成预测数据的分类证据。其次根据三支决策分类方法对数据进行划分，并将这些无标签样本判断为以下三种情况：POS 域（确定性分类到预测标签）、BND 域（不确定是否归属类别到预测标签）和 NEG 域（拒绝分类到预测标签），以此来识别样本结果中的不确定性。对于划分好区域中的样本采取不同的策略：接受 POS 域中的样本作为伪标签样本添加到原始训练集中，构建新的训练集；拒绝 NEG 域中的样本并将其仍视为无标签样本；对于 BND 域中的样本，则通过计算不确定度来对其进行进一步处理，然后再次进行评估分类。

以上过程中在进行三支分类的时候，需要设定划分阈值 α 和 β，也就是可信度测量阈值，用于确定样本的预测结果是否确定。由于数据分布的多样性，通常很难为 α 和 β 设定明确的参数，需要根据实际问题进行具体分析。如果 α 过高且 β 过低，就会使选择的样本太少，限制了分类器的学习范围以及对数据信息的提取，导致性能无法进一步提升；如果 α 过低且 β 过高，则会导致一些错误标记的样本被选择参与和更新基分类器，从而破坏基分类器的学习过程，损害分类器的性能，因此需要对阈值进行合理的设置。在本节方法中，可以根据每个分类器独立评估样本的预测精度以及证据融合后的分类置信度进行调整。

首先对证据融合后正确类别的基本置信度期望进行一个合理的估计。假设数据样本类别集为 $C = \{c_1, c_2, \cdots, c_k\}$，则无标签样本集为 $U = \{u_1, u_2, \cdots, u_n\}$，根据本节方法对每个无标签样本 u_j 进行的预测得到分类证据。融合证据理论后，令预测为类别 c_i 的无标签样本 u_j 的可信度为 $P_j(A_i)$。则无标签样本 u_j 的信息熵可以表示为

$$I(u_j) = -\sum_{i=1}^{k} P_j(A_i) \log_2 P_j(A_i) \tag{8-5}$$

其中，信息熵 $I(u_j)$ 越大，表示无标签样本 u_j 的预测结果的不确定性越大。则确定性区域阈值 α 和边界区域阈值 β 可设为

$$\alpha = \mu - \sigma, \quad \beta = \mu + \sigma \tag{8-6}$$

其中，μ 和 σ 分别为所有样本信息熵的均值和标准差。

通过上述计算信息熵的方法，可以使阈值的设置更加自动化和准确。利用三支决策理论的决策规则，对于确定性分类的正域样本，可以认为预测得到的标签具有高可信度，因此可以作为伪标签样本参与更新模型训练的过程，提高伪标签数据的

质量；对于无法分类的负域样本，可以将其排除在模型训练之外，继续作为无标签样本进行模型的预测评价和数据过滤；对于不确定性分类的边界域样本，可以使用不同的策略(如手动标记、主动学习或其他方法)进行进一步的分析。随着分类证据的不断融合，不确定性样本的可信度将逐渐收敛于 0。分类得到的融合结果越少，不确定性越弱。因此，在本节方法定义的可信度框架中，证据融合的数量与不确定性相关，据此提出不确定性计算方法：

$$\tilde{u} = \sqrt[k]{1 - P(A)} \tag{8-7}$$

其中，k 为证据融合的个数，即所用基分类器的个数。

8.1.3 实验设计与结果分析

1. 实验设置

本节采用准确率、精确率、召回率和 f_1 值来衡量本节算法的性能。

准确率(accuracy)代表分类结果中所有正确分类的样本数量与全部样本数量的比值。值越高表示模型效果越好。

$$\text{accuracy} = \frac{N_{\text{true}}}{N_{\text{all}}} \tag{8-8}$$

其中，N_{true} 表示所有正确分类的样本数量；N_{all} 表示所有样本总数。

以二分类问题为例，可以将样本的真实标签与模型预测的标签相结合并划分为以下四种，即真正例(true positive，TP)、真负例(true negative，TN)、假正例(false positive，FP)、假负例(false negative，FN)。

精确率(precision)，也叫查准率、预测命中率等，表示分类结果中正确地预测为正例的样本数量与所有被预测为正例的样本数量的比值。值越高表示模型对负样本的区分能力越强。

$$\text{precision} = \frac{\text{TP}}{\text{TP} + \text{FP}} \tag{8-9}$$

召回率(recall)，也叫查全率、预测召回率等，表示分类结果中正确地预测为正例的样本数量与所有实际上为正例的样本数量的比值。值越高表示模型对正样本的区分能力越强。

$$\text{recall} = \frac{\text{TP}}{\text{TP} + \text{FN}} \tag{8-10}$$

f_1 值是精确率和召回率的调和平均值。

$$f_1 = \frac{2 \times \text{precision} \times \text{recall}}{\text{precision} + \text{recall}} \tag{8-11}$$

对于多分类问题，通常把一个多分类问题分解成 n 个二分类问题，将其中一个类别视为正类，其余 $n-1$ 个类别统一视为负类，根据上述公式计算得到每个类别的相关指标，最后再通过求平均值计算所有类别上的评价指标。

为了验证本节算法的有效性，采用了八个文本分类基准数据集，其中包括六个多类别数据集和两个二类别数据集。在本节中，所有实验选择每个原始数据集训练集的 25% 作为测试集，其余 75%作为训练集。本节所用文本数据集的详细信息如表 8.1 所示。

表 8.1　实验数据集汇总

数据集	类别数目/个	样本数目/个	训练集样本数目/个	测试集样本数目/个	任务
20newsgroups	20	11314	8486	2828	主题分类
Online-shopping	10	62774	47079	15695	
BBC	5	2225	1668	557	
R8	8	5485	4113	1372	
TREC	6	5452	4089	1363	
AG-News	4	10717	8037	2680	
Twitter	2	148635	111476	37159	情感分析
MR	2	7108	5331	1777	

2. 实验结果分析

在本节实验中，为了验证基于证据理论的三支决策半监督文本分类方法在不同数量有标签数据下的性能，分别选择将 10%、30%、50%的训练数据集作为有标签数据来训练基分类器，其余的作为无标签数据来进行标签预测以及更新这些分类器，然后在测试集上进行测试。每个数据集将分为三组实验数据，然后按照本节所提方法的分类流程对每组数据进行实验。每个实验重复进行五次，最终结果为五次结果的平均值。本节方法在不同比例有标签训练数据下的分类结果如表 8.2 和图 8.2、图 8.3 所示。

从表 8.2 中可以看出，随着有标签样本在总样本中所占比例的增加，本节方法的分类性能也随之提高。在大多数情况下，每个数据集以不同的百分比落在所有指标的近似范围内。随着有标签样本的比例从 10%增加到 30%，每个指标都有更大的增长和更明显的改进。当比例从 30%增加到 50%时，各评价指标的增加是有限的。然而，随着有标签数据比例的增加，数据标注的时间和经济成本都呈指数级增长，因此选择一个合适的有标签样本比例很重要。

当只关注准确率时，从图 8.2 中可以看到，随着无标签数据比例的减少，所有数据集的准确率增加。其中，20newsgroups、MR 和 Twitter 的变化比较显著，并且 20newsgroups 数据集的变化最为明显。为了更精确地观察其余数据集的变化，将它们的结果放在图 8.3 中，同样也可以发现明显的上升趋势，并且这种趋势在比例为 30% 之前最为明显，而在 30% 之后则变得缓慢。因此，对于本节使用的文本数据集，30% 的有标签数据是有效的，且具有良好的分类性能。此外，从图 8.2 中还可以看到，在这些数据集上，除了 20newsgroups 之外，准确率表现最好的都是多类别数据集，而准确率表现最差的是 MR 和 Twitter 数据集，它们都是只有两个类别的数据集。这表明该方法可以较好地处理主题分类任务，但在情感分析任务方面存在一定的不足。

表 8.2　不同比例的有标签数据下 EviSSC-3WD 的分类表现

数据集	有标签比例/%	准确率	精确率	召回率	f_1
20newsgroups	10	0.4026	0.8855	0.3964	0.4701
	30	0.8162	0.8399	0.8143	0.8187
	50	0.8466	0.8661	0.8422	0.8432
Online-shopping	10	0.8293	0.8887	0.7517	0.7858
	30	0.8536	0.9024	0.7942	0.8250
	50	0.8601	0.9032	0.8138	0.8138
BBC	10	0.9461	0.9461	0.9428	0.9457
	30	0.9623	0.9649	0.9611	0.9625
	50	0.9641	0.9634	0.9638	0.9634
R8	10	0.9329	0.8560	0.8301	0.8341
	30	0.9519	0.8715	0.8717	0.8675
	50	0.9548	0.9148	0.8412	0.8719
TREC	10	0.9149	0.9307	0.8908	0.9072
	30	0.9450	0.9525	0.9509	0.9516
	50	0.9472	0.9535	0.9546	0.9538
AG-News	10	0.8788	0.8790	0.8788	0.8776
	30	0.8884	0.8879	0.8884	0.8878
	50	0.8906	0.8900	0.8906	0.8902
MR	10	0.6331	0.6339	0.6331	0.6325
	30	0.6697	0.6704	0.6697	0.6693
	50	0.6725	0.6727	0.6725	0.6724
Twitter	10	0.7351	0.7351	0.7351	0.7351
	30	0.7609	0.7610	0.7610	0.7609
	50	0.7654	0.7655	0.7655	0.7654

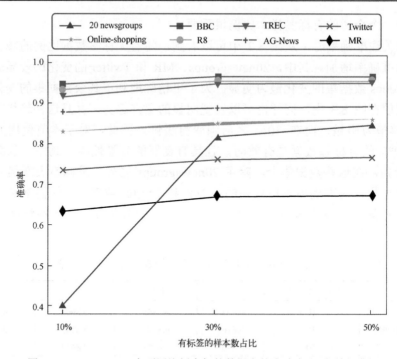

图 8.2　EviSSC-3WD 在不同比例有标签数据上的准确率(8 个数据集)

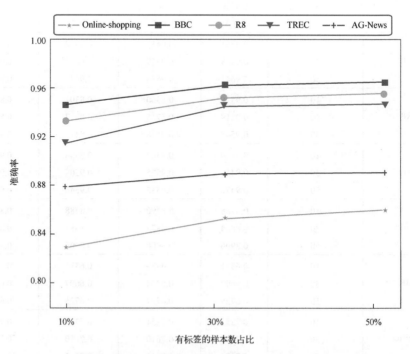

图 8.3　EviSSC-3WD 在不同比例有标签数据上的准确率(5 个数据集)

为了更好地观察本节方法在分类性能方面的提升,选取了四个具有代表性的数据集,并且比较了不同算法在不同比例有标签数据下的准确率,实验结果如表 8.3 所示。

表 8.3 不同算法在不同比例有标签数据下的准确率

数据集	有标签比例/%	SVM	LR	NB	ST	EvissC-3WD
Online-shopping	10	0.7853	0.8035	0.7855	0.7434	0.8293
	30	0.8250	0.8364	0.8218	0.8354	0.8536
	50	0.8456	0.8563	0.8371	0.8474	0.8601
BBC	10	0.8725	0.8905	0.8671	0.9354	0.9461
	30	0.9479	0.9605	0.9497	0.9587	0.9623
	50	0.9587	0.9659	0.9605	0.9641	0.9641
TREC	10	0.8283	0.8342	0.8430	0.9046	0.9149
	30	0.9090	0.9098	0.8870	0.9208	0.9450
	50	0.9266	0.9296	0.8980	0.9391	0.9472
Twitter	10	0.7272	0.7287	0.7216	0.7186	0.7351
	30	0.7523	0.7518	0.7414	0.7564	0.7609
	50	0.7623	0.7619	0.7498	0.7650	0.7654
获胜次数		0	1	0	0	11

从表 8.3 可以看出,与仅使用有标签样本训练的有监督分类器相比,半监督算法的性能有所提升,并且随着有标签样本比例的增加,分类效果进一步提高。当样本类别较多时,本节提出的算法在整体分类精度上表现出更明显的优势。这是因为基于 DS 理论的信息融合算法在预测无标签样本的类别时,综合考虑了多个分类器的预测结果,并通过 3WD 策略对样本进行筛选,从而更充分地利用了每个基分类器的预测信息。因此,被选为基分类器伪标签的样本具有更高的置信度。

为了综合考虑标签数据的比例和分类器的性能,在上述实验结果的基础上,选择30%的有标签数据,在所有数据集上进行分类准确率的对比实验,实验结果如表8.4 所示。

表 8.4 不同算法在所有数据集上的准确率

数据集	SVM	LR	NB	Self-Training	EvissC-3WD
20newsgroups	0.7953	0.8176	0.7706	0.8289	0.8162
Online-shopping	0.8250	0.8364	0.8218	0.8354	0.8536
BBC	0.9479	0.9605	0.9497	0.9587	0.9623
R8	0.9198	0.9140	0.8703	0.9293	0.9519
TREC	0.9090	0.9098	0.8870	0.9208	0.9450
AG-News	0.8633	0.8643	0.8585	0.8820	0.8884
Twitter	0.7523	0.6505	0.6432	0.6685	0.6697
MR	0.6539	0.7518	0.7414	0.7564	0.7609
平均值	0.8288	0.8355	0.8193	0.8464	0.8549

从表 8.4 中可以看出，本节提出的 EviSSC-3WD 方法在所有数据集上的准确率均高于有监督的 SVM、LR、NB 算法，在 20newsgroups 数据集上的准确率略低于 Self-Training 算法，而在其他 7 个数据集上的准确率均高于 Self-Training 算法。着眼于数据集的视角，我们对实验结果进行更深入的分析，可以发现，EviSSC-3WD 在包括 BBC、R8、TREC、AG-News 和 Online-shopping 数据集在内的多类别文本分类上具有显著优势，但在更多类别的分类任务(如 20newsgroups 数据集)上则受到一定的限制，而在二类情绪分类任务(如 Twitter 和 MR 数据集)上的优势也不够显著。这种现象的潜在解释是，在文本类别较多且可训练的有标签样本数量较少时，会导致类别样本数量不平衡的情况出现，所有基分类器表现出较低的准确率，导致最终融合结果的提升可以忽略不计。此外，在所有数据集上，本节方法的平均准确率明显优于其他比较方法，这意味着该方法在减少文本分类的不确定性方面是有效的，并且在分类过程中比其他方法更加稳定和准确。

由于有限的标记数据和噪声带来的不确定性，以及预测冲突的存在，可能导致决策风险过大，分类效果不佳。基于此，我们提出了一种基于证据理论的半监督三支决策分类方法。采用证据理论来增强半监督分类过程中的预测可信度并解决冲突问题，并采用三支决策理论来处理不确定性问题以及选择最佳样本。同时将该方法面向文本分类任务，提出了相应的基于证据理论的三支决策半监督文本分类方法。实验结果表明，该方法能有效降低风险，解决不确定性问题，提高半监督文本分类的性能。

8.2　基于阴影集的三支决策图卷积文本分类方法

图神经网络由于其处理非结构化数据的能力而受到广泛关注[15]。以图的结构来构建数据表示，并通过连接节点之间的消息传递捕获全局关系，这一过程优于传统的机器学习方法，因此在文本分类中得到应用。除此之外，图神经网络自身还具备半监督特性，这使它面对大量的无标签文本信息时更具有优势。文本图卷积网络(text graph convolution networks，TextGCN)模型[16]作为一个成功的应用，在多个文本数据集上实现了良好的分类结果。但是，在实际的决策过程中，由于信息不完整或单一模型的局限性，当多个类别具有相似的隶属度值时，TextGCN 的输出存在不确定性，并且传统的二支决策存在较高的误分类风险。

针对以上问题，本节提出一种将三支决策与 TextGCN 模型相结合的方法来提高文本分类的性能。首先，该方法采用 TextGCN 模型作为基本的文本分类器，得到粗分类结果和隶属矩阵。其次，基于整个测试输出矩阵，应用阴影理论和隶属函数将数据划分为三个区域，将无法区分的测试对象分配到再分类域，并对分配到该域的数据使用传统的机器学习方法 SVM 进行再次分类的决策。最后，将 SVM 的结果与现有 TextGCN 模型所得的确定域中的结果相结合,生成最终的预测。该增强方法通过对分类结果进行进一步的置信度评估和校正,提供更可靠的结果,提高 TextGCN 模型的精度和鲁棒性。3WD 方法还通过将样本分为正域、不确定域、负域,接受正域中的样本结果并对不确定域和负域的样本进行重新分类和校正,降低分类错误率。此外,该方法结合深度学习和传统机器学习方法的优势,使其在不同的文本分类任务和数据集上具有鲁棒性。实验结果表明,本节的方法可以有效提升现有的 TextGCN 模型的分类性能。

8.2.1 阴影集

阴影集合理论最初由 Pedrycz[17]提出,它解决了具有隶属度值的不确定对象信息造成的定量损失问题。该理论通过三元逻辑映射保留了对象的模糊信息。主要思想是将论域 X 映射到空间集 0, [0,1], 1,表示为 $S: X \to \{0,[0,1],1\}$。其中,0 表示元素不属于集合 X;1 表示元素属于集合 X;[0,1]表示元素可能属于集合 X,也可能不属于集合 X。这样可以将整个论域划分为三个区域:核心域、排斥域和阴影域,分别对应三支决策理论中的正域、负域和边界域。下面介绍有关阴影集的相关定义和公式。

定义 8.6 设隶属度值为 $\mu_A(x)$,则阴影集的计算如下:

$$S_{\mu_A(x)} = \begin{cases} 1, & \mu_A(x) \geqslant \alpha \\ [0,1], & \beta < \mu_A(x) < \alpha \\ 0, & \mu_A(x) \leqslant \beta \end{cases} \tag{8-12}$$

其中,给定阈值 (α, β),条件为 $0 < \beta < \alpha < 1$。如果隶属度高于阈值 α,则通过提升操作将对象的隶属度值增加到 1,表示该对象属于该类别;而隶属度低于阈值 β 的则通过降低操作将对象的隶属度值减少到 0,表示该对象不属于该类别;隶属度介于 α 和 β 之间的对象赋值为 [0,1],表示该对象可能属于也可能不属于这一类,需要进一步的研究。

构造阴影集过程中的一个基本问题就是确定一对评估阈值 (α, β)。现有的研究中提出了几种扩展的阴影集模型,利用不同的方法计算最优阈值。这些方法包括基于决策理论的方法[18,19]、基于熵的方法[20,21]和基于博弈论的方法[22]。表 8.5 总结了一些比较经典的阴影集模型和计算阈值的方法,每个模型都有其独特的语义解释,以及确定划分阈值时相应的优化目标函数。

由于构造阴影集时存在不确定性的再分配,导致核心域、排斥域的不确定性降低,而阴影域的不确定性增加。为了解决这个问题,Pedrycz 提出了一种方法,该方法考虑了隶属度值的升高和降低过程引起的不确定性变化的成本,并以它们之间的平衡为目标,基于不确定性平衡原理推导出隶属度值分布的目标函数。通过对该函数的系统求解，可以得到最佳评估阈值 (α,β)。下面给出该优化函数的相关定义和构造方法。

表 8.5　阴影集相关研究

作者	模型/方法
Pedrycz	基于不确定性平衡的阴影集
Deng	基于最小成本的决策理论阴影集
Deng	基于均值的决策理论阴影集
Zhang	基于模糊熵的区间阴影集
Gao	基于模糊熵均值的 MESS 模型
Zhang	基于博弈权衡的博弈理论阴影集

定义 8.7　给定元素 x 的隶属度函数 μ_A，和对应的隶属度值 $\mu_A(x)$，总体不确定性水平 $V(\mu_A)$ 定义如下：

$$V(\mu_A) = \left| \sum_{\mu_A(x) \geqslant \alpha} (1 - \mu_A(x)) + \sum_{\mu_A(x) \leqslant \beta} \mu_A(x) - \mathrm{card}\left\{x \in X \,\middle|\, \beta < \mu_A < \alpha\right\} \right| \qquad (8\text{-}13)$$

对式(8-13)进行优化，确定阈值对 (α,β) 后就可以构造阴影集的三个区域，构造方法如下：

$$\mathrm{POS}(x) = \left\{x \in X \,\middle|\, S_{\mu_A(x)} \geqslant \alpha\right\}$$

$$\mathrm{BND}(x) = \left\{x \in X \,\middle|\, \beta < S_{\mu_A(x)} < \alpha\right\} \qquad (8\text{-}14)$$

$$\mathrm{NEG}(x) = \left\{x \in X \,\middle|\, S_{\mu_A(x)} \leqslant \beta\right\}$$

从三支决策的角度来看，由阴影集划分的三个区域可以解释为决策过程中的正域、负域和边界域，并据此推导出接受、拒绝和延迟决策。阴影集作为模糊的一种表示和处理方法，被用于处理不确定性问题，并在许多领域得到了应用。在数据分类方面，Jiang 和 Zhao[23]针对模糊和不确定数据，提出了一种基于阴影集的多粒度三支聚类集成算法，获得了更好的对象划分结果。周玉等[24]将阴影集引入到样本数据选择方法中，通过保留典型样本和减少训练数据的数量提高了神经网络分类器的性能。Yue 等[25]利用阴影集构造带有阴影邻域的不确定实例分类，降低了牵强分类的风险。

8.2.2　文本分类方法

本节设计一种利用不确定性工具阴影集来表示图卷积模型的输出结果，并根据三支决策来对表示后的数据进行处理的用于文本分类任务的半监督方法。这一方法专注于将 TextGCN 模型扩展到基于 3WD 的高效学习模型。本节首先描述所提方法的体系结构，以说明该方法的整体流程，然后详细解释每个部分。该方法主要包括两个步骤：首先利用阴影集对 TextGCN 模型结果进行隶属度函数表示，并将表示结果进行三分；其次分别采取相应的处理策略并对所有结果进行融合。

1) 阴影集三支图卷积

如图 8.4 所示，本节所提方法通过 TextGCN 模型获得初步分类结果。根据有关图卷积网络(graph convolution networks，GCN)的内容，可以知道当采用两层 GCN 模型时，可以在第二层得到与类别数目相同维数的词-文档嵌入，也就是提取到的特征。将最终的文本特征输入 softmax 函数后，原始 TextGCN 模型的输出层可以生成每个样本的类别概率值 H^2，在本节中将其定义为隶属度值 Z。文本的类别将根据最大隶属度值确定，隶属度值越大表明该文本属于当前类别的可靠性越大。理想状态下，对于每个样本来说，当前预测可靠度均为 1。然而，由于模型的局限性，在实际应用中很难得到一个完美的隶属度。当预测概率值之间的差异很小且难以区分时，结果存在不确定性，选取最大值的方法就会存在误分类的风险。因此，在 TextGCN 模型的输出层设计一个可靠性函数来评价分类结果是否为合理的。根据多分类任务，当最大隶属度值显著高于其他类别对应的隶属度值时，当前预测的类别结果是非常可信的。换句话说，最大隶属度和第二大隶属度之间的差异应该大于某个值时才能保证结果的可靠性。因此，通过 TextGCN 模型提供的预测隶属度矩阵可以设计一个直观的可信度函数。

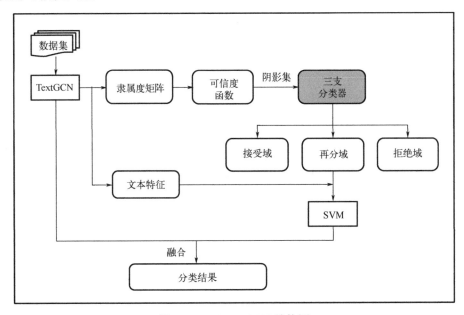

图 8.4　SS-3WD-GCN 结构图

定义 8.8 给定一个隶属矩阵 Z，Z_{1st} 和 Z_{2nd} 分别表示 Z 的最大值和次高值。可信度函数定义如下：

$$RF = Z_{1st} - Z_{2nd} \tag{8-15}$$

在上述定义中，RF 值越高，表明 TextGCN 模型对当前样本正确分类的可信度越高。通过定义阴影集的阈值 (α, β)，可以对当前样本的可信度进行区域划分。当 $RF \geqslant \alpha$ 时，将该样本结果划分到确定域，认为此时 TextGCN 模型的结果完全可信；当 $RF \leqslant \beta$ 时，将该样本结果划分到拒绝域，认为此时 TextGCN 模型的结果完全不可信；当 $\beta < RF < \alpha$ 时，将该样本结果划分到再分域，认为此时 TextGCN 模型的结果需要进一步处理。

2) 决策阈值

为了构造由阴影集划分的三个域的三支决策规则，关键问题是决策阈值的确定。参考 Predrcy 提出的应用不确定性不变性原理获得最优阈值优化机制，并根据文本分类问题的实际情况，设计如下定义来确定阈值。

定义 8.9 给定一个可信度函数 RF，对于全集 $X = \{x_i \,|\, 1 \leqslant i \leqslant N\}$，则有可信度集 $R = \{r_i \in RF \,|\, i = 1, 2, \cdots, N\}$，其中，$r_i$ 为当前第 i 个样本结果的可信度，并将最大可信度定义为 r_{max}。

通过最小化原始可信度集与其诱导的阴影集之间的差异，可以得到最优阈值。在本节中设定阈值下限为 ε，由于实际应用中很难得到可信度为 1 的结果，因此阈值上限由最大可信度和下限共同决定，设定为 $r_{max} - \varepsilon$。

定义 8.10 设可信度集 $R = \{r_1, r_2, \cdots, r_N\}$，构造阴影集的阈值 ε 可由如下目标优化函数确定：

$$\arg\min_{\varepsilon} \left| \sum_{r_i \geqslant r_{max} - \varepsilon} (r_{max} - r_i) + \sum_{r_i \leqslant \varepsilon} r_i - \mathrm{card}\{r_i \,|\, \varepsilon < r_i < r_{max} - \varepsilon\} \right| \tag{8-16}$$

其中，$\displaystyle\sum_{r_i \geqslant r_{max} - \varepsilon} (r_{max} - r_i)$ 表示由提升操作引起的可信度变化之和；$\displaystyle\sum_{r \leqslant \varepsilon} r_i$ 表示由降低操作引起的可信度变化之和，$\mathrm{card}\{r_i \,|\, \varepsilon < r_i < r_{max} - \varepsilon\}$ 为阴影域样本的所有可信度。通过对可信度发生变化的不同趋势进行优化，从而达到平衡状态，以此得到最优阈值。其具体算法过程如算法 8.2 所示。

算法 8.2　决策阈值算法

输入：　　可信度集 R。

输出：　　最优阈值 ε。

1：　　　　初始化 $\varepsilon = 0.5$，$r_{max} = \max\{R\}$，step=0.001。

2：　　　　**while** $R(\varepsilon) > 0$ **do**

3:　　　$\varepsilon = \varepsilon - \text{step}$；

4:　　　计算 $\sum\limits_{r_i \geqslant r_{\max} - \varepsilon} (r_{\max} - r_i)$；

5:　　　计算 $\sum\limits_{r_i \leqslant \varepsilon} r_i$；

6:　　　计算 $\text{card}\{r_i \mid \varepsilon < r_i < r_{\max} - \varepsilon\}$；

7:　　　计算式 (8-7)；

8:　　**End**

9:　　返回 ε。

8.2.3　实验结果

1）实验设置

本实验采用 20NG、Ohsumed、R52、R8、MR 五种广泛使用的基准语料库对本节提出的方法进行分析。由于原始文本数据无法用于建模，首先对所有数据集进行预处理，对文本进行清理和标记，去除停止词和低频词。预处理数据集的统计结果如表 8.6 所示。

表 8.6　预处理数据集汇总　　　　　　　　　　　（单位：个）

数据集	训练集样本数目	测试集样本数目	节点数目	类别数目
20NG	11314	7532	61603	20
Ohsumed	3357	4043	21557	23
R52	6532	2568	17992	52
R8	5485	2189	15362	8
MR	7108	3554	29426	2

2）实验结果分析

本实验采用的对比模型在文本分类任务中都比较流行。文本数据的处理遵循原始的 TextGCN 流程。在 TextGCN 到 SS-3WD-GCN 的过程中，使用第二层的输出特征表示作为 SVM 分类器的输入。实验结果如表 8.7 所示。

表 8.7　六种方法在五个数据集上的准确率对比

数据集	CNN	LSTM	Bi-LSTM	FastText	TextGCN	SS-3WD-GCN
20NG	0.7693	0.6571	0.7318	0.7967	0.8634	0.9078
Ohsumed	0.4397	0.4113	0.4927	0.5770	0.6836	0.7590
R52	0.8537	0.8554	0.9054	0.9281	0.9656	0.9805
R8	0.9402	0.9368	0.9631	0.9613	0.9707	0.9790
MR	0.7506	0.7506	0.7768	0.7514	0.7674	0.7634
平均值	0.7507	0.7222	0.7740	0.8029	0.8501	0.8780

如表 8.7 所示，根据基线模型和本节所提的 SS-3WD-GCN 模型在五个数据集上的分类准确率结果，可以看出本节所提模型基本等于或优于对比模型，这证实了本节所提方法在文本分类任务中的有效性。将 SS-3WD-GCN 与基线模型进行更深入的性能分析，可以发现本节方法在 20NG、Ohsumed、R52 和 R8 这四个数据集上的性能较好，而在 MR 数据集上的性能稍差，这说明 SS-3WD-GCN 在新闻文本分类等多个分类任务上具有优势，而在包含各种极性评论的 MR 数据集等二元情感分类方面则受到限制。其潜在的原因是被划分到再分域进行再分类的样本类别不平衡，导致作为增强模型的机器学习算法的表现不佳，从而影响了整体的分类效果。当对所有方法在五个数据集上的平均准确率进行比较时，可以看出 SS-3WD-GCN 要高于其他几种对比方法，这说明相较于其他深度学习分类方法，基于阴影集的三支决策图卷积文本分类方法具有更好的泛化能力，能实现更高的分类准确率。结果充分表明，将传统的机器学习方法作为增强方法，可以有效地利用从 TextGCN 模型中学习到的文本特征，并且阴影集和 3WD 方法构建的文本分类集成框架可以不同程度地提高整体分类结果。

为了比较模型的收敛能力，本节针对多类别分类任务，对比分析 TextGCN 模型和 SS-3WD-GCN 模型在每个训练时期下的模型准确率，并以折线图的形式记录实验结果。由图 8.5 的结果可知，无论在哪个数据集上，实线几乎总是在虚线之上，这证明了在收敛速度上，SS-3WD-GCN 模型无疑是比 TextGCN 模型更快的，能够更早地达到稳定状态，且过程更平滑。同时，从分类精度的角度来看，本节提出的模型要优于单一的 TextGCN 分类器，验证了模型的有效性。

同时，为了更好地验证基于三支决策的分类方法对于图卷积分类模型有效性的提升，本节实验还综合对比 TextGCN 模型和 SS-3WD-GCN 模型在五个文本数据集上的精确率、召回率和 f_1 值，实验结果如表 8.8～表 8.10 所示。

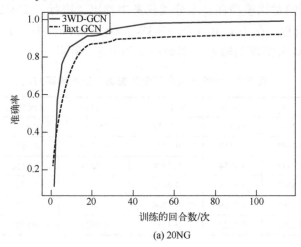

(a) 20NG

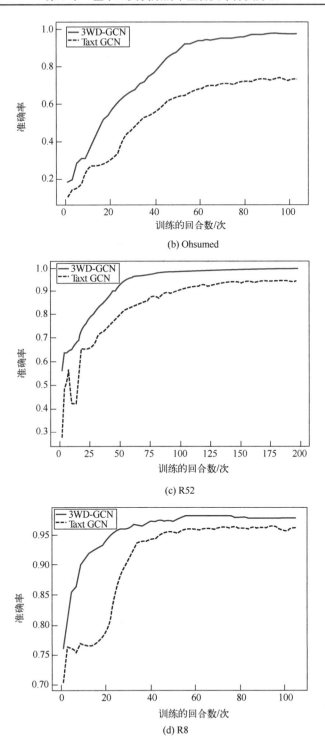

(b) Ohsumed

(c) R52

(d) R8

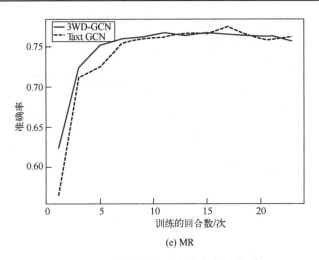

(e) MR

图 8.5　训练次数对分类准确率的关系

表 8.8　两种方法在五个数据集上的精确率对比

数据集	20NG	Ohsumed	R52	R8	MR	平均值
TextGCN	0.8584	0.6860	0.7019	0.9246	0.7617	0.7865
SS-3WD-GCN	0.9040	0.7827	0.9419	0.9589	0.7632	0.8701

表 8.9　两种方法在五个数据集上的召回率对比

数据集	20NG	Ohsumed	R52	R8	MR	平均值
TextGCN	0.8542	0.5896	0.6188	0.9157	0.7616	0.7480
SS-3WD-GCN	0.9026	0.7318	0.9062	0.9622	0.7631	0.8532

表 8.10　两种方法在五个数据集上的 f_1 值对比

数据集	20NG	Ohsumed	R52	R8	MR	平均值
TextGCN	0.8563	0.6341	0.6577	0.9307	0.7617	0.7681
SS-3WD-GCN	0.9033	0.7564	0.9237	0.9606	0.7632	0.8614

从表 8.8～表 8.10 所示的结果可以看出，基于三支决策的图卷积分类模型在五个文本数据集上的所有指标的得分都比 TextGCN 模型有所提高。在大多数情况下，就每个指标而言，平均约有 10%～13% 的提升。尽管在 MR 数据集上的分数优势不够显著，但可以明显看出，SS-3WD-GCN 模型依然可以被认为是更适合综合考虑精度和召回率的方法。因此，不难发现基于阴影集的三支决策图卷积文本分类方法可以更准确地捕获和重新分类不确定数据，因为该方法是根据分类过程中所得结果来进行三支决策的。此外，这将表明在大多数情况下，该模型在文本分类方面比单一的 TextGCN 模型更具备鲁棒性。

本节所提方法采用 SVM 来作为二次分类器对划分到不确定域中的分类结果进行再次分类,为了表明这一选择的可行性,进行了 SVM 和 TextGCN 模型在不确定域数据上分类准确率的对比实验,实验结果如表 8.11 所示。

表 8.11　两种方法在五个数据集不确定域上的准确率对比

数据集	20NG	Ohsumed	R52	R8	MR	平均值
SVM	0.7918	0.6743	0.9824	0.9167	0.6130	0.7956
TextGCN	0.5765	0.5041	0.6559	0.7197	0.6089	0.6130

结果表明,作为 TextGCN 的增强模型,SVM 在不确定域数据上的平均分类性能要优于 TextGCN,在 20NG、Ohsumed、R52 和 R8 数据集上的准确率有着明显提升,在 MR 的准确率也要略高一些,这说明对于样本数量较少的再分类过程,有监督的 SVM 相较于 TextGCN 表现更好,可以在一定程度上作为增强信息降低 TextGCN 预测结果的不确定性,因此通过增强模型来提高这部分数据的分类准确率的办法是可行的。

尽管与 TextGCN 模型相比,SS-3WD-GCN 模型提高了分类性能,但 SS-3WD-GCN 模型需要训练两个模型并执行两次预测过程。额外的时间开销主要包括不确定数据的获取及其训练和测试。对于不确定数据的获取,因为它可以在 TextGCN 的过程中一次获取,所以可以忽略这部分的时间开销,因此主要的额外时间开销是训练机器学习模型来对不确定数据进行重新分类。实验过程中统计了这三种模型在训练和测试所需要的时间,如表 8.12 所示。从表中数据可以看出,在时间复杂度方面,SS-3WD-GCN 模型似乎比原始的 TextGCN 模型表现得更差。然而,SS-3WD-GCN 模型的训练时间和测试时间都只有很微小的增加,原因是 SVM 作为增强模型,可以在比 TextGCN 模型短得多的时间内完成训练和测试过程。

表 8.12　三种方法在 MR 数据集上的时间复杂度对比

模型	训练时间/s	测试时间/s
TextGCN	65.37	0.69
SVM	1.50	0.13
SS-3WD-GCN	68.79	2.91

8.3　本章小结

本章提出了两种基于三支决策理论的半监督文本分类方法,并且在多个基准数据集上进行了广泛的实验评估。实验结果表明,这两种方法在分类准确率、精确率、召回率和 f_1 值等多个指标上都显著优于现有的方法,体现了三支决策理论在处理文本分类任务中不确定性问题的优势。

　　基于证据理论的三支决策半监督文本分类方法通过融合多个基分类器的预测结果来解决冲突问题，并使用三支决策理论来处理不确定性。该方法在多类别文本分类任务上表现出色，特别是在有限标记数据的情况下。实验结果显示，EviSSC-3WD方法能够有效地利用无标签数据，提高分类的准确性和可靠性。尤其在处理具有复杂语义结构的文本数据时，该方法展现出了较强的鲁棒性和适应性。此外，通过引入证据理论，该方法还提高了分类结果的可解释性，这在实际应用中具有重要意义。

　　基于阴影集的三支决策图卷积文本分类方法则将阴影集理论与 TextGCN 模型相结合，通过对分类结果进行可信度评估和校正，提高了模型的精度和鲁棒性。实验结果表明，该方法在多个数据集上都取得了优于 TextGCN 模型的性能，尤其是在处理不确定样本时表现出色。SS-3WD-GCN 方法不仅提高了分类准确率，还通过三支决策机制有效降低了误分类风险。

　　总的来说，这两种方法为半监督文本分类提供了新的思路，通过引入三支决策理论和其他不确定性处理工具，有效地提高了分类的准确性和可靠性。这些方法不仅在学术研究上具有重要意义，也为实际应用中的文本分类任务提供了有价值的解决方案。特别是在大规模、高维度、标签稀缺的文本数据处理方面，本研究的方法展现出了很大的潜力。未来的研究可以进一步探索这些方法在更多样化的文本类型和更复杂的分类任务中的应用，以及如何将这些方法扩展到其他自然语言处理任务中。

参 考 文 献

[1] Chen M, Weinberger K Q, Blitzer J C, et al. Co-training for domain adaptation[C]. 25th International Conference on Neural Information Processing Systems, Granada, 2011: 2456-2464.

[2] Dempster A P. Upper and Lower Probabilities Induced by A Multivalued Mapping[M]//Studies in Fuzziness and Soft Computing. Berlin, Heidelberg: Springer Berlin Heidelberg, 2008: 57-72.

[3] Shafer G. A Mathematical Theory of Evidence[M]. Princeton: Princeton University Press, 1976.

[4] Zhang Q H, Yang Y, Cheng Y L, et al. Information fusion for multi-scale data: Survey and challenges[J]. Information Fusion, 2023, 100: 101954.

[5] Denœux T, Zouhal L M. Handling possibilistic labels in pattern classification using evidential reasoning[J]. Fuzzy Sets and Systems, 2001, 122(3): 409-424.

[6] Wang Z, Wang R X, Gao J M, et al. Fault recognition using an ensemble classifier based on Dempster–Shafer Theory[J]. Pattern Recognition, 2020, 99: 107079.

[7] Guo M, Yang J B, Chin K S, et al. Evidential reasoning based preference programming for multiple attribute decision analysis under uncertainty[J]. European Journal of Operational Research, 2007, 182(3): 1294-1312.

[8] Bi Y X, Guan J W, Bell D. The combination of multiple classifiers using an evidential reasoning approach[J]. Artificial Intelligence, 2008, 172 (15): 1731-1751.

[9] Tabassian M, Ghaderi R, Ebrahimpour R. Combination of multiple diverse classifiers using belief functions for handling data with imperfect labels[J]. Expert Systems with Applications, 2012, 39 (2): 1698-1707.

[10] Sutton-Charani N, Imoussaten A, Harispe S, et al. Evidential bagging: Combining heterogeneous classifiers in the belief functions framework[C]. 17th International Conference on Information Processing and Management of Uncertainty in Knowledge-Based Systems. Cádiz: Springer International Publishing, 2018: 297-309.

[11] Campagner A, Cabitza F, Ciucci D. The three-way-in and three-way-out framework to treat and exploit ambiguity in data[J]. International Journal of Approximate Reasoning, 2020, 119: 292-312.

[12] Campagner A, Ciucci D, Hüllermeier E. Rough set-based feature selection for weakly labeled data[J]. International Journal of Approximate Reasoning, 2021, 136: 150-167.

[13] Yue X D, Liu S W, Qian Q, et al. Semi-supervised shadowed sets for three-way classification on partial labeled data[J]. Information Sciences, 2022, 607: 1372-1390.

[14] Yue X D, Chen Y F, Yuan B, et al. Three-way image classification with evidential deep convolutional neural networks[J]. Cognitive Computation, 2022, 14 (6): 2074-2086.

[15] Kipf T N, Welling M. Semi-supervised classification with graph convolutional networks[EB/OL]. 2016: 1609.02907. https://arxiv.org/abs/1609.02907v4.

[16] Yao L, Mao C S, Luo Y, et al. Graph convolutional networks for text classification[C]. Proceedings of the Thirty-Third AAAI Conference on Artificial Intelligence and Thirty-First Innovative Applications of Artificial Intelligence Conference and Ninth AAAI Symposium on Educational Advances in Artificial Intelligence. Honolulu，ACM, 2019: 7370-7377.

[17] Pedrycz W. Shadowed sets: Representing and processing fuzzy sets[J]. IEEE Transactions on Systems, Man, and Cybernetics Part B: Cybernetics, 1998, 28 (1): 103-109.

[18] Deng X F, Yao Y Y. Decision-theoretic three-way approximations of fuzzy sets[J]. Information Sciences, 2014, 279: 702-715.

[19] Deng X F, Yao Y Y. Mean-value-based decision-theoretic shadowed sets[C]. 2013 Joint IFSA World Congress and NAFIPS Annual Meeting (IFSA/NAFIPS), Edmonton, IEEE, 2013: 1382-1387.

[20] Zhang Q H, Chen Y H, Yang J, et al. Fuzzy entropy: A more comprehensible perspective for interval shadowed sets of fuzzy sets[J]. IEEE Transactions on Fuzzy Systems, 2019, 28 (11): 3008-3022.

[21] Gao M, Zhang Q H, Zhao F, et al. Mean-entropy-based shadowed sets: A novel three-way

approximation of fuzzy sets[J]. International Journal of Approximate Reasoning, 2020, 120: 102-124.

[22] Zhang Y, Yao J T. Game theoretic approach to shadowed sets: a three-way tradeoff perspective[J]. Information Sciences, 2020, 507: 540-552.

[23] Jiang C M, Zhao S. Multi-granulation three-way clustering ensemble based on shadowed sets[J]. Acta Electronica Sinica, 2021, 49(8): 1524-1532.

[24] 周玉, 朱安福, 周林, 等. 一种神经网络分类器样本数据选择方法[J]. 华中科技大学学报: 自然科学版, 2012, 40(6): 39-43.

[25] Yue X D, Zhou J, Yao Y Y, et al. Shadowed neighborhoods based on fuzzy rough transformation for three-way classification[J]. IEEE Transactions on Fuzzy Systems, 2020, 28(5): 978-991.

第9章 融合三支决策与多头注意力机制的云平台弹性伸缩机制

随着云计算技术的广泛应用，灵活的资源弹性伸缩已经成为一个关键性挑战。云平台必须有效地分配资源以适应不断变化的工作负载。本章提出一种创新的分布式三支决策融合方法，用于平衡弹性伸缩过程中的响应速度与谨慎性。该方法在粗粒度与细粒度的时间层面上执行分布式三支决策，决策包括立即弹性伸缩、延迟弹性伸缩或不进行弹性伸缩。接着，利用多头注意力机制智能地整合这些决策，通过权衡不同时间粒度的相关性来制定一个综合的弹性伸缩策略。在策略融合的过程中，考虑长期趋势以平衡对突发工作负载变化的即时响应。在真实世界的数据上进行的综合实验显示，相较于现有方法，本章提出的融合策略在提升资源效率和服务水平协议(service level agreement，SLA)方面表现出显著优势。多头注意力机制的加入赋予系统在不同运行条件下的自主调整能力。这种基于原理的方法和注意力机制的决策聚合对实现高效、自适应且可解释的云资源弹性伸缩机制具有重要的意义。

9.1 研 究 背 景

弹性是指系统能够通过自主地配置和取消配置资源来适应工作负载变化的能力，从而确保高可用性和性能，同时最小化成本。云弹性伸缩(cloud elastic scaling，CES)是云计算中的一个核心原则，它允许计算资源以动态和自动的方式调整，以满足不断变化的工作负载需求。CES 的基本策略是依据系统当前和预测的负载变化来增加或减少分配的资源量。云平台持续监控如中央处理器(central processing unit，CPU)利用率、内存使用情况、网络流量和请求率等各种系统指标，通过这些数据，云提供商能够洞察系统的即时状态，有效识别工作负载的波动并迅速做出响应。如图 9.1 所示，实线(原始负载)表示云平台上原始工作负载随时间的变化情况。点线(调整后负载)表示经过资源扩展调整后的工作负载。虚线(阈值)表示设置的资源扩展阈值。从图 9.1 中可以观察到，原始工作负载在某些时间点上有剧烈的波动，尤其在负载峰值时，远超过了虚线设定的阈值。一旦原始负载超过这一阈值，就触发资源扩展，使调整后的工作负载(实虚线)相对平稳，并且大部分时间保持在阈值以下。这说明云平台的弹性扩展机制能够有效应对突发的工作负载增加，通过增加资源来控制工作负载，确保系统的稳定运行。

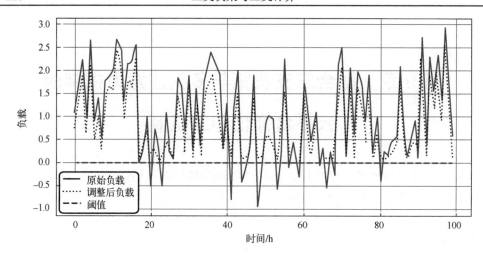

图 9.1　云平台负载与资源扩展示意图

　　CES 的核心机制涉及设定监控指标的阈值，由管理员或自动化系统设置这些阈值以触发资源的弹性伸缩或缩减操作。当特定指标超出预定阈值时，即表明系统正面临需求增长或资源利用率下降，从而促使云平台执行弹性伸缩操作：垂直弹性伸缩(为现有实例增配资源)或水平弹性伸缩(增加实例数量以分担增加的负载)。云提供商通常提供灵活的自动弹性伸缩策略，允许用户根据简单的阈值设置或更复杂的算法(这些算法可能考虑历史数据和预测的工作负载模式)来配置规则。

　　CES 还包括定义用于管理不同情况下弹性伸缩行为的策略，如规定实例的最小和最大数量、弹性伸缩操作之间的冷却时间及其他相关的操作约束。一旦触发弹性伸缩操作，云平台会根据选定的策略自动为实例分配或取消分配资源。这种动态的资源管理不仅确保了资源使用的最优化，还实现了成本效益的最大化，改进了应用程序的性能，降低了基础设施成本，并提高了系统处理不同工作负载的灵活性。通过持续调整资源以适应需求变化，CES 确保基于云的系统在资源优化和适应性方面保持最佳性能。

　　云资源弹性伸缩表现为一个三支决策问题，即选择立即弹性伸缩、延迟弹性伸缩或不进行弹性伸缩。这一决策的关键在于平衡对突发工作负载变化的即时响应和谨慎的资源配置之间的需求。图 9.2 展示了在特定负载数据下，仅使用立即弹性伸缩和延迟弹性伸缩策略可能导致的成本问题。立即弹性伸缩虽能快速响应负载激增，但可能导致资源的过度配置，因为这种激增可能只是暂时的。相反，过于频繁的弹性伸缩操作可能会导致资源浪费，影响系统的整体稳定性。为了解决这一挑战，采用延迟弹性伸缩作为一种策略，能够在观察到工作负载于一定时期内持续增长或减少的趋势后，智能地确定适当的资源调整时机，从而验证弹性伸缩的必要性。这种策略帮助云平台在保证资源利用与实际工作负载模式一致的同时，减少了因过度反应而导致的资源浪费和低效率。

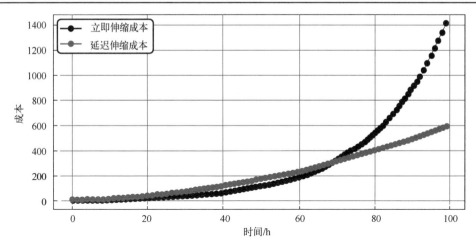

图 9.2　延迟伸缩和立即伸缩的成本比较

为了有效整合这些决策，本章采用多头注意力机制，来融合在不同时间粒度上的立即、延迟和不进行弹性伸缩的决策，以形成一个全面且自适应的弹性伸缩策略。通过结合这些决策，我们的策略允许云平台主动响应即时的工作负载波动，同时在识别到短期负载峰值可能仅为暂时现象时，谨慎地进行延迟弹性伸缩操作。这种方法显著减少了由于频繁弹性伸缩操作而可能导致的资源浪费，同时保持了系统的稳定性。通过在不同时间粒度上采用基于多头注意力机制的三支决策融合策略，我们提出一种新颖且有效的解决方案来应对弹性伸缩的挑战。利用真实的云平台释放的大数据进行的实验，显示本章所提方法在保持响应性和谨慎性之间取得了平衡，进一步促进了云环境中的资源效率和以用户为中心的服务质量。

9.2　相　关　工　作

9.2.1　云计算的弹性伸缩机制

云计算作为一种动态、可扩展的计算模式，其核心优势之一在于能够根据需求灵活地调整资源配置[1]。弹性伸缩机制是实现这一优势的关键技术，它使云平台能够自动适应工作负载的变化，优化资源利用率，同时保证服务质量和成本效益。近年来，随着云计算技术的不断发展和应用场景的日益复杂，弹性伸缩机制面临着新的机遇与挑战。

弹性伸缩的一种基本方法是垂直伸缩，它通过增减虚拟机现有资源(例如 CPU 或内存)来调整处理能力，以满足增加或减少的工作负载需求。类似文献[2]的研究致力于优化垂直扩展算法，以期在扩展事件中实现更好的资源利用率并最大限度地减少服务中断。然而，垂直扩展虽然适用于某些场景，但对于应对极端工作负载波动可能并不划算。为了解决垂直扩展的局限性问题，水平扩展作为一种处理动态工作负载的有效方法受到了关注。水平扩展涉及添加或移除虚拟机实例，将工作负载分配到更多的资源上。这类方法在类似文献[3]和[4]的研究中有所探讨，这些研究提出了一种基于启发式的自动水平扩展决策方法，该方法通过考虑历史工作负载模式和预定义阈值来进行决策。

然而，传统的基于阈值的伸缩策略往往难以应对复杂多变的云环境。为此，研究者们开始探索更加智能和自适应的伸缩机制。机器学习技术在这一领域展现出了巨大潜力。Kumar 和 Singh[5]提出了一种基于神经网络和黑洞算法的动态资源伸缩方法，能够有效预测未来工作负载并做出相应的伸缩决策。另外，Rossi 等[6]利用强化学习技术实现了容器化应用的自适应伸缩，显著提高了资源利用效率。

除此之外，研究人员还将注意力转向了结合垂直扩展和水平扩展方法的混合扩展机制。这些混合模型旨在利用这两种策略的优势，在资源效率和响应能力之间取得平衡。类似文献[7]的研究提出了新颖的混合扩展算法，该算法可以根据实时性能指标和成本因素自适应地选择垂直扩展或水平扩展。为了解决在不同时间粒度选择适当扩展操作的挑战，研究人员探索了多头注意力机制。这些机制将按小时、按日和按周等不同时间尺度做出的决策进行整合，以实现更准确和更具适应性的扩展策略。研究表明，这种多头注意力机制在改进云资源扩展决策方面是有效的。

近年来，云计算的弹性伸缩机制取得了显著的进展，涵盖了从传统扩展方法到先进机器学习技术的各种方法。研究人员探索了垂直扩展、水平扩展以及混合方法，并越来越多地融合了数据驱动和注意力机制的方法来提高云资源分配的响应速度和效率[8]。相关研究的丰富成果促进了云弹性机制的不断改进，使云平台能够满足现代应用程序动态多变的需求。

图 9.3 展示了云弹性伸缩机制的概念，云基础设施会持续监控工作负载，并动态扩展资源以匹配不断变化的需求，从而确保最佳资源利用率和性能，同时最大限度降低成本。最底层矩形表示云基础设施，中间层灰色矩形表示不断变化的工作负载需求。垂直虚线两侧表示扩展间隔，两条水平虚线之间表示工作负载波动。垂直虚线表示云扩展机制评估工作负载并做出动态扩展决策。该机制会在特定的扩展间隔（垂直虚线之间）持续监控工作负载波动（水平虚线之间）。基于实时评估，云会动态调整其计算资源（最上层矩形）以满足不断变化的需求。该图直观地传达了自适应和响应式系统的理念，该系统可以在云计算环境中优化资源分配，确保高可用性和成本效益。

尽管取得了诸多进展，云计算弹性伸缩机制仍面临着一些挑战。例如，如何在复杂多变的云环境中准确预测工作负载变化仍是一个开放问题；如何在保证服务质量的同时最大化资源利用率和成本效益，需要更加精细的权衡机制。此外，随着边缘计算和雾计算的兴起，如何实现跨越云-边-端的协同弹性伸缩也成了一个新的研究热点。

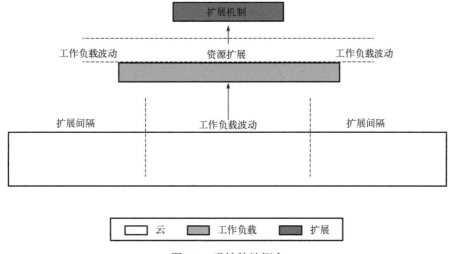

图 9.3　弹性伸缩概念

9.2.2　三支决策

三支决策理论作为一种粒度计算模型，其根源可以追溯到粗糙集理论。它的基本特征是三元思维、三元处理与三元行动的模式。该理论通过将系统分割(构成)三个不同的区域，然后进行"治"，进而评估其效果。其一般形式为，假设 OB 为一个有限对象集，OB 的一个三分结果 π 包括三个非空子集 R_1、R_2、R_3。即 $\pi = \{R_1, R_2, R_3\}$，满足两个条件：① $R_1 \bigcup R_2 \bigcup R_3 = OB$；② $R_1 \bigcap R_2 = \varnothing, R_1 \bigcap R_3 = \varnothing, R_2 \bigcap R_3 = \varnothing$。

在某些情况下，不相交的三部分可能缺乏具体的语义，仅代表三个独立或松散相关的部分。然而，在其他情境中，这三个部分可能具有特定的解释，例如，它们可以代表正域、负域和边界域，或表示上、中、下段。

当前，从应用的角度来看，三支决策理论已经演变成一个复杂的研究和应用网络[9]。Chen 等[10]提出了一种基于三支决策的特征分类方法，以获得情感分析中正面领域和负面领域的最佳特征表示。Cheng 和 Rui[11]提出了一种基于三支决策的最小风险文本分类算法。Maldonado 等[12]提出了一种基于三向信用评估决策的两步方法。Liang 等[13]通过考虑两类信息之间的相互作用，开发了一种获得等价类的融合策略和一种新的条件概率方法。在我们之前的研究中，三支决策被用于优化云计算中的不确定性问题，取得了较好的结果[14-16]。

在弹性云计算调度等特定应用中，该理论转化为考虑三种弹性伸缩选项的决策：立即弹性伸缩、延迟弹性伸缩或不进行弹性伸缩。如图 9.4 所示。

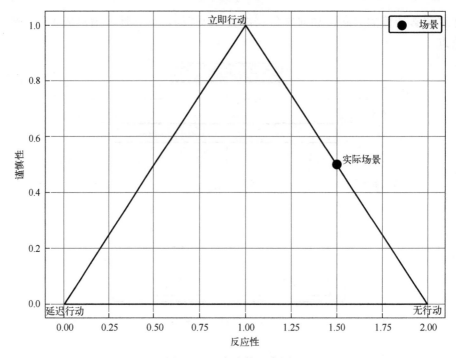

图 9.4　三支决策示意图

图 9.4 阐明了本研究中三支决策的具体体现。三角形的三个顶点代表三种可能的决策:"立即行动""延迟行动"和"不行动"。在这项工作中,"行动"表示"弹性伸缩"。在这种情况下,三角形内的点代表一个特定情况。场景点在三角形内的位置反映了基于平衡反应性和谨慎性的最佳决策。

反应性(0.00~2.00)表示对给定情况的决策速度或迅速性。高反应性的决策涉及快速和立即的行动,没有延迟。"立即行动"代表高反应性决策,强调快速响应,而谨慎性(0.0~1.0)衡量决策中的审慎程度。高谨慎性的决策涉及谨慎和保守的方法,通常导致延迟行动,以充分评估风险和后果。"延迟行动"代表高谨慎性决策,强调更深思熟虑和谨慎的方法。

例如,如果场景点靠近"立即行动"顶点,在该情况下立即采取行动更为合适。相反,如果场景点更靠近"延迟行动"顶点,采取更谨慎的延迟决策方法可能是更好的选择。当场景点更靠近"不行动"顶点时,最合适的决策是暂时不采取任何行动。该图直观地展示了三支决策的价值,允许基于特定上下文对不同选项进行深思熟虑的评估,从而使决策者能够做出正确的选择。

9.2.3　多头注意力机制

多头注意力机制是一种神经网络架构组件,它源自于注意力机制的概念。在传统的注意力机制中，模型通过分配不同的权重来聚焦输入数据的关键部分，从而提升处理效率和性能。多头注意力机制扩展了这一概念，允许模型在同一时间内关注输入数据的多个不同方面，这通过并行地运行多个独立的注意力“头”来实现。

在多头注意力机制中，每个“头”独立计算输入数据的注意力分数，然后将这些分数聚合起来，形成一个综合的输出表示。这种机制使网络能够在多个子空间上捕捉到丰富的信息，每个头学习到的注意力权重不同，关注的特征也有所不同，因此，它能更全面地理解数据，提高模型对信息的整合能力和解释性。此外，多头注意力架构通过这种多角度学习，使模型在处理复杂任务(如语言翻译、图像识别或序列预测)时更加精准，增强模型的泛化能力和对细节的敏感性。

在自然语言处理(natural language processing，NLP)领域，多头注意力机制已经成为变革性的技术之一[17,18]。例如，它在 BERT、GPT 等语言模型中的应用，极大地提高了机器翻译、文本摘要、情感分析等任务的性能。多头注意力使模型能够同时关注句子中多个层面的语义关系，如语法结构、词义依赖和句间关联，从而更准确地理解和生成语言。在计算机视觉领域，多头注意力机制帮助模型更有效地处理图像和视频数据[19-20]。例如，在对象识别和图像分割任务中，模型能够通过多头注意力同时关注图像的不同部分，如物体的边缘、纹理和颜色等特征，使特征提取更全面，识别结果更准确。

随着物联网(Internet of things，IoT)、边缘计算和分布式系统的发展，多头注意力机制的应用场景持续扩展。云计算的资源管理尤其能够从多头注意力机制中受益。在处理复杂的云服务请求和动态的资源需求时，多头注意力机制可以帮助云平台更精准地预测资源需求，从而实现更有效的资源分配[21,22]。此外，多头注意力还可以用于监控和自动化管理云资源，如自动扩展、负载均衡和故障恢复等，提高云服务的可靠性和效率。在这些领域，多头注意力不仅能处理来自数以亿计的设备的数据流，还能在数据源产生的地点即时做出响应决策，大幅度降低延迟，提升处理速度。

多头注意力机制在资源弹性伸缩的应用中已经引起了显著关注。云平台在满足不同工作负载需求的同时，还面临着最小化运营成本并确保高性能的挑战。多头注意力为解决这一挑战提供了一个良好的解决方案。在云资源弹性伸缩中，多头注意力可用于结合在不同时间粒度(如每小时、每天和每周)做出的决策。通过关注多个时间尺度的资源使用模式，模型可以做出更明智和自适应的弹性伸缩决策，从而提高资源利用率和成本效率。此外，多头注意力可用于融合来自不同弹性伸缩策略的决策，如垂直和水平弹性伸缩。通过利用多个“头”，模型可以动态选择弹性伸缩方法，考虑实时性能指标、成本和工作负载模式，从而实现平衡和高效的弹性伸缩机制。在云资源弹性伸缩中使用多头注意力机制不仅增强了系统的响应性和适应性，还有助于优化云基础设施，最终提高应用性能和用户体验。

如图 9.5 所示，我们可以将多头注意力的概念用于决定云计算资源的弹性伸缩需求。这个模型的重要性在于它能够同时考虑多个因素或"头",以确定是否进行弹性伸缩、缩减或维持计算资源的当前状态。三个不同的头(头1、头2和头3)可以被视为并行处理器,每个处理器分析云环境的不同方面或特征。与每个连接相关的权重或数值表示每个决策路径的重要性或置信度。

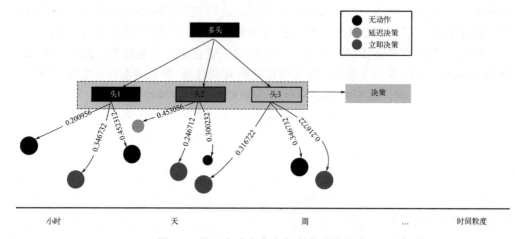

图 9.5　基于多头注意力机制的弹性伸缩

时间的粒度(小时、天和周)为决策过程增加了复杂性。根据系统是考虑短期、中期还是长期资源需求,可以采用不同的弹性伸缩决策。例如,为了处理突发的流量(一小时),可能需要立即采取行动,而更具战略性和计划性的弹性伸缩可以每天或每周进行。潜在行动可以分为三类(无、延迟或立即行动)。这些节点阐明了系统所需弹性伸缩的紧迫性和类型。"立即行动"对应于对流量峰值的紧急资源需求;"延迟行动"在系统预测到不久的将来负载增加但不是立即增加时使用;"无行动"则表示系统认为当前的资源分配足够。

9.3　提出的方法

9.3.1　基本框架

云平台负载通常在不同时间尺度上表现出变异性,如瞬时突发请求和渐进的长期趋势。多头注意力机制允许跨可变时间尺度对决策信息进行统一整合。该方法可以根据动态实际场景中不同时间尺度决策的重要性学习和调整权重。这种适应性确保了高效的资源利用,为不断变化的负载条件量身定制弹性伸缩策略,并降低运营成本。

图 9.6 展示了一个集成多头注意力机制的模型架构。该模型的首要步骤是定义

输入特征，这包括分析静态特征与时间序列特征在不同时间粒度(如小时、天、周)上的表现。这些特征是捕捉云平台负载行为中动态与静态方面的基础。

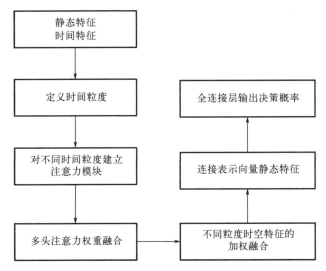

图 9.6　基于多头注意力机制的融合框架

针对每个时间粒度，我们分别构建了独立的注意力模块，每个模块处理相应时间粒度的序列特征，并计算出表示各元素间相关性和重要性的注意力权重。这些权重揭示了每个时间粒度内存在的时间模式和相关性。在各个独立的注意力模块处理完毕后，引入一个多头注意力层来聚合不同时间粒度模块的注意力向量，从而使模型能够综合不同时间尺度的时间序列特征间的多层面关系。这一步骤加强了对时间动态的全面考量。

多头注意力层输出的权重通过加权求和的方式与所有时间序列特征结合，生成了一个综合的时间序列信息表示。这一表示既包含了短期波动，也反映了长期趋势，极大地提升了模型捕捉复杂时间行为的能力。

融合后的特征向量进一步被送入一个全连接前馈层，该层处理融合的特征以预测三种不同的决策相关概率，即刻弹性伸缩、延迟弹性伸缩以及无须弹性伸缩。模型通过交叉熵损失函数进行训练，旨在最大化正确决策对应的概率。通过这种优化，模型逐渐学会做出与实际观察结果一致的合理弹性伸缩决策。

引入多头注意力机制和分层设计使该模型在多个方面具有优势。它不仅能够明确地捕捉到不同时间粒度下的各种时间模式，从而充分利用丰富的时间信息来进行决策，还能通过注意力权重提供对模型决策过程的深入洞察，增强模型的可解释性。这种方法为云任务弹性伸缩决策建模提供了一个有效的框架，优化了时间动态的利用。

9.3.2 特征提取

本章的数据集使用的是 Google Cluster Trace 2019。该数据集是一个由谷歌公开的大规模集群使用数据集,旨在帮助研究人员和开发者理解大型分布式系统在实际运行中的资源利用情况、工作负载特性以及调度行为等方面。此数据集包含了谷歌数据中心数千台机器在真实工作环境下的多个时间段的运行情况,记录了作业、任务、机器状态和资源使用(如 CPU、内存、磁盘和网络)的详细信息[23]。

尽管 Google Cluster Trace 2019 数据集提供了丰富的特征,分析时仍需精确识别与具体分析目标相关的属性。特别地,CPU 利用率和内存使用情况是评估云平台资源分配策略和弹性伸缩性能的关键指标,它们对于理解和优化云平台的性能至关重要。

CPU 利用率量化了 CPU 在特定时间内用于处理任务的时间比例,为我们提供了系统工作负载的关键洞见。较高的 CPU 利用率表明系统活跃度高,而低利用率则可能指示资源未被充分利用。该指标对于识别性能瓶颈和优化弹性伸缩策略具有重要作用。内存使用情况则反映了当前进程占用的系统内存总量,监控此指标有助于防止内存相关的性能低下并确保资源得到最优配置。

具体地,本研究关注的指标定义如下。

(1) CPU 利用率(CPU_{util}):表示在特定时间间隔内 CPU 执行任务的时间百分比。

(2) 内存使用情况(Mem_{usage}):表示在给定时间窗口内任务使用的内存量。

给定时间间隔 Δt,这段时间内任务的平均 CPU 利用率和内存使用情况可以用以下数学表达式表示:

$$CPU_{util} = \frac{1}{N_{tasks}} \sum_{i=1}^{N_{tasks}} CPU_{util}(t_i)$$

$$Mem_{usage} = \frac{1}{N_{tasks}} \sum_{i=1}^{N_{tasks}} Mem_{usage}(t_i)$$

(9-1)

其中, N_{tasks} 是集群中的总任务数; t_i 是任务的开始时间。

通过时间聚合技术,我们可以捕获这些指标在各种时间粒度上的波动。这涉及将数据集按照固定间隔(如 5min、10min、一天、一周)划分,并计算每个间隔内的平均 CPU 和内存使用情况。此方法为分析提供了细粒度的工作负载模式视图。数据聚合后,被组织为矩阵形式以简化后续分析,其中矩阵的每行对应一个时间间隔,列则代表关键特征。

定义 9.1(分布式三支决策) 设 U 为有限对象域, $D = \{d_1, d_2, \cdots, d_n\}$ 为分布式粒度或尺度的集合。对于每个 d_i,定义一个三支决策 $\Delta_i = \{\pi_{i1}, \pi_{i2}, \pi_{i3}\}$,其中, π_{i1}、 π_{i2} 和 π_{i3} 是 U 的三个不相交子集,分别代表在粒度 d_i 上的立即行动、延迟行动和无行动决策。

在此定义中，U 代表受三支决策过程影响的对象集。集合 D 包括不同的粒度或尺度，如不同的时间间隔或细节级别。三支决策分布在不同的粒度 d_i 上，由三个子集 π_{i1}、π_{i2} 和 π_{i3} 组成，分别代表立即、延迟和无行动的决策。分布式三支决策 Δ_i 将 D 中所有粒度的决策组合成一个单一模型，允许进行全面和自适应的决策过程，考虑多个细节级别的信息。融合过程可以基于预定义规则或复杂算法，如多头注意力机制，智能地结合来自不同粒度的决策，以实现最优和上下文敏感的决策。

9.3.3　注意力模块

时间粒度注意力模块构成了本章所提模型的核心，旨在辨识跨各种时间粒度的模式。针对每个时间粒度 $t \in \{hour, day, week\}$，相应的时间序列特征 x_t 通过如下方式转换以产生基本的查询、键和值向量：

$$
\begin{aligned}
q_t &= x_t W_q \\
k_t &= x_t W_k \\
v_t &= x_t W_v
\end{aligned}
\tag{9-2}
$$

这种转换将输入特征 x_t 投影到这些向量空间，为后续的注意力计算打下基础。每个时间粒度的注意力权重通过对查询向量和键向量的点积并应用 softmax 函数计算得出：

$$
a_t = \mathrm{softmax}(q_t k_t^{\mathrm{T}})
\tag{9-3}
$$

这些权重 a_t 反映了序列中不同元素对各自时间粒度的重要性，为每个时间粒度 t 生成的注意力输出向量 o_t 是权重和值向量的点积结果：

$$
o_t = a_t v_t
\tag{9-4}
$$

此向量在把握时间模式方面起到了关键作用，使模型能够做出更明智的决策。从每个粒度提取的注意力向量 o_t 经进一步处理，生成多头查询、键和值向量 q_i^h、k_i^h、v_i^h，其中，i 索引单个注意力头；h 代表头的总数。

$$
\begin{aligned}
q_i^h &= o_t W_{q,i}^h \\
k_i^h &= o_t W_{k,i}^h \\
v_i^h &= o_t W_{v,i}^h
\end{aligned}
\tag{9-5}
$$

这些向量确保模型可以同时捕捉多个信息和模式方面。注意力权重 a_i^h 通过将 softmax 函数应用于查询和键向量的点积计算得出，并将各头的输出连接起来，产生一个融合的注意力向量 o：

$$
o = \mathrm{Concat}(a_1^h v_1^h, a_2^h v_2^h, \cdots, a_h^h v_h^h)
\tag{9-6}
$$

这一向量综合了所有注意力头的见解，形成一个全面的时间序列特征表示 z：

$$z = o \cdot x_{\text{hour}} + o \cdot x_{\text{day}} + o \cdot x_{\text{week}} \tag{9-7}$$

此表示通过融合各粒度的优势，加深了对云任务时间模式的理解。随后，将 z 与静态特征 s 结合，进一步增强了模型的表达能力：

$$h = \text{Concat}(z, s) \tag{9-8}$$

最终，通过全连接层计算不同决策的 logits，并应用交叉熵损失函数优化模型，以提高决策的准确性：

$$
\begin{aligned}
y_{\text{decision1}} &= hW_1 + b_1 \\
y_{\text{decision2}} &= hW_2 + b_2 \\
y_{\text{decision3}} &= hW_3 + b_3 \\
L &= -\sum_{i=1}^{3} y_i \log_2 p_i
\end{aligned}
\tag{9-9}
$$

此方法结合了深度学习和注意力机制的优势，为云计算中的动态资源分配提供了一种高效的解决方案。注意力机制在模型中的作用不仅局限于增强模型对时间序列数据的理解，还极大地提升了模型对复杂数据结构的解析能力。通过在不同时间粒度上应用注意力机制，模型可以识别并强调最关键的信息，从而实现对数据的高效解读。例如，在处理周期性变化显著的时间序列数据时，注意力机制能够自动区分并重视那些对预测结果影响最大的时间段。这种能力尤其在云计算等需要实时数据处理和决策的场景中显得尤为重要。

在多头注意力模块的帮助下，模型能够综合不同时间尺度的数据，这不仅增加了预测的准确性，也优化了资源分配的效率。每个"头"的输出不是孤立的，而是通过融合操作整合成一个全面的数据视图，这使决策过程更加全面和精准。此外，通过结合静态特征和时间序列特征，模型可以更好地适应不断变化的环境，从而在多变的云平台环境中做出快速而准确的弹性伸缩决策。这种策略的实施显著提高了操作效率和成本效益，使云服务提供商能够以更高的性价比满足客户需求。

9.3.4   决策视角的多头注意力

多头注意力机制基于输入矩阵 $X \in \mathbb{R}^{d \times n}$，其中，$n$ 个元素每个都由 d 维向量表示，是决策支持的强大工具。该机制能够基于 X 中元素之间的相互关系和各自的重要性做出决策。

设定 k 个注意力头，该机制计算 k 个不同的注意力分布 $W_1, W_2, \cdots, W_k$，其中每个 $W_i \in \mathbb{R}^{n \times n}$ 表示第 i 个"头"的注意力分布。每个注意力头 i 的注意力分布 W_i 通过以下方式计算：

$$W_i = \text{softmax}\left(\frac{x^{\text{T}} x}{\sqrt{d}}\right) \tag{9-10}$$

其中，softmax 函数应用于 $X^{\mathrm{T}}X$ 的结果，而 X^{T} 表示矩阵 X 的转置。通过将所有 k 个头的注意力分布组合，得到最终的注意力分布 $W_{\mathrm{combined}} \in \mathbb{R}^{n \times n}$：

$$W_{\mathrm{combined}} = \sum_{i=1}^{k} W_i \tag{9-11}$$

下面给出多头注意力的分布式三支决策算法。这种算法结合了多头注意力机制的强大数据处理能力与三支决策模型的灵活决策框架，旨在提高决策的准确性和效率。通过并行处理多个"头"来关注不同的数据维度，算法能够在各种时间粒度上进行细致的分析。

算法 9.1　基于多头注意力的分布式三支决策

输入：k 表示注意力头的数量；π_{t_i} 表示不同时间粒度的负载特征集。

输出：$\varDelta$，即最终的弹性伸缩决策结果。

1:　初始化注意力头。配置 k 个注意力头 $H_1, H_2, \cdots, H_k$。

2:　决策构建。遍历每个时间粒度 π_{t_i}，使用三支决策在该粒度上制定决策，并构建决策三元组集 π_{t_i}。

3:　决策连接。将所有粒度的决策连接为一个整体 $\pi = [\pi_{t1}, \pi_{t2}, \cdots, \pi_{tn}]$。

4:　注意力权重计算。对于每个头 H_i，计算对应的注意力权重矩阵：

$$W_i = \mathrm{softmax}(H_i(\pi_{t_i}))$$

5:　注意力组合决策。组合所有头的注意力权重和决策，形成融合的决策向量：

$$\pi_{\mathrm{combined}} = \sum_{i=1}^{k} W_i \odot \pi_{t_i}$$

6:　最终决策计算。根据融合的注意力和决策向量计算最终的决策：

$$\varDelta = \mathrm{argmax}(\pi_{\mathrm{combined}})$$

算法 9.1 通过整合多个时间粒度的决策信息和多头注意力机制的强大功能，允许系统在复杂的云计算环境中做出精确的资源管理和弹性伸缩决策。多头注意力机制通过并行处理多个注意力"头"，可以从多个维度分析输入数据，每个"头"关注数据的不同特征和模式。算法中每个步骤都是为了确保决策过程能够充分利用各个时间粒度的数据，并通过多头注意力机制的聚焦能力，提高决策的准确性和效率。

图 9.7 给出了本章所提框架的工作流程。该流程图详细描述了使用 Google Cluster Trace 2019 数据集进行数据分析和决策支持的过程。这个流程从数据提取开始，涵盖了从原始数据集中筛选出小时、天、周等不同时间粒度的负载特征，到应用多头注意力机制进行数据处理和分析的全过程。首先，流程从 Google Cluster Trace 2019 数据集中提取相关信息。这一步骤关键在于抽取和准备适用于后续分析的数据，确保数据的准确性和可用性。其次，进行特征提取，这包括从提取的数据中识

别和构造有助于决策支持的特征。这些特征可能涉及计算机资源使用情况，如 CPU 利用率、内存使用等，按照不同的时间粒度(小时、天、周)进行整理。最后，流程将根据不同时间粒度将数据细分为多个子集，如按小时($D_{h1},D_{h2},D_{h3},\cdots$)、按天($D_{d1},D_{d2},D_{d3},\cdots$)以及按周($D_{w1},D_{w2},D_{w3},\cdots$)来分类处理。

在得到按时间粒度划分的数据后，采用多头注意力机制对这些数据进行进一步分析。在这一步，每个时间粒度的数据都会被转换为查询(Q)、键(K)和值(V)向量，以便进行更深入的分析。通过应用转换后的多头注意力模型，结合所有时间粒度的数据，生成最终的决策支持信息。这一步骤中，注意力机制的输出将被合成和评估，以形成最终的分析和决策建议。

整个流程充分利用了 Google Cluster Trace 2019 数据集的丰富信息与多头注意力机制的高效数据处理能力，提供了一个科学严谨且逻辑严密的从数据分析到决策生成的完整路径。

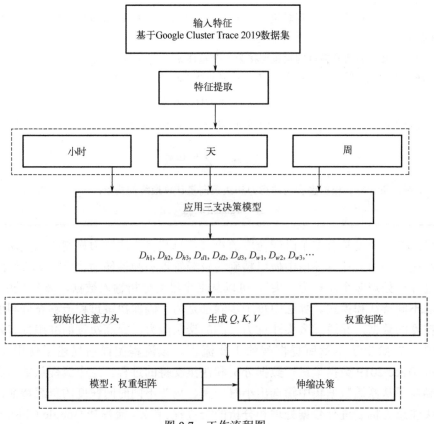

图 9.7　工作流程图

本章所提框架的结构使决策过程不再依赖于单一视角的数据解读，而是通过综合各个"头"的分析结果,获得一个全面的数据理解。例如,在云计算资源管理中,不同的注意力头可能专注于分析 CPU 使用率、内存需求或网络流量等不同的系统性能指标,从而使系统能够在资源分配和负载平衡方面做出更为准确的预测和决策。通过从不同的视角综合信息,这一算法能够更全面地理解和利用数据中的模式,有效提升决策的准确率和操作的响应速度。实际应用中,该算法表现出较好的性能,特别是在资源分配和负载预测的场景中,显示了其对复杂系统环境的强大适应性和优越的处理能力。

9.4 实验和评估

在本节中,我们详细对比了本章提出的多头注意力机制算法与其他几种现有的弹性伸缩方法[24]、基于预测模型的弹性伸缩[25]和基于规则的弹性伸缩[26]。通过一系列精细设计的实验,我们评估了各算法在多个关键性能指标[27]上的表现,这些指标包括可弹性伸缩性性能、用户体验、资源利用率、成本效益、稳定性和适应性。

9.4.1 评估指标

在选择评估指标时,我们旨在全面理解并比较不同弹性伸缩算法的性能。特定的指标如可弹性伸缩性性能(SP)、用户体验(UE)、资源利用率(RU)、成本效益(CE)、稳定性(ST)、和适应性(AD)被选中,因为它们能够从多个关键维度深入分析每种算法的效果和效率。可弹性伸缩性性能衡量云平台响应工作负载变化的能力,用户体验通过响应时间反映服务质量,资源利用率揭示资源管理的优化程度,成本效益考虑每次操作的经济性,稳定性确保弹性伸缩活动的适度性,而适应性评估系统对实际负载变化响应的准确性。这些指标共同构成一个综合评价框架,使我们能够准确评估不同策略的性能,确保推荐的弹性伸缩策略在实际应用中既有效又能提供最佳的性能和用户体验。

(1)可弹性伸缩性性能(SP)。可弹性伸缩性性能是衡量云平台在应对不同工作负载变化时的响应能力。具体来说,这个指标通过计算在特定时间窗口 T 内系统执行的弹性伸缩操作的数量来衡量,公式表达为

$$SP = n$$

其中,n 是该时间窗内执行的弹性伸缩操作总数。

(2)用户体验(UE)。用户体验主要关注于系统响应时间的快慢,这直接影响到用户对服务的满意度。该指标通过以下公式计算:

$$UE = \frac{RT}{m}$$

这里 RT 是时间窗口 T 内所有用户请求的总响应时间,而 m 是请求的数量。

(3)稳定性(ST)。稳定性指标反映了弹性伸缩操作的一致性和平滑性,目的是避免频繁或过度的弹性伸缩带来负面影响。稳定性通过预期的弹性伸缩操作数量 E 与实际执行的弹性伸缩操作数量 A 的比率来评估:

$$ST = \frac{E}{A}$$

理想情况下,ST 值应接近 1,表明弹性伸缩活动与预期保持一致。

(4)资源利用率(RU)。资源利用率衡量云平台资源的使用效率,通过计算所有资源实例在时间窗口 T 内的平均利用率来得出:

$$RU = \frac{1}{k}\sum_{i=1}^{k}RU_i$$

其中,RU_i 表示第 i 个资源实例的利用率;k 是资源实例的总数。

(5)成本效益(CE)。成本效益分析弹性伸缩操作的经济性,通过以下公式计算:

$$CE = \frac{\sum_{i=1}^{n}C_i}{n}$$

其中,C_i 是第 i 个弹性伸缩操作的成本;而 n 是操作的总数。

(6)适应性(AD)。适应性衡量系统在面对实际工作负载变化时弹性伸缩操作的响应准确性,计算公式为

$$AD = \frac{n}{m}$$

其中,m 是观察期内工作负载变化的事件数量;n 是基于这些变化正确执行的弹性伸缩操作数量。

通过这些综合评估指标,我们能够全面地比较和分析不同弹性伸缩策略的效果,验证本章提出的基于多头注意力机制的算法在实际应用中的性能优势。

9.4.2　实验结果和分析

在第一个实验中,我们比较了每种算法的弹性伸缩性能。如图 9.8 所示,主要包括固定阈值、基于规则和基于预测模型的弹性伸缩以及本章所提的方法。

从图 9.8 中可见,当考虑分钟级粒度时,本章所提算法相较于基于规则和固定阈值的弹性伸缩策略略有优势,与基于预测模型的弹性伸缩表现相当。这种情况可能归因于算法 9.1 能够对工作负载模式的快速波动做出反应,通常是在分钟级粒度上。在这个级别上,基于规则和固定阈值的策略可能难以快速适应,而本章所提算法的多头注意力机制有助于系统做出更快速响应的决策。

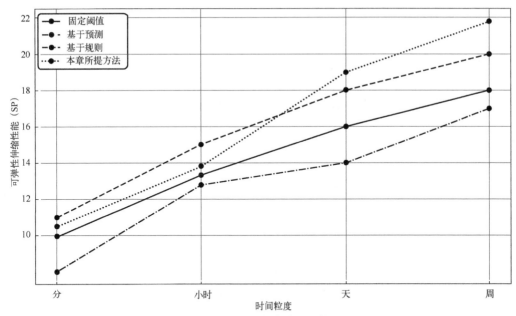

图 9.8　弹性伸缩性能比较

　　随着粒度变粗，本章所提算法优越性能变得更加明显，特别是在考虑每周模式时，突显了利用云平台负载的周期性的能力。本章所提算法在聚合和权衡来自不同时间粒度的信息方面的能力使其能够有效捕捉周期性工作负载变化。

　　我们进一步分析了本章所提算法随粒度增加而呈现的变化。如图 9.9 所示，随着时间间隔粒度的细化，本章所提算法表现出更好的可弹性伸缩性能(SP)。这种趋势可以归因于该算法能够更有效地适应和响应更细粒度时间上变化的工作负载特征。

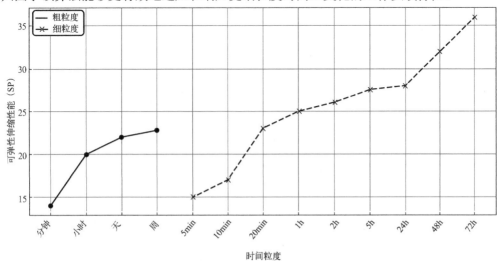

图 9.9　不同时间粒度下本章所提算法的可弹性伸缩性能

在较粗粒度如"小时"和"天"时，弹性伸缩策略之间的性能差异相对较小。然而，当粒度变得更细，如"5min""10min"或"20min"时，本章所提算法在可弹性伸缩性能方面开始表现出明显的优势。这可以归因于该算法利用了多头注意力机制及其分层设计。随着时间粒度变细，该算法更能捕捉工作负载模式的细微变化，从而相应地调整弹性伸缩决策。相比之下，固定阈值和基于规则的弹性伸缩策略倾向于过度简化这些细微变化，导致弹性伸缩决策不是最优的。即使是基于预测模型的弹性伸缩，尽管在某种程度上有效，可能也需要帮助来捕捉极细粒度的快速工作负载波动。

因此，本章所提算法考虑和融合不同时间粒度信息的能力，结合其自适应性质，使其能够在粒度变细时做出更明智和精确的弹性伸缩决策。这反映在与其他策略相比，随着时间间隔的细化，其良好的可弹性伸缩性能表现上。

在第二个实验中，我们比较了从各种弹性伸缩算法得出的用户体验(UE)结果，如图 9.10 所示。我们观察到，当使用"小时"作为粒度时，基于固定阈值的方法具有最小的 UE。其次是基于规则的算法，第三是基于预测的方法。本章所提方法具有最长的响应时间，这可能是因为该算法需要额外的计算。随着时间粒度的变化，本章所提算法逐渐收敛，甚至在每个请求所需时间方面显示出轻微的优势。

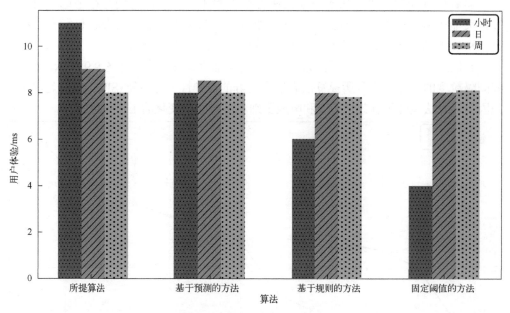

图 9.10　用户体验(UE)比较

本章所提算法允许基于实时工作负载变化做出动态弹性伸缩决策。这种适应性使算法能够根据变化的需求微调其资源分配，从而确保最佳响应时间。基于预测模型的方法可能无法检测快速变化工作负载中的细微变化，导致与本章所提算法相比 UE 略有下降。基于规则的策略基于预定义的启发式和不可变的决策制定协议，在面对意外波动时表现出较低的敏捷性。固定阈值弹性伸缩是最严格的方法，需要更大的灵活性来高效适应不同的工作负载。它依赖于预先确定的阈值进行弹性伸缩操作，可能并不总是与实时需求一致，导致次优的 UE，特别是在工作负载显著变化期间。

在第三个实验中，我们分析了四种算法的资源利用率，如图 9.11 所示。我们使用了超过 500h 的资源利用率数据。从图中可以明显看出，基于规则的弹性伸缩方法表现出相对稳定的利用率，然而，其一直在较低水平运行。固定阈值方法显示出明显的振荡，可能是由于固定阈值在适应负载波动方面的局限性。预测方法相较于固定阈值方法显示出在利用率方面的提升，但是，结果显示，不同预测算法在预测方面有较大的波动。特别是本章所提算法在初始阶段以中等资源利用率开始，随着时间的推移逐渐增加其利用率，保持显著的稳定性。

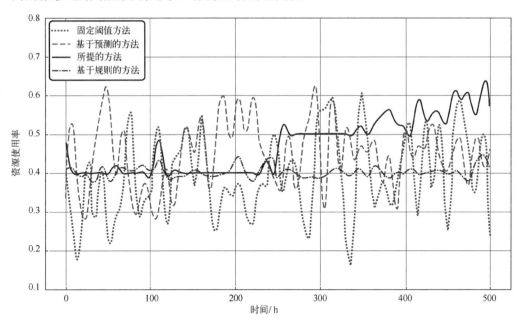

图 9.11　资源利用率随时间的平滑变化

在第四个实验中，我们比较了三支和二支决策策略之间的差异。主要关注评估这些决策策略对用户体验(UE)和资源利用率的影响。

如图 9.12 所示，在各种负载级别下，三支决策策略相比二支策略减少了每个请求的时间，间接展示出优越的用户体验。这表明三支策略具有更快的请求处理速度和更好的用户体验。两种策略在不同负载级别下的资源利用率都表现出差异。特别是三支策略在高负载下表现出更高的资源利用率，这意味着它更擅于在这种条件下最大化系统资源。

图9.13中的交叉点表示两种策略在特定负载级别下的性能和资源利用率相同或

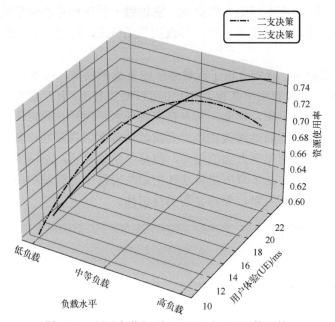

图 9.12　不同负载级别下 2WD 和 3WD 的比较

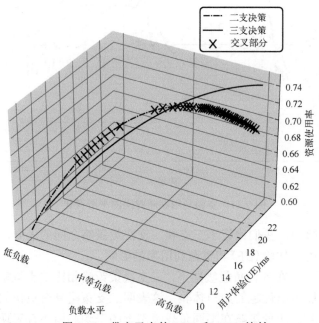

图 9.13　带交叉点的 2WD 和 3WD 比较

非常接近。在这些点上，性能可能存在轻微差异。然而，在这些交叉点之外，特别是在较高负载下，三支策略通常优于其对应策略。综上所述，引入第三个"延迟弹性伸缩"决策策略可以为系统提供更大的灵活性和效率，以应对不同的负载级别。

最后，我们评估了四种算法的三个指标，即成本效益(CE)、稳定性(ST)和适应性(AD)。表 9.1 列出了这些指标在不同时间粒度和不同算法下的值。

表 9.1　伸缩算法的性能比较

时间粒度	本章所提算法			固定阈值			基于预测			基于规则		
	ST	CE	AD	ST	CE	AD	ST	CE	AD	ST	CE	AD
10min	8	12	0.55	9	21	0.60	16	15	0.83	8	52	0.81
20min	13	21	0.60	14	23	0.65	27	17	0.78	16	43	0.76
1h	31	32	0.75	75	24	0.70	78	22	0.73	26	38	0.71
24h	67	43	0.78	68	31	0.65	79	27	0.68	36	33	0.66
48h	80	54	0.78	83	35	0.70	78	22	0.65	52	29	0.63
周	83	121	0.85	97	40	0.65	86	26	0.62	98	25	0.61

表中的值反映了每种算法在指定指标和时间粒度下的性能。本章所提方法通常表现出比其他算法更短的弹性伸缩时间，特别是随着时间粒度的增加。这表明本章所提方法能够更有效地管理工作负载波动。固定阈值算法表现出最高的成本效益值，意味着每次弹性伸缩操作的成本较低。然而，本章所提方法和预测算法在较粗粒度下表现出具有竞争力的成本效益。本章所提方法始终表现出更好的适应性，这从较高的 AD 值可以看出。这表明本章所提方法能够根据工作负载变化更准确地调整资源。

显然，本章所提方法在大多数指标和时间粒度上始终表现良好，在可弹性伸缩性、成本效益和适应性方面表现出优越性。固定阈值算法具有较高的成本效益，而基于预测和规则的算法在各个指标和粒度上表现出不同的性能水平。

9.5　本 章 小 结

本章提出了一种基于多粒度三支决策融合的新型云弹性伸缩方法。关键创新在于使用多头注意力机制进行自适应决策聚合，以跨时间尺度聚合分布式三支决策。实验结果表明，这种方法在真实世界数据上显著提升了资源效率和服务级别协议的遵守性。方法的核心包括分布式三支决策、多头注意力融合和多粒度设计，这些创新点提供了更细粒度的控制，实现了自适应的决策聚合，并平衡了对突发工作负载变化的响应性和长期趋势的考虑。

该方法的优势体现在提高资源利用效率、增强系统适应性、提供决策过程可解释性以及实现自动化的伸缩策略调整等方面。多粒度设计为平衡响应性和谨慎性提供了原则性方法,而基于注意力的决策聚合则为系统赋予了可解释性和自动化能力。这种智能化、自适应的资源管理方法为云计算中的资源管理提供了新的视角,有潜力显著提高云平台的性能和效率。

　　未来的研究方向包括将该方法扩展到其他云管理任务,例如,任务调度和能源管理、开发自动确定最佳时间粒度的算法、探索与其他机器学习技术的结合、研究在边缘计算和雾计算环境中的应用以及进一步提高算法的实时性能。随着云计算技术的不断发展和应用场景的日益复杂,这类智能化、自适应的资源管理方法将变得越来越重要,为构建下一代智能云计算平台奠定基础。

参 考 文 献

[1] Zhang J T, Huang H J, Wang X. Resource provision algonthms in cloud computing: A survey[J]. Journal of Network and Computer Applications, 2016, 64: 23-42.

[2] Agrawal S, Mittal N, Reed A. Dynamic resource scaling in cloud computing using adaptive control techniques[J]. IEEE Transactions on Automation Science and Engineering, 2013, 10(2): 275-284.

[3] Zhang Q, Cheng L, Boutaba R. Cloud computing: State-of-the-art and research directions[J]. ACM Computing Surveys, 2010, 42(1): 1-55.

[4] Buyya R, Ranjan R, Goschnick K. High-performance computing in cloud computing: A taxonomy of research directions[J]. ACM Computing Surveys, 2010, 43(3): 1-48.

[5] Kumar J, Singh A K. Dynamic resource scaling in cloud using neural network and black hole algorithm[C]. 2016 Fifth International Conference on Eco-friendly Computing and Communication Systems (ICECCS). Bhopal, IEEE, 2016: 63-67.

[6] Rossi F, Nardelli M, Cardellini V. Horizontal and vertical scaling of container-based applications using reinforcement learning[C]. 2019 IEEE 12th International Conference on Cloud Computing (CLOUD). Milan, IEEE, 2019: 329-338.

[7] Sotiriadis S, Bessis N, Amza C, et al. Vertical and horizontal elasticity for dynamic virtual machine reconfiguration[J]. IEEE Transactions on Services Computing, 2016, 9(1): 1-14.

[8] Rodrigues T K, Suto K, Nishiyama H, et al. Machine learning meets computation and communication control in evolving edge and cloud: Challenges and future perspective[J]. IEEE Communications Surveys & Tutorials, 2020, 22(1): 38-67.

[9] Yang B, Li J H. Complex network analysis of three-way decision researches[J]. International Journal of Machine Learning and Cybernetics, 2020, 11(5): 973-987.

[10] Chen J, Chen Y, He Y C, et al. A classified feature representation three-way decision model for sentiment analysis[J]. Applied Intelligence, 2022, 52(7): 7995-8007.

[11] Cheng Y S, Rui K. Text classification of minimal risk with three-way decisions[J]. Journal of Information and Optimization Sciences, 2018, 39(4): 973-987.

[12] Maldonado S, Peters G, Weber R. Credit scoring using three-way decisions with probabilistic rough sets[J]. Information Sciences, 2020, 507: 700-714.

[13] Liang D C, Wang M W, Xu Z S. A novel approach of three-way decisions with information interaction strategy for intelligent decision making under uncertainty[J]. Information Sciences, 2021, 581: 106-135.

[14] Jiang C M, Duan Y, Yao J. Resource-utilization-aware task scheduling in cloud platform using three-way clustering[J]. Journal of Intelligent & Fuzzy Systems, 2019, 37(4): 5297-5305.

[15] Jiang C M, Wu J W, Li Z C. Adaptive thresholds determination for saving cloud energy using three-way decisions[J]. Cluster Computing, 2019, 22(4): 8475-8482.

[16] Jiang C M, Yang L, Shi R. An energy-aware virtual machine migration strategy based on three-way decisions[J]. Energy Reports, 2021, 7: 8597-8607.

[17] Vaswani A, Shazeer N, Parmar N, et al. Attention is All You Need[C]. Proceedings of the 31st Conference on Neural Information Processing Systems, Long Beach, 2017: 5998-6008.

[18] Devlin J, Chang M W, Lee K, et al. BERT: Pre-training of Deep Bidirectional Transformers for Language Understanding[C]. Conference of the North American Chapter of the Association for Computational Linguistics: Human Language Technologies, Minneapolis, 2019: 4171-4186.

[19] Dosovitskiy A, Beyer L, Kolesnikov A, et al. An Image is Worth 16x16 Words: Transformers for Image Recognition at Scale[C]. Proceedings of the International Conference on Learning Representations, Vienna, 2021.

[20] Carion N, Massa F, Synnaeve G, et al. End-to-end object detection with transformers[C]. Proceedings of the European Conference on Computer Vision, 2020: 213-229.

[21] Wang Y, Shang F J, Lei J J. Multi-granularity fusion resource allocation algorithm based on dual-attention deep reinforcement learning and lifelong learning architecture in heterogeneous IIoT[J]. Information Fusion, 2023, 99: 101871.

[22] Guo B, Deng L W, Wang R S, et al. MCTNet: Multiscale cross-attention-based transformer network for semantic segmentation of large-scale point cloud[J]. IEEE Transactions on Geoscience and Remote Sensing, 2023, 61: 1-20.

[23] Reiss C, Tumanov A, Ganger G R, et al. Heterogeneity and dynamicity of clouds at scale: Google trace analysis[C]. Proceedings of the Third ACM Symposium on Cloud Computing, San Jose, 2012, 7(1): 7-13.

[24] He Z. Novel container cloud elastic scaling strategy based on Kubernetes[C]. 2020 IEEE 5th Information Technology and Mechatronics Engineering Conference(ITOEC). Chongqing, 2020: 1400-1404.

[25] Antonescu A F, Braun T. Simulation of SLA-based VM-scaling algorithms for cloud-distributed applications[J]. Future Generation Computer Systems, 2016, 54(C): 260-273.

[26] Musa I K, Walker S D, Owen A M, et al. Self-service infrastructure container for data intensive application[J]. Journal of Cloud Computing, 2014, 3(1): 1-21.

[27] Barnawi A, Sakr S, Xiao W J, et al. The views, measurements and challenges of elasticity in the cloud: a review[J]. Computer Communications, 2020, 154: 111-117.